SOLIDWORKS 工程实践系列丛书

SOLIDWORKS Flow Simulation 工程实例详解

彭　军　胡其登　编著

本书从行业应用的角度出发，阐述了不同工程行业仿真的相关知识点，并结合具体的产品模型来说明如何使用SOLIDWORKS Flow Simulation实现这些行业的分析需求。

本书分为两大部分，共12章。第一部分（第1、2章）介绍流体力学与计算流体动力学的基本理论和概念，以及SOLIDWORKS Flow Simulation软件技术特点与元件简化模型。第二部分（第3~12章）简要介绍阀门内流场、汽车外流场、换热器、旋转设备、电子设备散热、电感线圈焦耳热、LED照明灯具、医疗器械、粒子分离设备和室内空间流场等仿真的知识要点，并使用典型的产品三维模型来详细描述SOLIDWORKS Flow Simulation的操作过程以得到关键的结果参数。在每一章的结尾，还给出了作者使用软件工具的经验总结和建议。

本书可作为制造业企业工程师的培训教材，也可作为仿真咨询行业人员的技术参考手册。

图书在版编目（CIP）数据

SOLIDWORKS Flow Simulation 工程实例详解 / 彭军，胡其登编著．—北京：机械工业出版社，2022.3（2024.6 重印）

（SOLIDWORKS 工程实践系列丛书）

ISBN 978-7-111-69868-5

Ⅰ．① S… Ⅱ．①彭… ②胡… Ⅲ．①流体力学—工程力学—计算机仿真—应用软件 Ⅳ．① TB126-39

中国版本图书馆 CIP 数据核字（2021）第 258686 号

机械工业出版社（北京市百万庄大街 22 号　邮政编码 100037）

策划编辑：张雁茹　　　　责任编辑：张雁茹　杨　璇

责任校对：张晓蓉　李　婷　封面设计：张　静

责任印制：常天培

北京机工印刷厂有限公司印刷

2024 年 6 月第 1 版第 3 次印刷

184mm×260mm · 11.25 印张 · 276 千字

标准书号：ISBN 978-7-111-69868-5

定价：59.80 元

电话服务　　　　　　　　　　网络服务

客服电话：010-88361066　机　工　官　网：www.cmpbook.com

010-88379833　机　工　官　博：weibo.com/cmp1952

010-68326294　金　　书　　网：www.golden-book.com

 机工教育服务网：www.cmpedu.com

前 言

在全面走向数字化研发与设计实践的今天，PLM（产品生命周期管理）理念已被众多主流制造业企业接受，广泛用作设计变更过程中持续使用和维护3D产品数据的方式。PLM理念的基础是作为机械CAD系统核心载体的高质量、完整、详细和精确的3D产品模型数据的可用性，3D产品模型数据因此成为所有虚拟原型和物理仿真的基础和起点。在这样的CAD环境中，嵌入并使用基于CFD（计算流体动力学）的流体仿真显然具有非常大的吸引力，因为在设计复杂度和对外部开发合作伙伴的依赖性不断增强的背景下，它不仅可以加快设计流程，还可以使这些流程更加可预测和可靠。此外，从在设计中引入CFD的角度以及正常的PLM路线图要求来看，将CFD充分嵌入到CAD中的需求也变得越来越迫切。因此，自20世纪90年代末开始，市场上首个在3D CAD(SOLIDWORKS）中完全嵌入CFD产品的FloWorks，被作为SOLIDWORKS的插件开发出来，现在已命名为SOLIDWORKS Flow Simulation。

同时，我们观察到在大力推进数字化技术的大背景下，没有CAE（计算机辅助工程）软件的帮助，已经不太容易设计并生产出具备足够竞争力(同时具备高性价比和高质量）的产品。特别是近年来，我们发现CFD在CAE中的地位不断提升。将CAE系统尤其是CFD直接嵌入到产品设计流程中可以获得最大效率，另外其还可以被机械设计工程师直接应用，尤其是在设计早期阶段提前使用或并行使用。这样的思路和流程最初用于航空、航天、汽车、电子等高科技行业，现在已经覆盖了所有工程领域。

直接在CAD环境中嵌入CFD仿真的SOLIDWORKS Flow Simulation代表着CFD分析软件的一种新的表现形式，同时也是一种新的技术趋势。最初它作为PLM理念的一个组成部分，供机械工程师在设计流程中使用，现在已被业界广大的仿真专家所接受，并成为CAE软件行业一个新的发展方向。

SOLIDWORKS Flow Simulation的基本开发理念是自动准备、执行和可视化针对真实应用工程问题的CFD计算。为实现此效果，SOLIDWORKS Flow Simulation具有一些特定功能，包括完全集成在SOLIDWORKS 3D CAD系统中、完全自动生成网格、求解控制参数的自动设定、用户友好的前处理和后处理、能够执行参数化算例并对比不同设计变型的分析结果等。软件不需要调整与算法相关的任何数值参数，也不需要从多种物理模型或数值方案中选择一种。非常重要的初始数据（边界和初始条件）的指定、计算执行和结果解读（包括可视化和报告生成）都可以在SOLIDWORKS中进行，结果直接显示在CAD模型上或模型周围空间中。计算结果既能以MS Office格式导出，也可以直接被SOLIDWORKS的其他结构分析模块所引用。

与市面上其他完全独立开发的传统CFD软件相比，SOLIDWORKS Flow Simulation采用了完全不同的方法并具备更多的技术内涵。它优化并使用了众多的工程实践和方法，可科学地吸纳并融入这些工程实践和方法的结果。SOLIDWORKS Flow Simulation一直以来就推崇并采用“双V”（验证和确认）认证体系，并使用了大量的解析解和基准解以及出版物和数据库中的试验结果，从而提高并确保软件的可靠性、健壮性和准确性，最终帮助用户以较低的计算成本和时间成本获取非常可靠的预测。SOLIDWORKS Flow Simulation的开发目的是提倡设计仿真一体化和协同与并行设计，为设计工程师提供非常易于掌控的但又功能强大的流体仿真工具，解决其工业产品设计和流程优化中遇到的棘手问题，从而提升设计效率和产品质量。

考虑到非流体力学背景的工程技术人员缺少与计算流体动力学相关的基础知识，本书从流体力学与CFD基础简介开始，通过多个非常真实而典型的实际工程案例，介绍了真实场景下流体和CFD仿真面临的挑战和可能需要解决的关键设计问题，进而介绍了如何借助SOLIDWORKS Flow Simulation的简易操作来解决问题并得到可信的分析结果，为优化设计提供指导。因此，本书既可帮助工程师扩展自己在流体与CFD仿真方面的知识体系，也可以作为针对特定行业产品/系统在工程实践过程中进行CFD仿真的参考和指南。

在写作过程中，安徽斯维尔信息科技有限公司的陈军提供了部分插图，独立仿真专家孙建国老师提出了非常有价值的修改意见，在此一并表示感谢！

由于作者学识有限加之编写时间匆忙，书中难免会有疏漏或错误之处，望广大读者批评指正。

作　者

目　录

第 1 章 流体力学与 CFD 基础

【学习目标】

1）流体力学基本概念。

2）计算流体动力学基础。

3）流体参数测量仪器。

1.1 流体介质属性

“夫兵形象水，水之形，避高而趋下；兵之形，避实而击虚。水因地而制流，兵因敌而制胜。故兵无常势，水无常形。”这是《孙子兵法》虚实篇里面的一段，春秋时期的孙武从水的流动悟出了用兵之道。“水无常形”说的就是理想流体不能承受切向力而没有固定形状这种现象。水和空气是最常见的流体。对流体介质属性参数的描述，可以从流体与固体的对比着手。

固体，顾名思义，它是有一定形状的物体，既可以承受压力，也可以承受拉力和剪切力，在弹性范围内固体的变形随外力的消失而消失。流体是液体和气体的统称，同固体相比，流体通常没有一定的形状，易于变形且可承受压力，几乎不能承受拉力，剪切力的承受能力也很弱。在温度或者压力变化时，气体的体积也会有明显变化。这些是固体与流体之间显而易见的差异。

1.1.1 连续介质假设

流体由大量分子组成，流体介质分子运动和分子间作用力决定了流体介质所表现出的上述宏观性质。流体力学**连续介质假设**是指：流体是由无数个质点组成的，它们在任何情况下均无空隙地充满着所占据的空间。在常见的流体运动中，由于固体表面的存在，大量流体分子会与固体表面频繁接触，以至于无法识别单个流体分子的碰撞，流体如同连续不断的介质，这种流动称为**连续流动**（Continuum Flow）。另外一种情形是，流体分子的**平均自由程**（相邻分子的平均距离）与物体尺寸量级相当，或者气体的分布很稀薄，例如在接近真空的容器中或者地球最外层大气中，流体分子稀少，与物体表面的接触不是很频繁，这种流动称为**自由分子流动**（Free Molecular Flow）。此外还有一种流动称为**低密度流动**（Low Density Flow），它是介于前述两种流动形式之间的情形，兼具连续流动和自由分子流动的特征。

在高空稀薄气体研究中，气体的分子平均自由程很大，通常与物体特征尺寸参数同量级，这种情况不能视为连续流动；血液在动脉血管或心脏中的流动可以视为连续流动，而血液在毛细血管（直径约 10^{-4}mm 量级）中的流动却不能视为连续流动。制造业产品中绝大多数流动都是连续流动，因此本书对流体运动的描述都采用**连续介质假设**，即把流体视为没有间断、充满一定空间的连续介质。SOLIDWORKS Flow Simulation 作为一款有限体积法的 CFD 仿真软件，目前能模拟处理的流动问题基本都是连续流动问题。

然而，在内压力很低或存在稀薄气体的设备中，如何判断流体的流动是否符合连续介质假设呢？一般用克努森数（Knudsen Number）来判断。当克努森数小于 0.01 时，可认为该气体流动属于连续流动问题。

克努森数是以丹麦物理学家克努森（1871—1949）的名字来命名的，它表示的是气体分子的平均自由程 λ 与流场中物体的特征长度 L 的比值，即

$$Kn=\lambda/L \tag{1-1}$$

显然，对于克努森数有两个影响变量，我们分别来考虑。

1）在常温常压（101325Pa、25℃）下，每 cm^3 空间约含有空气分子 2.7×10^{19} 个，分子的平均自由程约为 6.8×10^{-8}m，这时宏观尺度（特征长度）需要大于 6.8μm（1μm=10^{-6}m）才可认为是连续流动。

2）在低压情况下，空气的平均自由程变大。例如，当大气压为 0.1Pa 时，平均自由程约为 0.06m，此时当特征长度 L 为 6m 时，克努森数才为 0.01。如要保证克努森数小于 0.01，则特征长度需要大于 6m。对于常规制造业产品而言，通常无法保证大于该特征长度，这个时候空气流动不能视为连续流动。

常温下空气压力与平均自由程对应数值见表 1-1。

表 1-1　常温下空气压力与平均自由程对应数值

空气压力 /Pa	每 cm^3 空气中分子数量（个）	平均自由程 /m
101325	2.7×10^{19}	6.8×10^{-8}
30000 ~ 100	$10^{19}\sim10^{16}$	$10^{-7}\sim10^{-4}$
100 ~ 10^{-1}	$10^{16}\sim10^{13}$	$10^{-4}\sim10^{-1}$
$10^{-1}\sim10^{-5}$	$10^{13}\sim10^{9}$	$10^{-1}\sim10^{3}$
$10^{-5}\sim10^{-10}$	$10^{9}\sim10^{4}$	$10^{3}\sim10^{8}$

注意：对于 SOLIDWORKS 正式用户，可以登录 SOLIDWORKS 用户端网站（https://customerportal.solidworks.com）。该用户端网站知识库（Knowledge Base）中的问题解答 S-018628 包含 Flow Simulation 能否计算真空相关问题的详细说明。

1.1.2　压力、密度、比重、比容

1. 压力

压力是流体最常见的一个参数。在 CFD 仿真中，压力边界也是一个最常用的边界条件。压力的法定计量单位是 Pa（帕斯卡），与压力相关的参数有如下几种。

（1）标准大气压　标准大气压（Standard Atmospheric Pressure）是在标准大气条件下海平面的气压，其值为 101325 Pa。标准大气压也是压强的单位，通常记为 atm。

（2）绝对压力　绝对压力是相对于压强为 0 的压强值，SOLIDWORKS Flow Simulation 中输入的压力都是绝对压力。

（3）相对压力　相对压力通常也称为表压，是用压力测量设备测量得到的数值，即相对于标准大气压的压强值。需要注意的是，在制造业设备中，通常测量设备（如压力表）给出的数值是相对压力，在进行 CFD 仿真时，需要换算成绝对压力。“相对压力”加上“标准大气压”

即是“绝对压力”。

（4）静压　静压是流体在宏观上静止不动产生的压力，或者流体在流动时产生的垂直于流体运动方向的压力。

（5）动压　动压是流体运动时，沿着流动方向产生的压力。例如，风扇转动时，人体能感觉到风对人体的作用，这是动压的体现。动压没有负值，它的计算公式如下，即

$$P=\frac{1}{2}\rho v^2 \tag{1-2}$$

式中，ρ 是流体密度；v 是流体流动速度。

（6）总压　静压加上动压即是总压，可以使用皮托管等设备测量得到流体的总压和静压，根据动压公式可以得到流体速度。

（7）负压　负压通常是指压力低于标准大气压的状态，也称为“真空度”。负压（真空度）是大气压强与绝对压强的差值。

（8）压差　顾名思义，压差就是压力的差值，有静压差、总压差等。例如，阀门或管道设备通常需要知道流体入口和出口之间的压差。

（9）环境压力　SOLIDWORKS Flow Simulation 的边界条件中有“环境压力”项，它被定义为流体入口的总压或者是流体出口的静压。

提示

对于 CFD 仿真初学者而言，可能会出现混淆压力的情况，应特别引起注意。例如，试验人员测定的压力通常为表压，而在 CFD 软件中通常都是输入绝对压力作为边界条件，如果输入的边界参数并非实际数值，会导致仿真结果严重偏离真实结果。

2. 密度、比重、比容

流体的基本参数还包括密度、比重和比容。流体密度通常随着温度和压力的变化而变化。

（1）密度　密度是单位体积的流体的质量，法定计量单位为 kg/m^3，流场中各位置点有可能具有不同的流体密度。例如，在空化 / 汽蚀 CFD 仿真的结果中，液体密度在空化位置处可能出现变化。常见流体的密度见表 1-2。

（2）比重　在某些工程技术问题中，还会用到比重这一参数。比重定义为流体的密度与 4℃水的密度之比。比重是无量纲参数。

（3）比容　比容是密度的倒数，即单位质量的流体所占的体积，国际单位制单位为 m^3/kg。比容在高温塑料熔体的模流仿真中是常用的参数之一。塑料熔体是一种非牛顿流体，它的 pVT 曲线是最重要的仿真参数之一，其中的 V 即指比容。

表 1-2　常见流体的密度

流体名称	密度 / (kg/m^3)	温度 /K
空气	1.161	300
水	1000	278
氧气	1.284	300
二氧化碳	1.773	300
水蒸气	0.554	400

1.1.3 压缩性、黏性

1. 压缩性

在压力作用下，流体的密度或体积会变化，这就是流体的**可压缩性**。一般来说，液体被认为是不可压缩的，气体被认为是可压缩的。常温下的水，当外界压强增加一个大气压时，水的体积仅缩小约 0.005%；而对于常温下的气体，当外界压强增加 0.1 个大气压时，气体的体积约缩小 10%。可见，气体的可压缩性比液体要大很多。

但是严格来讲，所有流体都是可以压缩的，只是压缩的程度不同而已。在实际流体力学中，为了处理问题的方便，通常都将压缩性很小的流体视为不可压缩流体。例如，飞行器飞行时，当空气流动速度较低时（低于 0.3 马赫），压强变化引起的密度变化很小，可以不考虑空气的压缩性对流动的影响，即把空气作为不可压缩流体来处理；反之，当空气流动速度很大时，流场中各点速度变化很大，压强变化引起的密度变化也很显著，则必须将空气视为可压缩流体来处理，才能获得符合实际的结果。

2. 压缩模量

压缩模量定义为单位体积的流体产生体积变化所对应的流体压强变化，可用来描述流体的压缩性。在常温下，水的压缩模量约为 $2.1\times10^{9}\mathrm{N/m^2}$；空气的压缩模量约为 $1.05\times10^{5}\mathrm{N/m^2}$，相当于水的两万分之一。常见流体的压缩模量见表 1-3。

表 1-3 常见流体的压缩模量

流体名称	压缩模量 / (10^9 N/m^2)
水	2.1
二氧化碳	1.56
酒精	0.909
甘油	4.762
水银	27.03

3. 黏性

流体在运动时，如果相邻两层流体的速度不同，则在它们的界面会产生切应力，运动快的流体层对运动慢的流体层有一个拖滞力，运动慢的流体层对运动快的流体层有一个阻力，这对拖滞力和阻力被称为流体层之间的内摩擦力或黏性应力。

任何实际流体都有黏性，黏性是流体抵抗剪切变形的性质。黏性力的计算公式为

$$\tau=\mu\frac{\mathrm{d}u}{\mathrm{d}y} \tag{1-3}$$

式中，μ 是黏度系数，也称为**动力黏度**，单位为 $\mathrm{N\cdot s/m^2}$；$\frac{\mathrm{d}u}{\mathrm{d}y}$ 是速度梯度。如果让上下两块平行板之间充满黏性流体，下板固定不动而让上板以速度 u_0 向右运动，则上下两板之间的速度分布如图 1-1 所示，作用在上板的外力 F 与速度 u_0 和平板面积成正比，与平板的间距 δ 成反比。

（1）运动黏度　动力黏度 μ 与密度 ρ 的比值就是**运动黏度** ν。运动黏度的单位是 $\mathrm{m^2/s}$。在空气动力学问题中，惯性力和黏性力同时存在，运动黏度起着重要作用。运动黏度的计算公式为

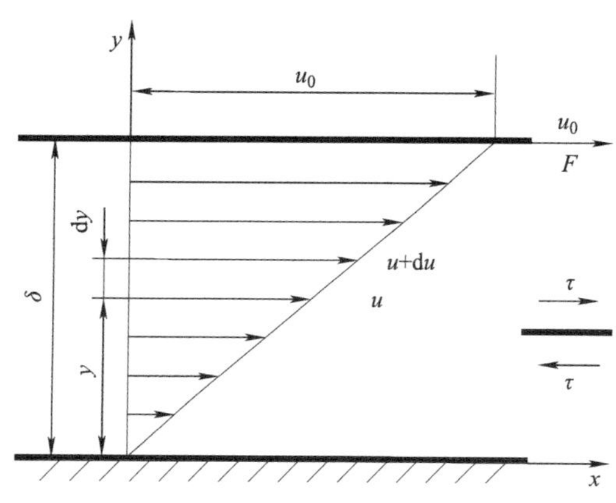

图 1-1　流体的黏性力计算

$$\nu = \frac{\mu}{\rho} \tag{1-4}$$

式中，μ 是动力黏度；ρ 是流体密度。常见流体的黏度系数与运动黏度见表 1-4。

表 1-4　常见流体的黏度系数与运动黏度

流体	黏度系数 / (10^{-7} N · s/m^2)	运动黏度 / (10^{-6} m^2/s)	温度 /K
空气	184.6	15.87	300
二氧化碳	149	8.4	300
水蒸气	134.4	24.25	400
甘油	79.9×10^5	634	300

（2）牛顿流体　**牛顿流体**是指任一点上的切应力都同剪切变形速率呈线性函数关系的流体，如空气、氢气、水等。

（3）非牛顿流体　**非牛顿流体**是切应力和剪切变形速率之间不满足线性函数关系的流体，如塑胶、血液、橡胶、牙膏等。切应力与时间无关的非牛顿流体又可分为假塑性流体、涨塑性流体和塑性流体（宾汉流体），如图 1-2 所示。

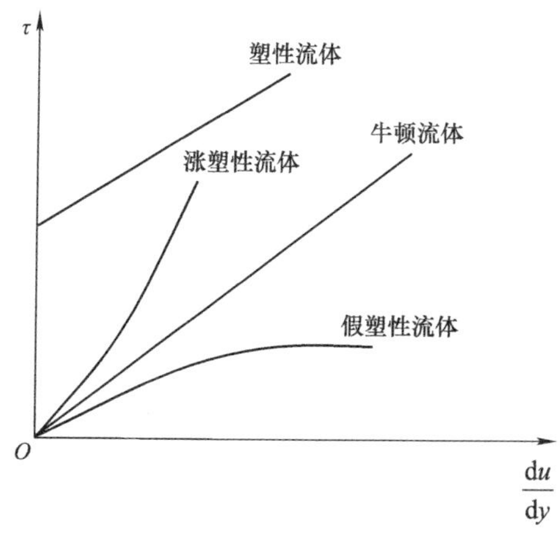

图 1-2　流体分类

1.1.4 理想气体、真实气体

1. 理想气体

理想气体是指假设气体分子只有质量而不占有体积且气体分子间没有作用力的气体。显然，理想气体是一种实际上并不存在的假想气体。在理想气体的假设条件下，气体分子运动的规律可以大大简化，能得出简单的数学关系式，便于分析和研究。理想气体满足**理想气体状态方程**

$$pV=nRT \tag{1-5}$$

式中，n 是气体的物质的量；R 是普适气体常数，R=8.3144J/（mol·K）；T 是气体温度；p 和 V 分别是气体的压力和体积。

虽然完全理想气体并不存在，但在常温常压下，很多不易液化的气体都符合理想气体的假设条件，即气体分子的体积和分子间的相互作用可以忽略不计。例如，空气、氦气、氢气、氧气、氮气等，在常温常压下，这些气体都可以视为理想气体。

2. 真实气体

真实气体也称为实际气体，即气体分子本身占有体积，分子间有相互作用力。天然气和一些热机装备中的制冷剂气体都是真实气体。真实气体不服从理想气体状态方程，应该用范德瓦耳斯方程来描述。真实气体在降低温度或压缩体积（在临界温度以下）的情况下可以液化。在接近液化的温度下，真实气体的性质与理想气体偏离非常大；温度越高、压力越低时，偏离越小。当压力趋近于零时，任何真实气体都可看作理想气体。

气体在何种环境下必须视为真实气体，需要由气体的属性、温度、压强等具体参数来决定。氢气在温度为0℃时，在10^7Pa压力以下，可以视为理想气体；但超过10^7Pa压力时，再用理想气体状态方程处理便与实际情况偏离较远，这时用真实气体的**范德瓦耳斯方程**处理较为合适。

范德瓦耳斯方程考虑了分子间的作用力和分子占有体积的影响，该方程描述为

$$\left(p+\frac{\alpha}{V_{\mathrm{m}}^{2}}\right)(V_{\mathrm{m}}-\beta)=RT \tag{1-6}$$

式中，气体分子间的引力作用以 α/V_{m}^2 表示；气体分子的体积影响用 β 表示；α 和 β 称为范德瓦耳斯常数。不同类型的气体具有不同的范德瓦耳斯常数。

> 注意：在有些商业CFD软件的流体材料数据库中，包含理想气体与真实气体的分类，其中可能都包含同一种气体，这对于初学者可能难以理解，但当我们了解了上述理想气体与真实气体的差异以后，应该会豁然开朗。

1.2 流体运动

流体运动的基本方程组是**连续方程**、**动量方程**和**能量方程**，分别对应流体运动的质量守恒、动量守恒和能量守恒，这是流体运动时遵循的基本守恒定律及其数学表达式。对于流体运动方程式的描述，通常还要考虑是采用拉格朗日坐标还是欧拉坐标，是微分形式还是积分形式。

1.2.1 连续方程

质量守恒是指在一个流体系统（或控制体）中流体的质量在运动过程中保持不变。例如，在常规的内流场CFD仿真中，入口流入的流体质量应等于出口流出的流体质量。

根据质量守恒，设在流体空间中取一个控制体（微平行六面体），考虑流体运动时，流体将流入和流出该控制体，并使控制体中的流体质量不产生变化，由此可以建立连续方程

$$\frac{\partial \rho}{\partial t}+\frac{\partial(\rho u)}{\partial x}+\frac{\partial(\rho v)}{\partial y}+\frac{\partial(\rho w)}{\partial z}=0 \tag{1-7}$$

式中，ρ 是流体密度；u、v、w 是流体速度沿 x、y、z 方向的速度分量。

连续方程的物理意义是，不可压缩流体在单位时间内，流入和流出单位体积空间的流体体积之差等于零。所以在商业 CFD 软件中，通常无法或无必要在入口和出口同时施加质量流量的边界条件，因为流体流入质量和流出质量本应相等。

> 注意：流体系统中入口质量流量与出口质量流量必然相等，但是体积流量不一定相等。例如，系统中如果出现了流体压缩的情况，则入口体积流量可能不等于出口体积流量，但入口质量流量等于出口质量流量。在设置某些 CFD 模型的边界条件时应引起注意。

1.2.2　动量方程

由动量守恒可以得到流体的动量方程。动量守恒是流体运动时所遵循的普遍定律之一。它的物理含义是，对给定的流体系统（控制体），其动量的时间变化率等于作用在该流体系统上的外力总和。

根据动量守恒可以推导得到微分形式的动量方程

$$\frac{\partial(\rho u)}{\partial t}+\frac{\partial(\rho uu)}{\partial x}+\frac{\partial(\rho uv)}{\partial y}+\frac{\partial(\rho uw)}{\partial z}=-\frac{\partial p}{\partial x}+\frac{\partial \tau_{xx}}{\partial x}+\frac{\partial \tau_{yx}}{\partial y}+\frac{\partial \tau_{zx}}{\partial z}+\rho f_x \tag{1-8}$$

式中，ρ 是流体密度；u、v、w 是流体速度沿 x、y、z 方向的速度分量；p 是流体压力；f_x 是体积力分量；τ_{xx} 是切应力分量；τ_{yx} 是控制体中垂直于 y 轴的平面上沿 x 轴方向的切应力分量；τ_{zx} 是控制体中垂直于 z 轴的平面上沿 x 轴方向的切应力分量。动量方程中考虑了惯性力、表面力、黏性力和体积力。对于包含黏性力的动量方程又称为纳维 - 斯托克斯方程（N-S 方程）。式（1-8）是动量方程在 x 方向上的表现形式，在 y、z 方向也可以得到类似的方程形式。

> 注意：在有些流体力学教程中，微分形式的动量方程有时候用随体导数算子 $\frac{D}{D_t}$ 或矢量微分算子 ∇ 来简化表示，实际上展开后与式（1-8）是一样的。本书的目的是让读者了解这些方程的基本含义，因此不对所有方向上的动量方程进行具体和完整的描述，读者如有兴趣可以查阅流体力学相关资料。

1.2.3　能量方程

对于不可压缩流体，密度是常数，因此利用连续方程和动量方程，可以求解具体的流动问题。但是对于可压缩流体，流体密度是一个变量，这时候需要引入能量方程来使系统封闭，从而求解具体的流动问题。此外，在考虑热量的流体系统中，也需要引入能量方程。

流体能量方程基于热力学第一定律，它描述为流体系统能量的增加，等于加给系统的热量

和外力对系统所做的功，即

$$\frac{\partial(\rho e)}{\partial t}+\nabla(\rho eV)=\rho fV+\rho\frac{\partial q}{\partial t}+\nabla(pV)+\nabla(k\nabla T) \tag{1-9}$$

式中，左端为流体能量的变化率；右端第一项为体积力对流体所做的功，第二项为辐射热，第三项为表面力对流体所做的功，第四项为热传导热量。

1.2.4 层流和湍流

流体的流动状态通常可以分为层流和湍流两种类型。同一个系统中，由于流体流速的不同，会出现层流或湍流。层流状态转变为湍流状态称为转捩。可以用平板上的流体流动来说明，如图 1-3 所示，高速流体在平板上接触到平板前部，会形成一个层流区域，再经过一个过渡区以后，流动开始转变为湍流，并最终完全转变为湍流。

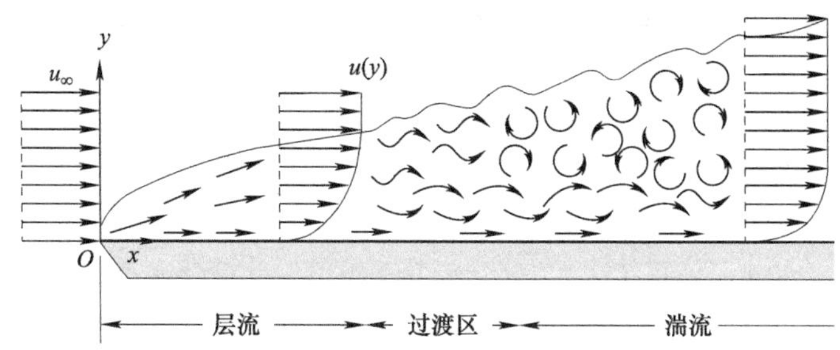

图 1-3 平板上的流体流动

1. 层流

层流表现为流体质点无横向运动，互不混杂、层次分明地流动。流体质点的轨迹表现为规则的光滑曲线。典型的低速圆柱绕流的层流流动如图 1-4 所示。

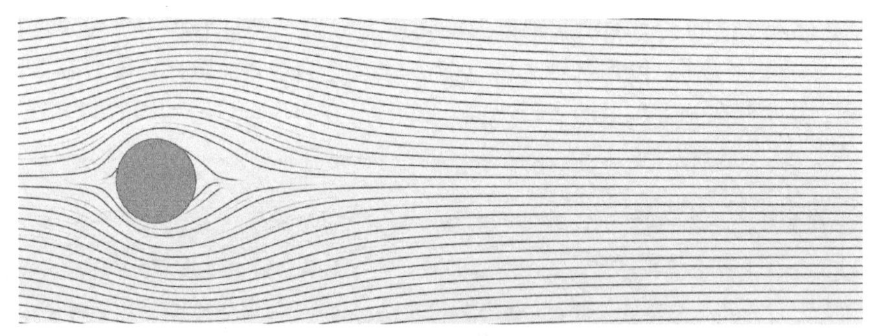

图 1-4 典型的低速圆柱绕流的层流流动

2. 湍流

湍流表现为流体流动不再层次分明，可能向各个方向流动，同时可能出现漩涡。湍流中流体微团做无规则的、复杂的非稳态运动。在工程中，湍流的出现意味着系统可能出现更多的能量消耗和更大的噪声。

3. 雷诺数

雷诺数是惯性力与黏性力的比值度量，可以用来判断系统中流体的流动状态是层流还是湍

流或过渡流。用来判断流动状态的临界雷诺数在不同流体系统中会有不同的数值。对于管内流动，当雷诺数 Re 在 2300 左右时，流动通常转变为湍流状态。

总而言之，在低雷诺数下，流动表现为层流，流动中黏性力占主导；在高雷诺数下，流动表现为湍流，流动中惯性力占主导。流体由层流向湍流过渡的雷诺数，称为临界雷诺数。其中流体由层流向湍流转变的雷诺数为上临界雷诺数，反之为下临界雷诺数。试验表明上临界雷诺数会随着试验条件在一定范围内变化，下临界雷诺数则相当稳定。所以通常用下临界雷诺数作为判别流态的依据。雷诺数的计算公式为

$$Re = \frac{\rho v L}{\mu} \tag{1-10}$$

式中，ρ 是流体密度；v 是流体流动速度；L 是流体系统特征长度（如方管边长、管道内径等）；μ 是流体动力黏度。

1.2.5　边界层

流体具有黏性，位于固体表面的流体，其相对流动速度为零；远离固体表面的流体，其流速趋于自由流速。从固体表面垂直向外的一定厚度内，流体的流速会从零逐渐趋近于自由流速，这个厚度就是边界层。因此流体流场通常被划分为核心区和边界层，远离固体表面的区域为核心区，固体表面附近的区域为边界层。边界层从固体表面向外，又可分为黏性子层（Viscous Sublayer）、缓冲层（Buffer Layer）和对数层（Log Layer）。流场中雷诺数越大，边界层厚度越小。

边界层厚度与流动的雷诺数、流动的状态、表面粗糙度、物面形状和延展范围都有关系。从绕流物体前缘起，边界层厚度从零开始沿流动方向逐渐增厚，如图 1-5 所示。当空气流的雷诺数为 10 时，在距前缘 1m 处，平板上层流边界层的厚度约为 3.5mm。

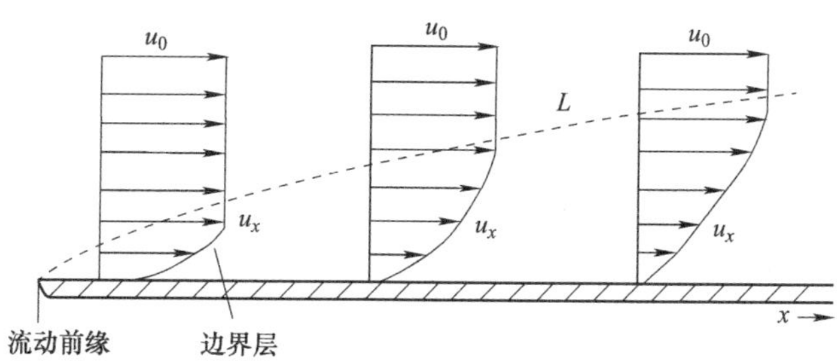

图 1-5　边界层

显然，边界层的厚度很薄，一般在微米级到毫米级，在这个很薄的流体层内流体速度急剧变化，而 CFD 计算通常是基于网格的，在速度梯度变化较大的区域需要设置较密的网格。那么如何来确定边界层内网格的大小？通常有如下两种处理方式。

1）采用壁面函数。在黏性子层和缓冲层内，流体黏性力与速度梯度呈线性关系，缓冲层与黏性子层内的速度分布可以通过经验公式直接计算得到，而无须划分为很细小的网格，这个经验公式就是壁面函数（Wall Function）。在使用壁面函数的情况下，可以将计算节点的第一层网格节点放置在对数层内，而缓冲层与黏性子层中则不需要任何网格或节点。是否使用壁面函数与湍流模型有关，采用壁面函数的湍流模型有 $k-\varepsilon$ 模型、雷诺应力模型等。

2）根据 Y+ 值来设置网格大小。Y+ 是一个无量纲参数，它与近壁面摩擦速度、第一层网格节点与壁面的距离成正比，与流体运动黏度成反比，因此可以用来估算边界层第一层网格的大小。对于 Spalart-Allmaras 模型、k–ω 模型等低雷诺数湍流模型，一般建议第一层网格的 Y+ 值接近 1。

显然对于 k–ε 模型、雷诺应力模型等高雷诺数湍流模型，也可以计算第一层网格的 Y+ 数值，一般建议 Y+ 值大于 30 ~ 40。

1.2.6　超声速流动

流体流动速度大于声音在空气中的传播速度时称为超声速流动，反之称为亚声速流动。在亚声速流动中，流场中的小扰动可以逐步发展并向周围传播，最后遍及全流场。在超声速流动中，小扰动不会传播到扰动源的逆流方向的上游，扰动传播的范围只在顺流方向的圆锥形区域以内，圆锥形区域以外的区域不会受到扰动的影响。因此亚声速流动和超声速流动是两种截然不同的流动形式，在工程仿真中应特别注意。

1. 马赫数

马赫数是流动速度与声速之比，是一个无量纲的参量。显然，马赫数大于 1 就是超声速流动。当马赫数很小时，流体速度的变化只会引起很小的流体密度变化，但当马赫数很大时，将引起较大的流体密度变化，所以马赫数也是流体压缩性的一个表征参量。一般认为，当流场中的马赫数小于 0.3 时，空气被认为是不可压缩的。

马赫数大于 5 时称为高超声速流动，这种流动形式在目前的 SOLIDWORKS Flow Simulation 版本中无法求解计算。

2. 激波

在流体的超声速流动中，气流的主要参数（如压强、密度、温度、速度等参数）有跳跃或显著变化的区域，这种现象称为激波。超声速战斗机飞行时形成的激波如图 1-6 所示。激波按照波阵面与来流方向夹角大小的不同，又分为正激波和斜激波。

图 1-6　激波现象

1.3　计算流体动力学

流体力学中的很多实际问题都难以获得理论解。计算流体动力学（Computational Fluid Dy-

namics，CFD）是借助计算机，应用数值计算来求解流体力学问题的仿真方法。对于工程问题，相较于理论和试验方法，CFD 的适用性和经济性更好，在企业中也得到越来越多的应用。

CFD 数值计算方法都会采用某种形式的离散来求解前述的偏微分方程组。常见的离散方法有有限差分法、有限体积法和有限单元法。SOLIDWORKS Flow Simulation 是一款采用有限体积法的 CFD 软件，有限体积法也是目前大多数商业 CFD 软件采用的数值计算方法。

1.3.1　有限体积法

有限体积法（FVM）的基本思想是将流体系统空间离散划分为有限个任意形状的控制体（体积单元），在每个控制体上应用积分形式的质量守恒、动量守恒和能量守恒方程式来进行迭代求解。

相较于有限差分法和有限单元法，有限体积法的 CFD 仿真具有以下优点。

1）网格的适应性好，既可以适用于结构网格，也可以适用于非结构网格，可以很好地解决复杂的工程问题。

2）守恒性好，从守恒性 N-S 方程出发，在离散过程中能保证质量、动量和能量的守恒。

3）求解流固耦合问题时，能够很好地与结构仿真中的有限单元法耦合和传递数据。

1.3.2　网格

有限体积法需要在求解域的离散网格点上计算，这些分布在流场中的离散网格点就是网格。在实际工程问题中，结构系统的几何外形可能很复杂，如何高效处理不规则的几何并生成高质量的网格，是 CFD 仿真最重要的内容之一。

CFD 网格按单元和节点在空间中的分布通常可以分为常规的结构网格和非结构网格以及直角坐标网格。

1. 结构网格

顾名思义，结构网格就是具有规则拓扑结构的网格，网格单元形式是规则的四边形或六面体，如图 1-7 所示。结构网格的优点是计算效率高、存储简单。但对于具有复杂几何的工程模型，生成结构网格时工作量非常大，或者很难完全生成结构网格。

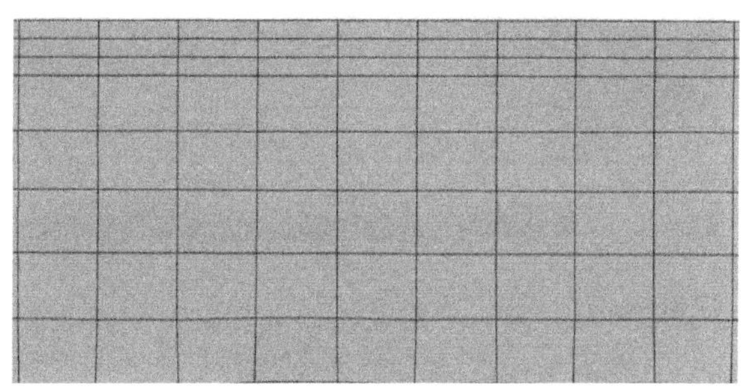

图 1-7　结构网格

2. 非结构网格

非结构网格的网格单元形式通常是四面体或三棱柱体，网格节点在空间中随意分布，不具备结构化特性，如图 1-8 所示。非结构网格的优点是网格划分快速，非常适合处理具有复杂几何的工程模型，同时能进行网格的自适应；缺点是计算效率较低，数据存储量较大。

3. 直角坐标网格

直角坐标网格也称为浸入边界笛卡尔网格。虽然结构网格和非结构网格在 CFD 仿真中的应用非常广泛，但是对于复杂外形的物体难以实现自动化的网格划分，特别是在物体几何模型更新以后，这两种网格形式通常都需要重新建立流体空间的几何模型并通过手动或自动操作重新生成网格。主要原因是结构网格和非结构网格都是贴体网格，即固体和流体交界面上的网格形状需要保持一致或者需要在壁面附近生成边界层网格，而网格的形状又与实物的几何形状是紧密相关的。

图 1-8　非结构网格

直角坐标网格（浸入边界笛卡尔网格）是一种特殊和实用的网格。它的出现、发展和逐步完善，为解决复杂结构在流场中的仿真提供了新的途径。1972 年，美国数学家 Charles Samuel Peskin 在心脏血液流动的数值模拟的论文中引入了浸入边界法（Immersed Boundary Method）的思想，这被视为浸入边界网格的最初应用。在求解 N-S 方程时，浸入边界法会以添加体积力源项的方式来代替边界对流体的作用。由于浸入边界法的良好应用前景，近年来这种数值离散方法也成为计算流体动力学领域的研究热点。直角坐标网格是 SOLIDWORKS Flow Simulation 采用的网格形式。

直角坐标网格是浸入边界法的网格离散形式。它不是常见的贴体网格形式，而是在整个流场中使用直角坐标网格，实体边界会穿越网格，即实体表面与网格不一致，所以能适应复杂的边界形状。图 1-9 所示为一个包含翅片的散热器的直角坐标网格分布。

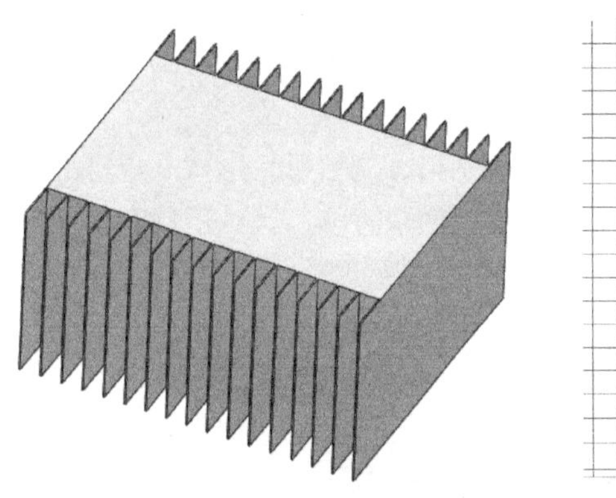

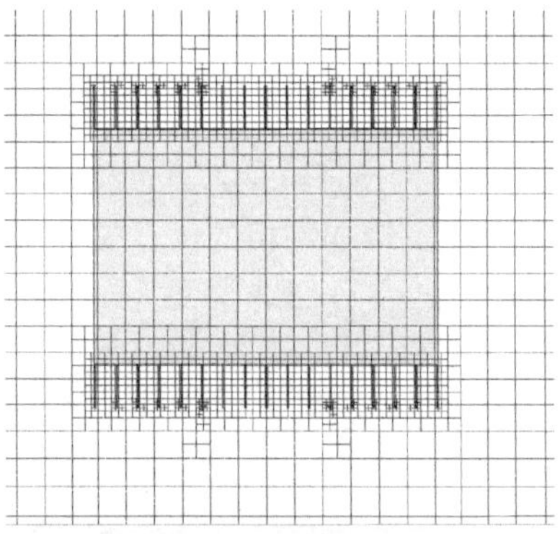

图 1-9　一个包含翅片的散热器的直角坐标网格分布

在直角坐标网格中，网格可以分为三种类型（图 1-10）。

1）流体网格（单元）。这种网格的内部完全是流体。

2）固体网格（单元）。这种网格的内部完全是固体。

3）部分网格（单元）。这种网格也称为固体 - 流体边界网格，其内部既有流体又有固体。

对于流体网格和固体网格，采用六面体网格很容易理解。但对处于流体与固体交界面上的部分网格，通常要做特殊的处理来充分表达壁面的形状，尤其对于交界面是曲面的情况。在 SOLIDWORKS Flow Simulation 中，一般在交界面上使用笛卡尔分割体的方法，即对跨越交界面的部分网格进行二次分割处理来得到交界面的网格（图 1-11）。所以在最终的计算网格形式

中，交界面网格中会出现多面体网格，这些多面体网格有些面与直角坐标平行，有些面是沿任意方向，多面体网格的部分顶点位于交界面上。因此靠近流体与固体的交界面上，网格是平行六面体加多面体的组合形式。其中一些多面体存在于流体介质中，另外一些多面体存在于固体介质中。

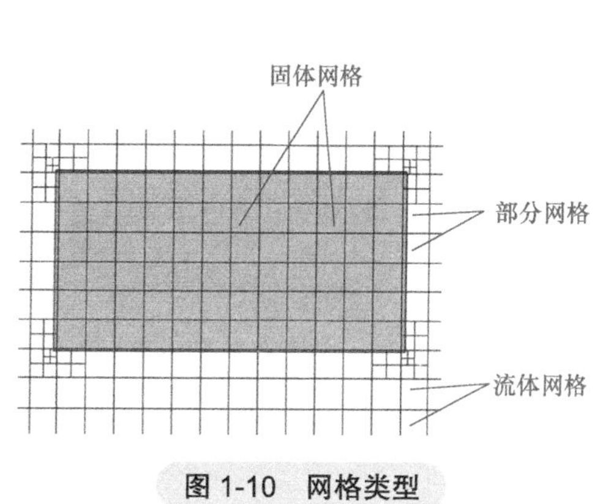

图 1-10　网格类型

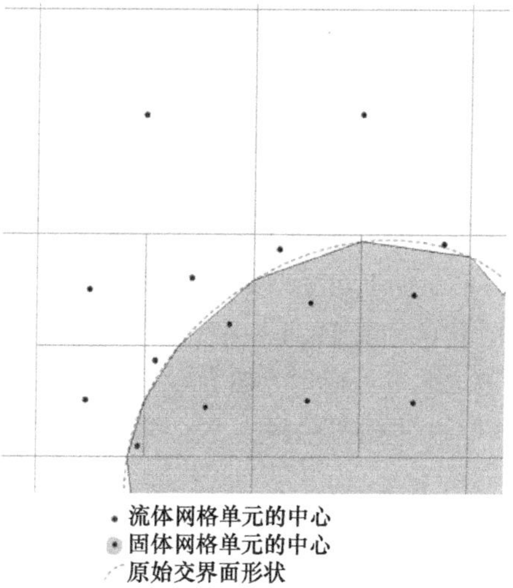

流体网格单元的中心
固体网格单元的中心
原始交界面形状

图 1-11　边界上的网格

4. SOLIDWORKS Flow Simulation 的网格生成过程

理解网格的生成过程有助于我们后续理解软件中的参数设定。

首先，SOLIDWORKS Flow Simulation 会在计算域上构建基础网格（基础网格按照 0 ~ 7 级来划分，级数越大，基础网格尺寸越小），整体计算域会被与直角坐标轴正交的基础网格平面划分，用户可以指定每个轴上这些平面的数量和间距。基础网格仅由计算域确定，并且不依赖于固体与流体的交界面。

然后，将与固液界面相交的基础网格单元均匀地拆分为较小的单元来捕获固液界面的形状。采用以下步骤：首先将与固液界面相交的每个基础网格单元均匀地划分为 8 个子单元；再将与界面相交的每个子单元划分为 8 个下一级单元；以此类推，直到达到指定的单元级数或大小（基础网格的最大细化级别为 9，即一个基础网格最多可以被细化为 8^9 个网格）。需要注意的是，相邻的网格级别只能有一个级别的差异，如图 1-12 所示。

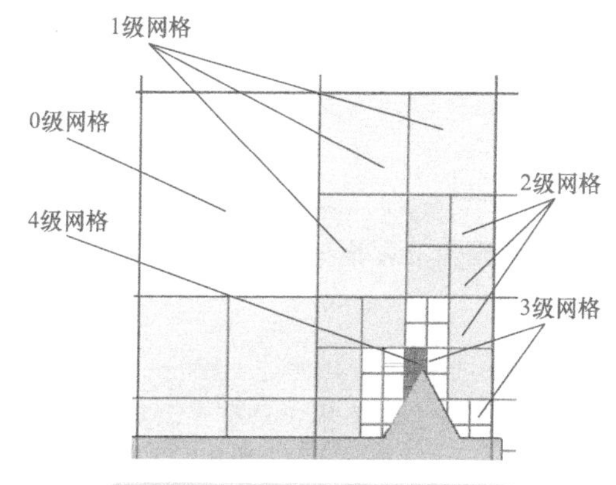

图 1-12　相邻网格单元的细化

接下来，上一步骤得到的固液界面处的网格，将根据固液界面曲率进一步细化处理（即将单元进一步拆分或合并）。需要满足的标准如下：单元内的曲面法线的最大夹角不应超过某个阈值，否则该单元格将分为 8 个单元格，如图 1-13 所示。

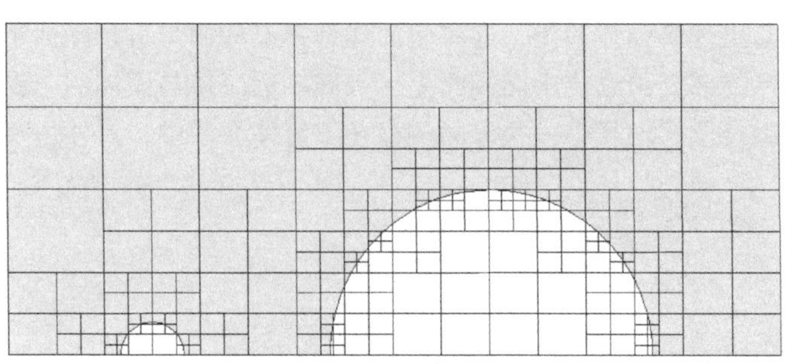

图 1-13 界面网格细化

最后，将前述过程获得的网格在计算域中进行进一步的细化处理，以满足所谓的窄通道标准，即对于位于固液界面的每个单元，从该单元的中心开始沿着法线到固液界面，位于流体区域中的网格单元的数量不得小于标准值，否则，此行上的每个网格单元都将被划分为 8 个子单元。

通过这些网格划分过程即可得到局部细化的直角坐标网格。最后一组网格单元包括平行六面体以及更多的复杂多面体，以用于控制方程的逼近。

1.3.3 非牛顿流体数值模型

如前所述，非牛顿流体是切应力和剪切变形速率之间不满足线性关系的流体，那么如何描述这种非线性关系呢？在数值计算中，需要引入相应的模型来表示黏度系数 μ，见式（1-3）。黏度系数通常还与剪切变形速率 $\dot{\gamma}$ 相关。SOLIDWORKS Flow Simulation 中可以处理非牛顿流体的层流流动问题，常见的非牛顿流体的数值模型有如下几种。

1. Herschel-Bulkley 模型

Herschel-Bulkley 模型的方程式描述为

$$\mu(\dot{\gamma}) = K\dot{\gamma}^{n-1} + \frac{\tau_0}{\dot{\gamma}} \tag{1-11}$$

式中，K 是液体的一致性系数；n 是无量纲的液体的幂律指数；τ_0 是液体的屈服应力。该模型存在如下的特殊情形。

1）n=1、τ_0=0，表示牛顿液体，在此情况下，K 是液体的动力黏度。

2）n=1、τ_0>0，表示非牛顿液体的宾汉流体模型，特点是具有非零值的屈服应力（τ_0），低于此值的液体表现为固体，因此要实现流动，必须超过此切应力阈值。

3）0<n<1、τ_0=0，表示剪力稀化非牛顿液体（假塑性流体）的幂律模型。

4）n>1、τ_0=0，表示剪力增稠非牛顿液体（涨塑性流体）的幂律模型。

2. Power-law 模型

$$\mu(\dot{\gamma}) = K\dot{\gamma}^{n-1} \tag{1-12}$$

Power-law 模型与上述 Herschel-Bulkley 模型的不同之处在于，其动力黏度（黏度系数）μ 有一定的限制，需要指定最小动力黏度和最大动力黏度，即 $\mu_{min}<\mu<\mu_{max}$。

3. Carreau 模型

$$\mu = \mu_\infty + (\mu_0 - \mu_\infty)[1 + (K_t\dot{\gamma})^2]^{(n-1)/2} \tag{1-13}$$

式中，μ_∞ 是液体在无限剪切变形速率下的动力黏度，即最小动力黏度；μ_0 是液体在零剪切变形

速率下的动力黏度，即最大动力黏度；K_t 是时间常量；n 是无量纲的液体的幂律指数。

4. Cross-WLF 模型

Cross-WLF 模型是剪力稀化液体的幂律模型的另一个修正模式，它将温度 T 的效应考虑在内。

$$\mu(T,\dot{\gamma})=\mu_0(T)/\{1+[\mu_0(T)\dot{\gamma}/\tau_*]^{(1-n)}\} \tag{1-14}$$

式中，$\mu_0(T)=D_1 e^{\left[-\frac{A_1(T-T_*)}{A_2+(T-T_*)}\right]}$，是在零剪切变形速率下或是在非常低的剪切变形速率下黏度达到一个常数的“牛顿极限”；$T_*=D_2$，是玻璃转化温度；n 是在高剪切变形速率中的幂律指数，取值范围是 0 ~ 1；τ_* 是转化到剪力稀化的临界应力水平；A_1（无量纲）、A_2（单位为 K）、D_1（单位为 Pa · s）、D_2（单位为 K）都是数据拟合常数。

在商用模流仿真软件的塑料熔体材料模型中，Cross-WLF 模型是最常见的非牛顿流体模型之一。

5. Second Order 模型（二阶模型）

$$\ln\mu(\dot{\gamma},T)=C_1+C_2\ln\dot{\gamma}+C_3\ln\dot{\gamma}^2+C_4T+C_5T\ln\dot{\gamma}+C_6T^2 \tag{1-15}$$

式中，C_i 是用户定义的系数。我们可以得到六个系数 C_i，方法是分别在 T_1 和 T_2 处获取两个输入黏度集 $(\dot{\gamma}_i,\mu_i)$，然后进行最小二乘多元回归最小化。这样，此方程表示在下限 T_1 和上限 T_2 之间处理温度的较窄范围内的黏度表示的主要曲线。在此范围之外，或如果此范围变得太宽，其有效性将逐渐下降。如果选中了牛顿切割（最小值）选项，还可以指定最小剪切变形速率，如果低于此剪切变形速率，黏度将被视为常数。

6. Viscosity Table 模型（黏度表模型）

Flow Simulation 中的黏度表模型即是通过线性内插或多项式近似方式在不同温度下黏度与剪切变形速率（即剪切率）的相关性来定义液体的黏度的。

要指定这些相关性，在“工程数据库”中创建或编辑非牛顿流体时请选择黏度表模型，然后单击【表和曲线】选项卡。除指定黏度表外，还必须选择以下插值方法之一。

1）表值之间的线性内插，表中数值范围外的黏度为常数。对于线性内插法，黏度与剪切率之比的表在同一温度值下必须至少包含两行或更多行数值。

2）二次多项式近似，使用最小二乘法自动确定系数。必须为每个温度值至少指定三个黏度与剪切率数值。

3）三次多项式近似，使用最小二乘法自动确定系数。必须为每个温度值至少指定四个黏度与剪切率数值。三次多项式最适用于剪力增稠液体，当剪切率接近于 0 时，这种液体的黏度会急剧增加。

如果选中了【牛顿切割（最大值）】选项，还可以指定最大剪切率，如果高于此剪切率，黏度将被视为常数。

提示

在 Flow Simulation 中创建用户自定义的非牛顿流体模型时，一般建议采用黏度表模型。在黏度表模型中，我们需要输入黏度数据集，如图 1-14 和图 1-15 所示。黏度数据集是在不同的温度下，流体的剪切率与动力黏度的一系列数据点，这些数据可以通过黏度计等试验设备获得。

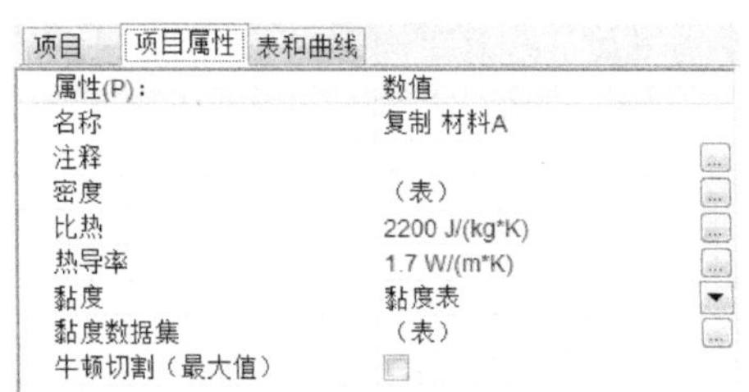

图 1-14 黏度表模型

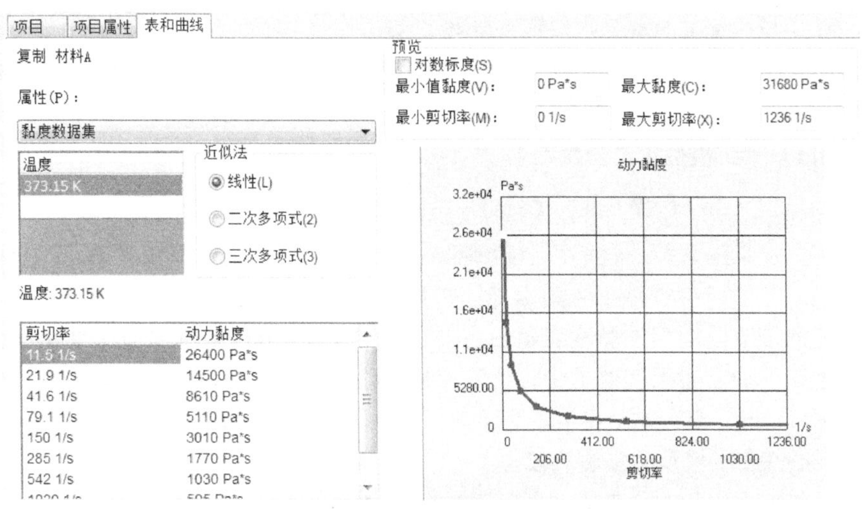

图 1-15 黏度数据集

1.3.4 湍流模型

相对于层流而言，湍流更复杂，且存在随机性，有限体积法中需要引入数值模拟方法来描述湍流模型。根据前述 N-S 方程中对湍流处理尺度的不同，湍流数值模拟方法主要分为直接数值模拟（DNS）、大涡模拟（LES）和雷诺平均方法（RANS）。

1. 直接数值模拟（DNS）

直接数值模拟是用瞬态 N-S 方程对湍流直接进行求解，不对湍流做任何简化和近似，在低雷诺数的理想情况下可以获得准确的结果。但在高雷诺数情况下，由于网格尺寸必须小于或等于流场中最小的漩涡尺寸，计算量非常巨大，直接数值模拟难以使用。因此直接数值模拟基本上很难用于工程问题。

2. 大涡模拟（LES）

大涡模拟基于湍流动能传输机制，直接计算比网格尺度大的大尺度涡运动，而不直接计算小尺度涡运动，小尺度涡运动对大尺度涡的影响则通过建立近似模型体现出来，这就解决了直接数值模拟中网格细小化的问题。因此大涡模拟比直接数值模拟节省计算量，但对计算机硬件的要求非常高。

3. 雷诺平均方法（RANS）

雷诺平均方法是指在时间域上对流场物理量进行雷诺平均化处理，然后求解所得到的时间

化控制方程。比较常用的模型包括 Spalart-Allmaras 模型、$k-\varepsilon$ 模型、$k-\omega$ 模型和雷诺应力模型等。其中应用最普遍、适应性最好的模型是 $k-\varepsilon$ 模型，SOLIDWORKS Flow Simulation 即采用 $k-\varepsilon$ 模型。雷诺平均方法计算效率较高，解的精度也基本可以满足工程实际需要，是流体机械领域使用最为广泛的湍流数值模拟方法。

$k-\varepsilon$ 模型是一种两方程模型，它求解湍流动能 k 及湍流动能耗散率 ε 的输运方程。按照方程形式的不同，该湍流模型又可以分为标准 $k-\varepsilon$ 模型、RNG $k-\varepsilon$ 模型和 Realizable $k-\varepsilon$ 模型等。

1.4　流体测量基础

理论、试验和仿真是制造业产品研发的三种方法。仿真分析通常也需要试验数据作为边界条件来输入，或是通过试验结果来校核或标定仿真参数。因此，对流体测量技术和仪器设备进行基本了解有利于我们准确和熟练应用仿真工具软件。常见的流体测量仪器有压力测量仪器、流量测量仪器、速度测量仪器、黏度测量仪器、温度测量仪器、噪声测量仪器等。

1.4.1　压力测量仪器

流体压力是流体设备试验中最常见的测量参数。常见的压力测量仪器有液柱压力计、弹性式压力表、电子式压力扫描阀等。测量压力时在流体设备壁面上开孔来安装压力测量仪器，通常测量得到的压力是静压。

1）真空表。真空表是以大气压力为基准，用于测量小于大气压力的仪表，如图 1-16 所示。

2）压力表。压力表是指以弹性元件为敏感元件，测量并指示高于环境压力的仪表，如图 1-17 所示。

3）液柱压力计。液柱压力计是指利用液柱自重产生的压力与被测压力平衡并由其高度表示被测压力的仪表，如图 1-18 所示。

图 1-16　真空表

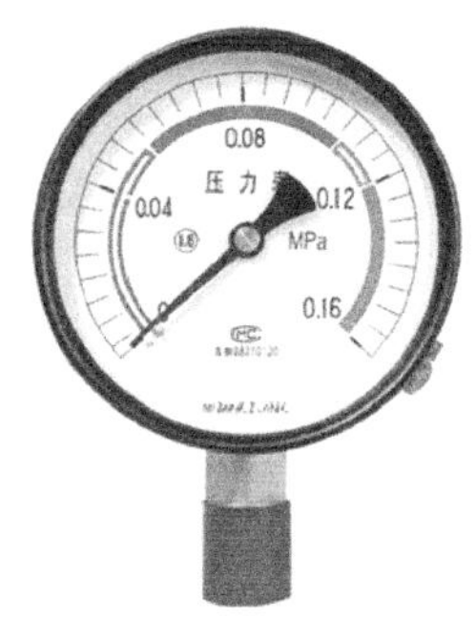

图 1-17　压力表

图 1-18　液柱压力计

1.4.2　流量测量仪器

流体流量测试的方式有压差式、速度式、涡轮式、容积式、质量式、超声波式等。常见的流量测量仪器有孔板流量计、文丘里流量计（图 1-19）、转子流量计、涡街流量计（图 1-20）和电磁流量计（图 1-21）等。

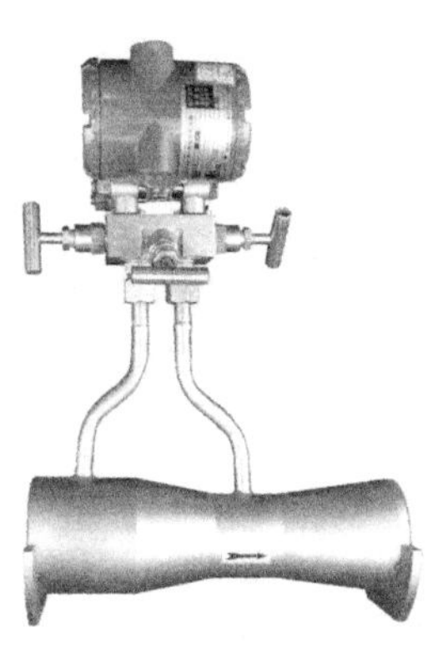
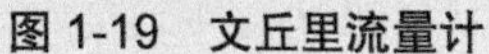

图 1-19 文丘里流量计

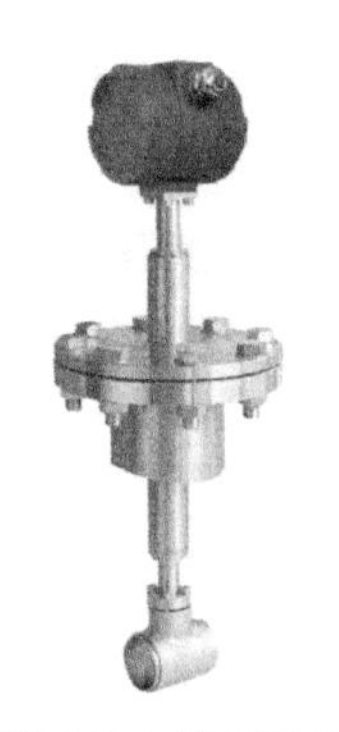

图 1-20 涡街流量计

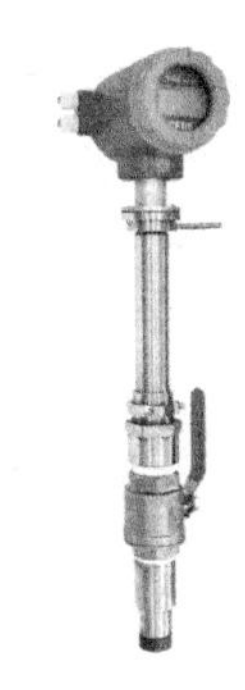

图 1-21 电磁流量计

1.4.3 速度测量仪器

常见的流体流速测量仪器有皮托管、热线风速仪、激光多普勒流速仪、粒子成像速度计等。

1.5 小结与讨论

软件只是工具，需要人来使用。当我们了解了流体的基本属性和基本概念、数值计算的基本原理及相关模型以后，更有利于我们深度应用软件和理解计算需求。这些基本知识点的应用会在使用软件的过程中体现出来。例如，在设置边界条件时，是设置静压还是总压？在新建流体材料模型时，哪些量是需要输入的？在网格划分设定时，网格细化的级数如何设置更合理？哪些区域需要细化加密网格？在查看结果时，软件算法是否对结果的准确度有影响？在仿真计算结果与试验结果有较大差异时，分析边界条件的设置是否完全一致或近似等效？这也是本章描述这些基本知识点的意义。

第2章 Flow Simulation 简介

【学习目标】

1）Flow Simulation 软件的发展历史。

2）Flow Simulation 的基本模块与功能差异。

3）Flow Simulation 的关键技术。

4）元件简化模型的定义与设置。

2.1 Flow Simulation 软件知识

2.1.1 Flow Simulation 的前世今生

20 世纪 80 年代，苏联工程师 Alexander Sobachkin 正在开发应用在航空航天行业的仿真软件 AeroShape-3D。当时的数值计算软件基本都在巨型计算机上运行，由于条件限制他们当时无法获得价格昂贵的计算机硬件，因此他们不得不开发一些创新的技术，使他们的软件代码在没有非常强大的计算机硬件的情况下，也能具备强大的计算速度和效率。他们对这种新技术的开发和应用尝试一直持续到 20 世纪 90 年代。

1993 年，直升机飞行员出身的 Roland Feldhinkel 从德国军队转业以后创立了 SolidTeam 公司，当时这家公司的主要业务是给航空航天行业提供有限元仿真咨询服务，其应用的软件正是桌面设计仿真软件的鼻祖 SOLIDWORKS Simulation 的前身 COSMOS。在应用 COSMOS 大获成功并敏锐观察到计算机仿真的重要价值和应用前景以后，SolidTeam 公司在 1996 年申请获取了 SOLIDWORKS 系列产品在德国的代理权。也就是在同一年，Alexander Sobachkin 和 Roland Feldhinkel 在德国汉诺威消费电子信息及通信博览会（CeBIT）上相遇。Alexander Sobachkin 告诉 Roland Feldhinkel，他有一款 CFD 软件代码正在寻求商业化。当时基于 Windows 系统的 3D 软件 SOLIDWORKS 一经推出便大获成功，作为德国最早的 SOLIDWORKS 经销商之一，Roland Feldhinkel 创立的 SolidTeam 公司也赚得盆满钵满，并正在寻求投资机会。于是他们一拍即合，Roland Feldhinkel 提供资金，Alexander Sobachkin 的团队提供技术，于 1998 年正式成立 NIKA 公司，总部位于德国法兰克福，研发中心位于俄罗斯莫斯科。次年，NIKA 公司便推出了集成在 SOLIDWORKS 界面上的 CFD 仿真软件 FloWorks，这便是 Flow Simulation 的前身。之后的数年，NIKA 公司又推出了可以集成在多款三维 CAD 软件上的 FloEFD 软件。

2006 年英国 Flomerics 公司并购了 NIKA 公司，2008 年 Mentor Graphics 公司又并购了 Flomerics 公司。在 Flow Simulation 20 余年的发展过程中，它的应用从最初的航空航天行业扩展到电子和工业设备等多个行业，且由于具备基于 SOLIDWORKS 的强大的前后处理和基于 EFD 技术的快速求解器，Flow Simulation 在工程流体仿真领域大放异彩，用户遍布制造业的各个行业，至今在 CFD 仿真市场仍占有一席之地。

2.1.2 Flow Simulation 软件模块

Flow Simulation 的前后处理是 SOLIDWORKS，即仿真模型的建立、边界条件的施加以及结果的后处理等都需要使用 SOLIDWORKS，所以 Flow Simulation 必须结合 SOLIDWORKS 一起来使用。Flow Simulation 按照功能分为 Flow Simulation 基本模块、电子冷却模块（Electronic Cooling Module）和采暖通风与空调模块（HVAC Module）。需要注意的是 EC 和 HVAC 必须基于 Flow Simulation 基本模块来使用，用户无法脱离 Flow Simulation 基本模块单独使用电子冷却模块或采暖通风与空调模块。

如图 2-1 所示，SOLIDWORKS Flow Simulation 界面最上方为菜单与快捷工具栏，CommandManager（命令管理器）区包含带图标的 Flow Simulation 操作命令，左侧是 Flow Simulation 分析选项卡，包含项目树和分析树，切换仿真项目可以在项目树进行，对仿真模型和结果进行操作可以在分析树进行。通常对某个操作既可以从下拉菜单进行，也可以从 CommandManager 或分析树进行，如图 2-2 所示。

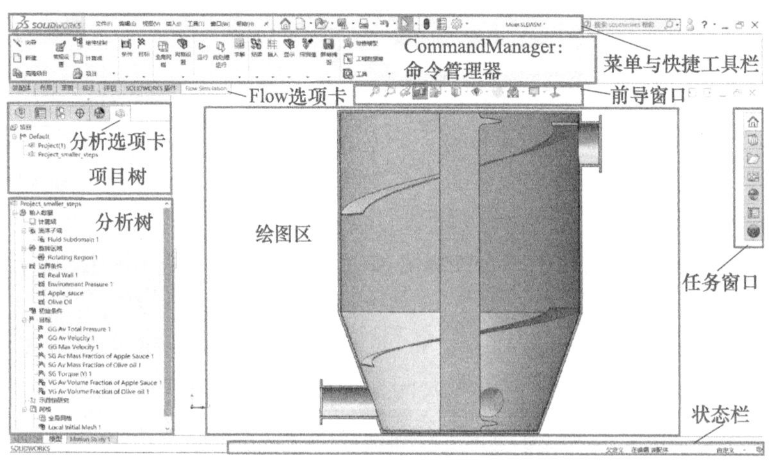

图 2-1　Flow Simulation 界面

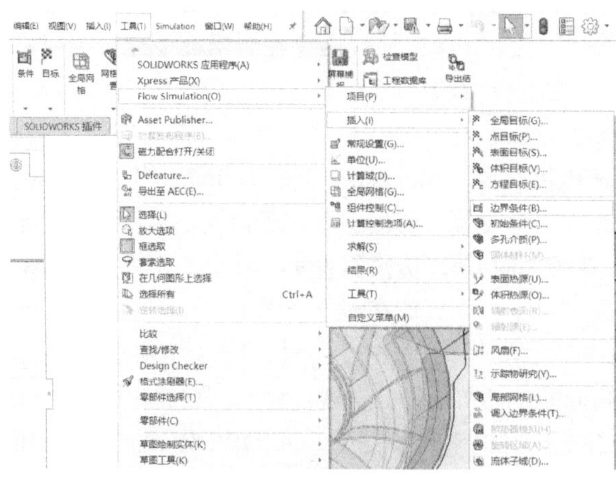

图 2-2　Flow Simulation 菜单

2.1.3　Flow Simulation 项目文件结构

Flow Simulation 的模型文件是与 SOLIDWORKS 软件相同的 .sldprt 或者 .sldasm 文件。常见的计算结果文件夹内容如图 2-3 所示。其中，8.fld 文件是 Flow Simulation 求解计算的结果文件，在打开模型文件以后，可以导入 .fld 文件来加载结果；r_000000.fld 文件是初始结果文件，即计算刚开始的结果状态；8.stdout 文件是计算的日志文件，可以用文本编辑器打开，该文件包含此次计算涉及的操作系统及硬件资源、SOLIDWORKS 版本及文件路径、Flow Simulation 相关的设置等（图 2-4）；8.cpt 是计算生成的网格文件；8.cpt.stdout 是生成网格的日志文件，同样可以用文本编辑器打开该文件，包含几何和网格等相关信息；$results_tmp 文件夹是计算自动生成的临时结果文件夹，该文件夹内容通常不可编辑。此外，如果在 Flow Simulation 模型中设置了粒子研究，结果文件夹中还会自动生成名为 particle_study 的文件夹。

名称	类型	大小
$results_tmp	文件夹	
Goals.DAT	文件夹	
8.cfld	CFLD 文件	1,738 KB
8.cpt	CPT 文件	35,833 KB
8.cpt.stdout	STDOUT 文件	86 KB
8.fbd	FBD 文件	87,379 KB
8.fld	FLD 文件	30,905 KB
8.geom	GEOM 文件	4,276 KB
8.info	INFO 文件	4 KB
8.ngptopol	NGPTOPOL 文件	5,347 KB
8.stdout	STDOUT 文件	824 KB
8.xmlconfig	XMLCONFIG 文件	230 KB
calculation_status.log	文本文档	1 KB
EFDsolver.log	文本文档	7 KB
EFDsolver.log.bak	BAK 文件	4 KB
r_000000.fld	FLD 文件	4,426 KB
rpr_log.txt	文本文档	29 KB
RunInfo.bak	BAK 文件	1 KB

图 2-3　常见的计算结果文件夹内容

```
Number of used processors (NPROC): 8.
Number of mesh partitions (NPART): 8.
Computer name:  LPCN0421CAP
Operating system:   Windows 7 Service Pack 1 (Version 6.1.7601)
Total Physical Memory = 31.46 Gb, Available Physical Memory = 26.56 Gb
Memory Working Set Current = 111.29 Mb, Memory Working Set Peak = 887.13 Mb
CPU:    GenuineIntel, Stepping ID = 3, Model = 14, Family = 6, Extended model = 5
CPU Brand String: Intel(R) Core(TM) i7-6820HQ CPU @ 2.70GHz
Cache Line Size = 64, L2 Associativity = 6, Cache Size = 256K
Number of cores: 8, Processor type: 8664, Active processor mask: 255, Page size:
std::thread::hardware_concurrency = 8
OpenMP enabled (spec=200203). max_threads = 8, num_procs = 8, num_threads = 8.

SOLIDWORKS 2017 SP0.0
D:\04_solidworks_work\1_Demo\机箱散热风扇\Model Dataset\8\8.fld
Configuration name: 1 Fan Middle, Heatsink 3
Project name:   1 Fan Middle, Heatsink 3
/********************************************/
/*         Project Summary                  */
/********************************************/
Problem type:                    internal
Result resolution:               3
Minimum gap size:                0.0275
Minimum wall thickness:          0.00106
Manual refinement:               Off
Solid refinement:                Off
Fluid substances count           1

        Advanced capabilities
Heat transfer                    On
Transient                   Off
```

图 2-4　8.stdout 文件内容

2.1.4 目标

在 Flow Simulation 的模型中，可以设置目标（Goal）。Flow Simulation 将所有稳态流动问题均视为随时间变化的问题。求解器模块以内部确定的时间步长进行迭代以寻找稳态流场，因此必须有确定是否已获得稳态流场的标准，以便停止计算。因此从工程角度来看，可以将它们的收敛视为获得稳态解的过程。目标收敛是完成计算的条件之一，在计算控制选项下面还可以设置其他完成计算的条件。

目标主要有三方面作用：作为计算收敛的标准参量、作为计算过程中监控的参量和便于计算结果后处理。这与结构有限元仿真有很大的不同，因为在结构有限元中，通常我们不会特别指定目标量，对于初学者这似乎有点难以理解。实际上，结构有限元仿真中，软件会内置如应力、应变等收敛标准，而在 CFD 仿真中，特定区域或几何特征上的压力、速度、温度等收敛目标需要人为指定，这会使 CFD 仿真有更好的灵活性。

Flow Simulation 中目标分为全局目标、体积目标、表面目标、点目标和方程目标。全局目标是指在整个 CFD 计算域中的目标，体积目标、表面目标、点目标顾名思义，是指在不同的几何体类型上的目标。以方程目标为例，我们可以针对需要输出的结果参量在模型中预先以方程的形式进行设置。如图 2-5 所示，我们对入口与出口之间的压差做了表面目标的设置，即用入口压力减去出口压力来得到压差结果。

> 注意：如果模型中没有定义任何目标，Flow Simulation 会采用软件内置的收敛标准进行计算，通常是压力、速度或温度等量，当计算完成时，这些量会达到收敛标准。与此同时，用户关注的某些没有定义的目标参量可能没有达到收敛标准。因此，建议用户对自己关注的物理量做目标的设置，如我们关心某个面上的温度，那么我们可以单独针对这个几何表面设置温度的表面目标。

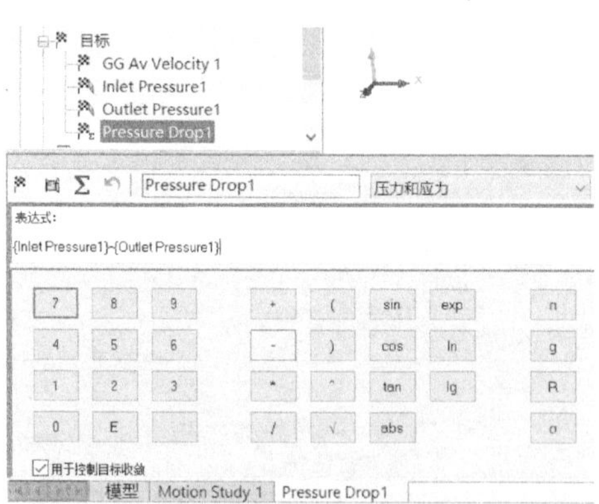

图 2-5 方程目标

目标中可以选择最小值、最大值、平均值和**绝大部分平均**（Bulk Average），如图 2-6 所示。绝大部分平均与平均值的差异在于，前者考虑了网格单元中流体密度差异的影响，也称为质量平均。

$$\text{平均值}=\frac{\sum_{\text{cells}} A_i \mathrm{d}V_i}{\sum_{\text{cells}} \mathrm{d}V_i} \tag{2-1}$$

$$绝大部分平均 = \frac{\sum_{cells} A_i \rho_i \mathrm{d}V_i}{\sum_{cells} \rho_i \mathrm{d}V_i} \tag{2-2}$$

式中，A_i 是平均参数（如温度）；$\mathrm{d}V_i$ 是第 i 个网格的体积；ρ_i 是第 i 个网格中的密度；总和是对计算域中所有网格进行相加。

体积目标

参数

参数	最小值	平均值	最大值	绝大部分平均	用于控制目标收敛
静压	☐	☐	☐	☐	☑
总压	☐	☐	☐	☐	☑
动压	☐	☐	☐	☐	☑
温度（流体）	☐	☐	☐	☐	☑
总温度	☐	☐	☐	☐	☑
平均辐射温度	☐	☐	☐	☐	☑
操作温度	☐	☐	☐	☐	☑
通风量	☐	☐	☐	☐	☑
密度（流体）	☐	☐	☐	☐	☑
质量（流体）			☐		☑
CAD 体积			☐		☑
体积（流体）			☐		☑
速度	☐	☐	☐	☐	☑

图 2-6　体积目标

在 Flow Simulation 求解过程中，我们可以查看目标在迭代过程中的数值变化，如图 2-7 所示。其中，【当前值】表示当前计算得到的目标值。【平均值】【最小值】【最大值】分别表示分析间隔内的目标平均值、最小值和最大值。【增量】与【标准】的含义是，如果计算的目标振幅偏差（增量）在分析间隔期间变得小于目标收敛标准（由 Flow Simulation 自动确定，也可在计算控制选项对话框中手动指定），则目标即视为收敛。

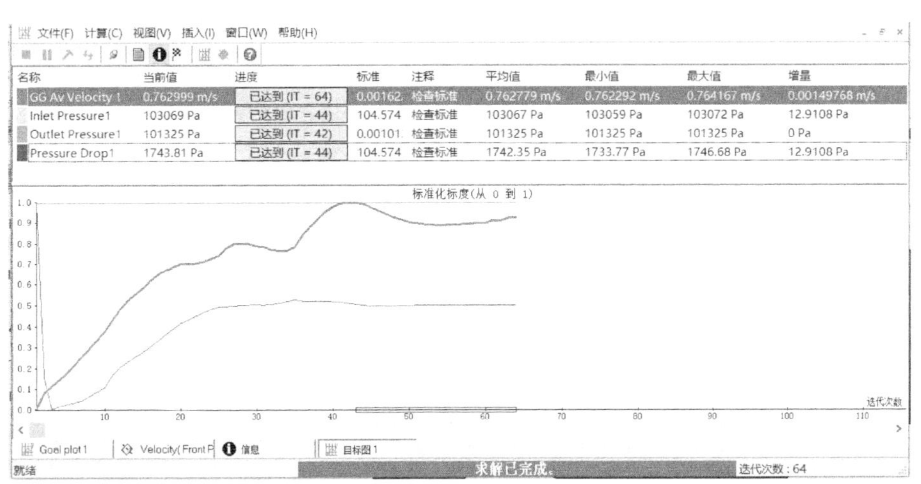

图 2-7　目标在迭代过程中的数值变化

【进度】表示的是目标的收敛进度条，是目标收敛过程的定性与定量特征。在分析目标收敛时，Flow Simulation 首先计算上次迭代推测的分析间隔期间内的目标振幅偏差（增量），然后将计算得到的增量与指定的或者 Flow Simulation 自动确定的目标收敛标准进行对比。目标收敛标准与分析间隔上的目标增量之间的百分比即为进度值，并以目标收敛进度条表示。

当计算出的增量变为等于或小于目标收敛标准时，进度条将显示“已达到”和达到此收敛标准时的迭代次数。相应地，如果目标的实际增量振荡，进度条也会随之振荡。在求解过程中，它也可能从“已达到”的状态大幅度回退。如果已完成计算所需的迭代（以行程为单位），并且在执行必需的迭代次数前已满足目标收敛标准，就可以结束计算。因此，目标的进度条以及目标图对检查计算过程中目标的收敛表现是非常有用的，但是它不一定指示计算何时完成。如果目标没有显示进度条，它表示目标的收敛没有作为完成计算的考虑条件。

如果看到无效提示，它表示无法正确计算指定的点、表面或体积目标，因为它的值可能是无法确定的。无效目标可能在下面两种情况下出现：当参考的点、表面或体积在网格生成期间没有正确求解时，或者目标参数对于指定的点、表面或体积无效时。例如：如果在某个组件的表面上设置了力目标，而此组件在组件控制中已禁用，则会导致组件被作为流体处理。

2.1.5 修正壁面函数

如 1.2.5 节提到，流体流动时在固体与流体交界面存在边界层，由于 Flow Simulation 采用直角坐标网格，并没有刻意构造或划分边界层网格，那么在计算过程中如何考虑边界层内流体物理量的变化？ Flow Simulation 采用了修正壁面函数的方法，也可以称为两尺度壁面函数（2SWF）的方法。这种壁面函数方法用来描述近壁面的层流或湍流流动。当近壁面的网格尺寸大于边界层厚度时，这种壁面函数方法就会被使用。它会提供精准的速度和温度边界层参数。

两尺度壁面函数（2SWF）包括将边界层计算与主要流动属性相结合的两种方法。

1）“厚边界层”方法用于描述细网格上的边界层（边界层上的网格数等于或者大于 6）。在这种方法中，层流边界层的参数通过纳维 - 斯托克斯方程（N-S 方程）计算，而湍流边界层的参数通过修正壁面函数的方法计算。不过，在 Flow Simulation 技术中，使用的不是对数速度廓线分布的传统 CFD 方法，而是采用 Van Driest 提出的整体廓线分布方法。所有其他假设都与经典壁面函数法类似。

2）“薄边界层”方法用于描述粗网格上的流动（通道上的网格数等于或者小于 4），如穿过窄通道的流动（包括导管中的流动、平面流和环形 Couette 流）。在此方法中，将沿覆盖壁面的流体流线求解沿壁面法向从 0（在壁面上）到动态边界层厚度 δ 的积分形式的普朗特边界层方程。如果边界层为层流，则将基于 Shvetz 试探函数技术使用逐渐逼近方法对这些方程进行求解。如果边界层为湍流或层流与湍流之间的过渡流，则会将此方法广义化用于此类边界层，同时对湍流边界层中的混合长度采用 Van Driest 假设。

对于介于两者之间的情况，可以修改上述两种方法，确保在细化网格时或边界层沿表面变厚时两种模型之间可以平滑过渡。在默认情况下，将根据计算网格自动选择合适的边界层方法。在大多数情况下，这些方法对于粗网格具有较好的精度。

2.1.6 湍流 $k-\varepsilon$ 模型

在 1.3.4 节中，我们已经初步介绍过湍流模型，对于 Flow Simulation 采用的 $k-\varepsilon$ 模型，它采用湍流动能 k 和湍流动能耗散率 ε 两个参数来描述，即

$$\mu_t = f_\mu \frac{C_\mu \rho k^2}{\varepsilon} \qquad (2\text{-}3)$$

式中，C_μ 是按经验定义的常数，Flow Simulation 中取值为 0.09；ρ 是流体密度；f_μ 是湍流黏度因子，它用如下的公式来描述，即

$$f_{\mu}=[1-\exp(-0.0165R_y)]^2\left(1+\frac{20.5}{R_T}\right) \tag{2-4}$$

式中，$R_y=\frac{\rho\sqrt{k}y}{\mu}$，$R_T=\frac{\rho k^2}{\mu\varepsilon}$，这里 y 是距离壁面的长度。

Flow Simulation 中的湍流参数数值由软件默认指定。如果手动指定湍流参数，可根据湍流强度和湍流长度，或湍流动能和湍流动能耗散率来进行设置。对于大多数流动，很难对湍流进行准确的先验式估计，因此建议使用默认湍流参数。湍流参数针对初始条件或入口边界条件指定（图 2-8），或者在外部问题中指定为环境条件。

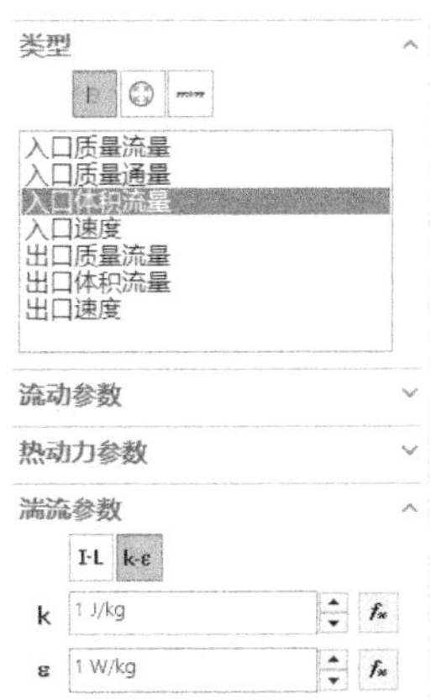

图 2-8 湍流参数设置

k–ε 湍流模型是一种应用非常广泛的两方程湍流数值模型。它具备求解可靠、收敛性好、计算内存需求低的特点，特别适用于复杂几何体的无分离流动问题。它的局限性在于由于使用了壁面函数，无法精确仿真边界层中的黏性子层及缓冲层，且对于强曲率流动和射流问题求解难度较大。

2.1.7 计算域

与常规 CFD 软件不同，Flow Simulation 不用提取单独的流体空间区域，它会根据计算类型自动分配流体空间区域，这个流体空间区域称为计算域。计算域是流体在其中进行传热和流动的区域，通常也会包含固体部件，即会包含整体的计算环境。

在 Flow Simulation 中，也可以人为手动调整计算域大小。理论上，计算域的尺寸越大越好，但是无限放大计算域会无意义地耗费计算时间和计算资源。那么计算域取多大合适？合理的计算域大小的标准是既包含了所有影响流体流动和系统设备换热的物体和环境，又能合理控制模型规模和计算时间。

对内流场（Internal）分析类型而言，在几何空间封闭的情况下自动赋予的计算域通常是一个规则的长方体。它会包含所有封闭的流体空间，也会包含组成流体空间的所有物体设备（图 2-9）。

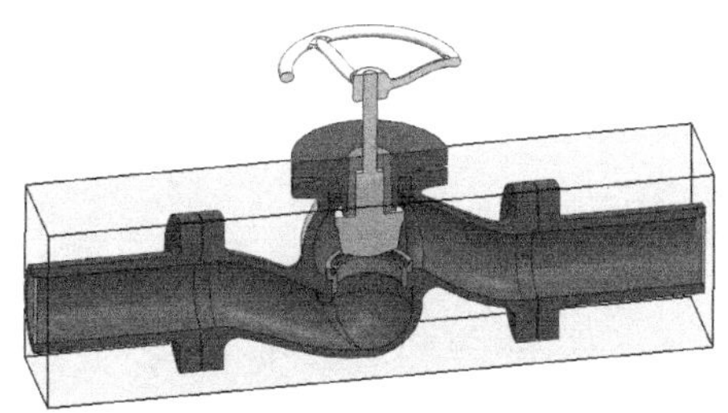

图 2-9 内流场计算域

对外流场（External）分析类型而言，以图 2-10 所示的灯具设备为例，假设设备在 OXY 平面上的宽度为 W，高度为 H，在已知重力方向即考虑自然对流的情况下，建议计算域高度最小为 $4H$，宽度最小为 $2W$。当然，在设备是强制对流（包含风扇等设备）或者物体温度非常高的情况下，计算域分布可能会更大，我们可以通过初步计算的流场分布图结果来查看计算域分布的空间内流场参量（如温度）变化是否趋于平稳，从而来设置合理的计算域大小。

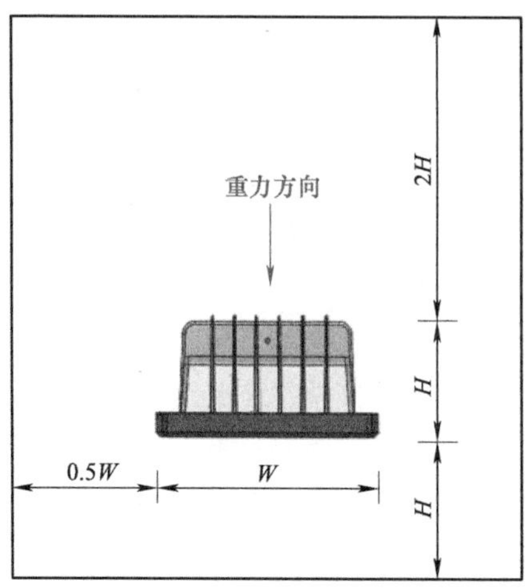

图 2-10　外流场计算域

2.1.8　边界条件

Flow Simulation 的边界条件分为流动开口、压力开口和壁面三种类型，如图 2-11 所示。其中，流动开口又包含入口或出口的质量流量与体积流量、质量通量、速度与马赫数，压力开口包含环境压力、静压和总压，壁面则包含真实壁面和理想壁面。

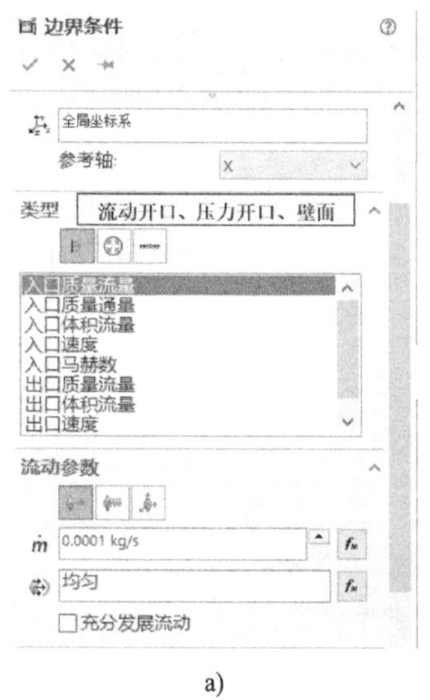

a)

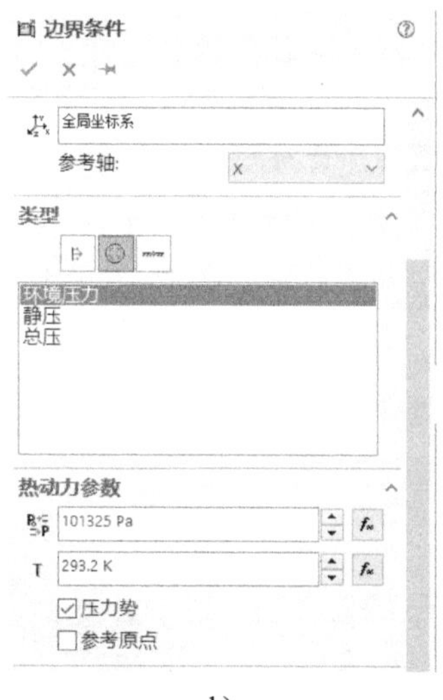

b)

图 2-11　边界条件

边界条件设置中以下四点需要注意。

1）环境压力。Flow Simulation 将【环境压力】条件解释为入口流动的总压和出口流动的静压。如果在计算过程中漩涡经过指定环境压力条件的开口，那么此压力应视为流动经过其进

入模型的开口部分的总压，以及流动通过其离开模型的开口部分的静压。

2）充分发展流动。在入口边界条件中，可以选择【充分发展流动】选项，同时不能再选择设置湍流参数和边界层。由于流体黏性的存在，流体层流流动时在管道壁面处速度为 0，而在管道中间位置处速度最大，充分发展流动意思为流动已经完全形成。在入口管道较短时，可以选择充分发展流动。

3）压力势。在默认情况下，压力的参考点位于全局坐标系的原点。如果选中【压力势】选项，即考虑流体的重力效应，压力会沿着高度分布，但前提条件是重力与压力梯度相平衡。当在【常规设置】中选中【重力】选项时，【压力势】选项会自动开启。

4）对称平面。如果要为计算域的对称平面穿过的开口指定质量流量条件或体积流量条件，那么必须相应调整入口流量值。例如：如果对称平面把开口分为两半，则必须设置流量数值为实际质量流量或体积流量的一半。

2.1.9 流动冻结

Flow Simulation 中的计算控制选项中可以开启流动冻结。在流动冻结下，可以指定参数来控制程序、节省 CPU 计算时间，方法是冻结（即从上次迭代中获取）所有流动参数的值，但流体温度、固体温度和流体物质浓度（如果考虑多种物质）除外，这是因为温度和浓度比其他流动参数收敛更慢，因此每次迭代时都进行计算。在求解具有大量热传递或流体物质扩散的稳态问题或随时间变化问题时，此选项会很有帮助。

2.1.10 行程与迭代

行程（Travel）与迭代（Iteration）是表示计算过程的单位。行程是流动扰动通过计算域流体区域所需的计算时段（可以以迭代或某些其他单位进行计量）。因此，*N* 个行程表示流动扰动通过计算域 *N* 次所需的计算时段。一个行程可能包含多个迭代，计算开始后，迭代中的行程等效值会立即确定为网格数的函数，在计算过程中监视计算时，该值会显示在【❶信息】框中（图 2-7）。

2.2 Flow Simulation 元件简化模型与设置

为了减少计算量，在 CFD 仿真中通常需要把复杂几何形状或物理形式的元器件模型作为简化模型来计算，如风扇、多孔介质、热管等。Flow Simulation 中引入了很多元件简化模型，可以通过建立简单的几何体或设置简化参数来进行复杂组合模型的计算。

提示

以下元件简化模型如果在默认的分析树中没有显示，可以右击 Flow Simulation 项目分析树顶层，选择【自定义树】选项，选择需要显示加载的元件简化模型或其他特征。

2.2.1 风扇

风扇是设备散热最常用的元件之一，也是 CFD 仿真中最常见的简化模型。理解风扇简化模型，首先需要理解风扇的特性曲线，即 *P*–*Q* 曲线（压差 - 流量曲线），对于非流体专业背景的读者，这尤为重要。

我们首先从风扇特性曲线试验着手，从试验角度来理解 $P-Q$ 曲线。根据 ANSI/AMCA 210-07《通风机额定性能试验的实验室方法》、GB/T 1236—2017《工业通风机　用标准化风道进行性能测试》及 ISO5801：2007《工业通风机　用标准化风道进行性能测试》，典型的风扇试验装置如图 2-12 所示。

左端风扇工作时，右端风扇出口段用皮托管测量压力，最右端则是节流装置。当节流装置完全关闭时，管道中流量 Q 为 0，风扇左端入口和右端出口压差 P 最大；当节流装置完全打开时，管道中流量 Q 最大，风扇左端入口和右端出口压差 P 最小。通过调整节流装置来调节流量的大小，进而得到整个 $P-Q$ 曲线。

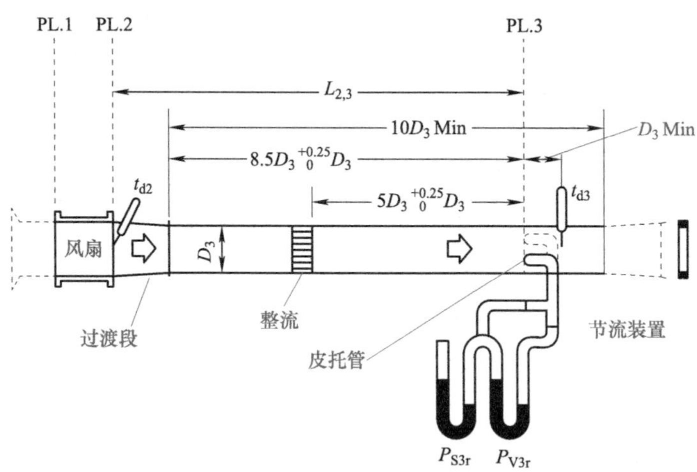

图 2-12　典型的风扇试验装置

风扇通常可以分为轴流风扇、离心风扇和混流风扇。从出风方向来看，轴流风扇的气流流动方向与叶片旋转轴平行；离心风扇的气流流入方向与旋转轴平行，流出方向沿旋转轴径向；混流风扇则介于离心风扇和轴流风扇之间，进出风的方向会有一定斜向角度，也称为斜流风扇。

1. 轴流风扇

轴流风扇具有风量大和风压低的特点，一般用于压力损失较小的系统设备。

（1）轴流风扇特性曲线　如图 2-13 所示，轴流风扇特性曲线总体来看比较平坦。在工作点区域轴流风扇的效率较高，噪声较低；在失速区轴流风扇的噪声较大，且工作状态可能出现波动。因此建议使轴流风扇的工作点处于特性曲线右侧的工作点区域，有利于系统散热。

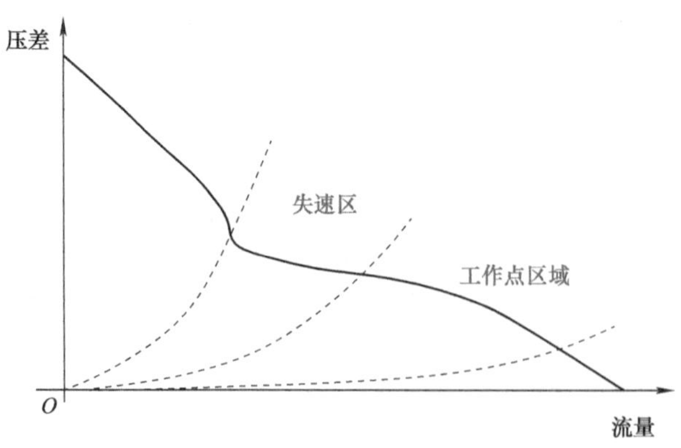

图 2-13　轴流风扇特性曲线

（2）叶片旋转方向与风扇旋转出风　一般情况下，轴流风扇的外壳上标识了叶片旋转方向，在风扇数据库中，通常都会设

置风扇叶片的旋转方向。不同的叶片旋转方向会导致完全相反的出风方向。

轴流风扇的出风有旋转特性，即出风沿着旋转轴旋转，出风速度可以分解为轴向速度和切向速度。切向速度与轴向速度的比值会随着风扇工作点位置变化。

（3）轴流风扇出风区域　轴流风扇出风区域是叶片所在的区域，中间旋转轴（Hub）是不出风的。通常我们用一个圆形板来作为风扇的简化模型，因此在风扇模型参数中需要设置风扇中间旋转轴的尺寸参数，如图 2-14 所示。

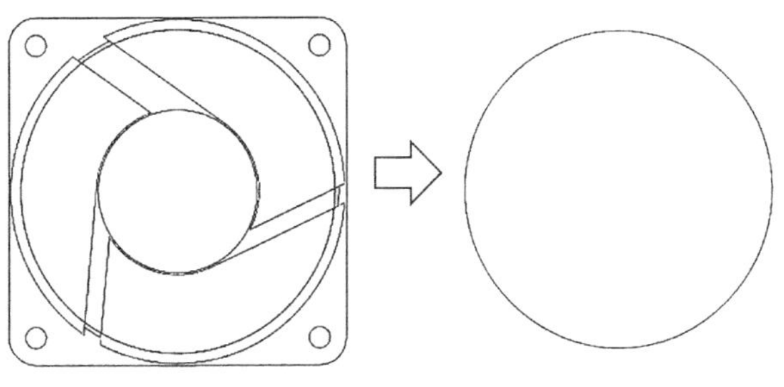

图 2-14　风扇模型简化

2. 离心风扇

离心风扇的特点是风量小、风压高，与轴流风扇相反，一般用于阻抗高及气流进出方向垂直的系统。离心风扇从结构上又可分为前向叶片离心风扇和后向叶片离心风扇。前向叶片离心风扇带有蜗壳，一般称为鼓风机；后向叶片离心风扇一般称为引风机。

（1）离心风扇特性曲线　如图 2-15 所示，离心风扇特性曲线总体来看比较陡峭，一般建议前向叶片离心风扇的工作点处于曲线的左侧区域，在此区域风扇效率较高、噪声较低。

（2）出风速度　如图 2-16 所示，前向叶片离心风扇在出风面上具有不同大小的风速分布。

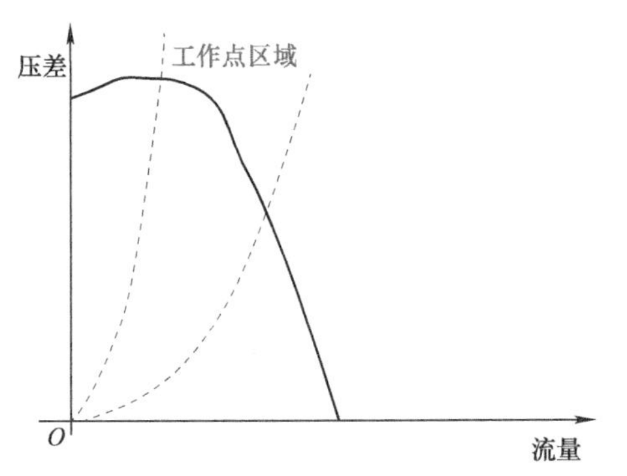

图 2-15　离心风扇特性曲线

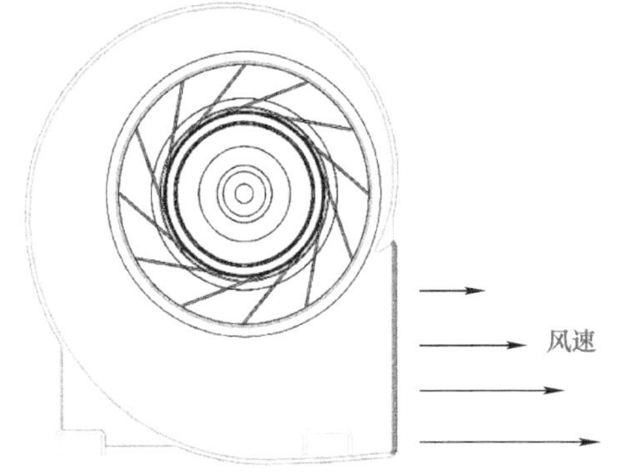

图 2-16　离心风扇出风速度分布

3. Flow Simulation 风扇设置

在 Flow Simulation 中，可以设置 3 种类型的风扇边界条件：外部入口风扇、外部出口风扇和内部风扇。外部入口风扇和外部出口风扇顾名思义，是分别向系统内部和外部送风。而内部风扇是风扇入口面和出口面都在计算域中，在设置风扇边界条件时需要指定流体流出风扇的面和流体流入风扇的面。

Flow Simulation 工程数据库中轴流风扇的参数如图 2-17 所示，其中参考密度 1.2kg/m^3 是风扇特性曲线试验时空气的密度，即空气在 20℃和 101325Pa 的条件下的密度；还包含风扇类型、风扇特性曲线相关的表和曲线（图 2-18）、转子速度、外部直径、轮毂直径、旋转方向等。

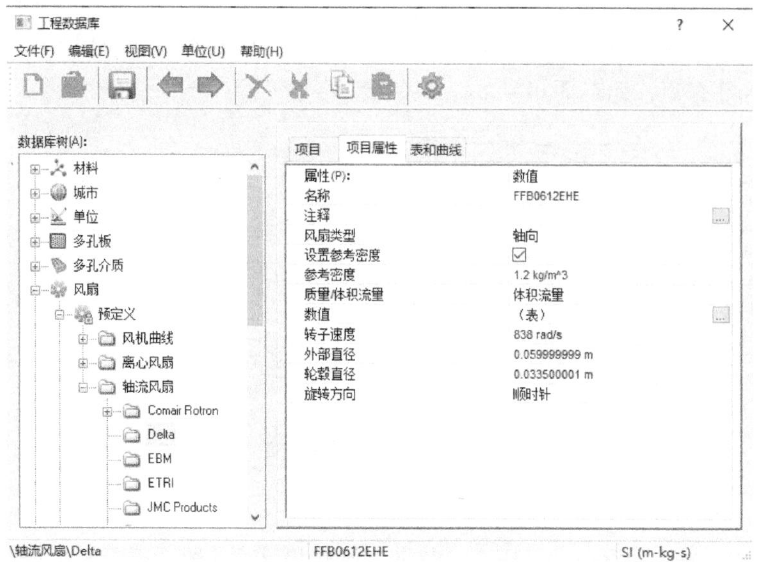

图 2-17 轴流风扇的参数

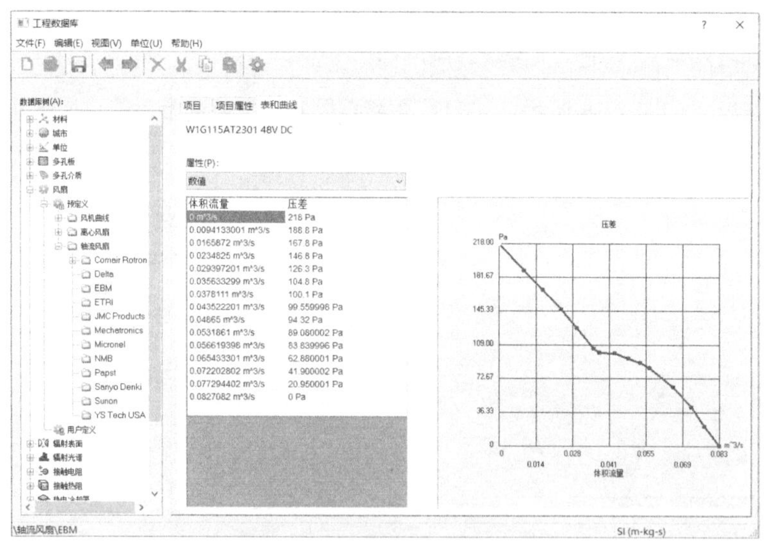

图 2-18 轴流风扇特性曲线

2.2.2 多孔板

在一些电子设备外壳或机柜中，为了通风和散热的需要，通常会布置一些布满小孔的板，称为多孔板（图 2-19）。当气体流经多孔板时会有压力损失，在板的前后两端形成静压差 Δp，即

$$\Delta p = \frac{\xi}{2}\rho v^2 \tag{2-5}$$

式中，ξ 是多孔板压力损失系数；ρ 是流体密度；v 是流体速度。

对于多孔板，如果用传统的真实实体模型来模拟，需要在每个小孔处划分网格，计算量会非常大。为了减少 CFD 模型的计算量，我们通常用多孔板简化模型来替代真实的多孔板。

多孔板简化模型是设置在入口、出口或风扇处的带有多个孔的薄板（建模为无限薄）的整体模型。多孔板可以应用到已有指定边界条件（环境压力或风扇）的平面或弯曲模型面。

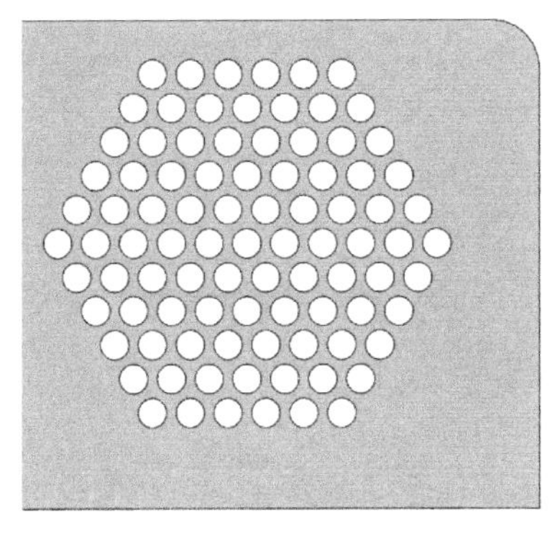

a)

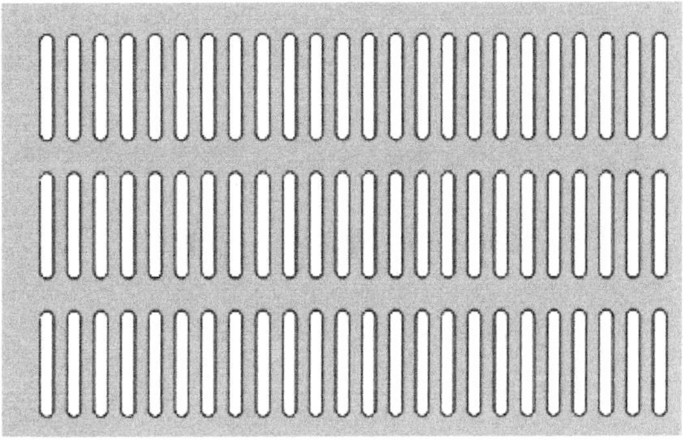

b)

图 2-19 多孔板

在 Flow Simulation 中的工程数据库中选择多孔板时，可以选择预定义的板，也可以通过指定板的参数创建用户自定义的多孔板。在自定义多孔板时，必须指定孔的形状和参数（图 2-20）。孔的形状有圆形、矩形、正多边形和复杂形状。设置为复杂形状时，需要指定压力损失系数，这是一个无量纲参数，用于指定具有复杂几何形状的多孔板的流动阻力。

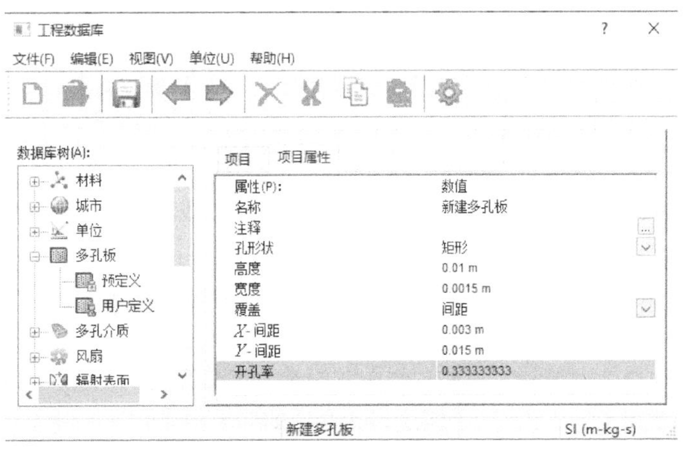

图 2-20 多孔板的参数

对于圆形、矩形和正多边形孔，还必须指定覆盖，即孔的总面积与多孔板总面积之比。可以选择使用以下选项之一定义覆盖。

1）开孔率用于直接指定孔所覆盖的板面积分量。开孔率必须大于 0。此外，对于矩形和正多边形孔，它不能超过 1。对于圆形孔，不能超过 0.9069。

2）间距用于指定两个相互垂直方向上的两个相邻孔之间的距离：*X*- 间距和 *Y*- 间距（图 2-21），系统自动计算开孔率。

3）棋盘格距离用于指定按棋盘格图案排列的两个相邻孔之间的距离（图 2-22），系统自动计算开孔率。对于矩形孔没有此选项。

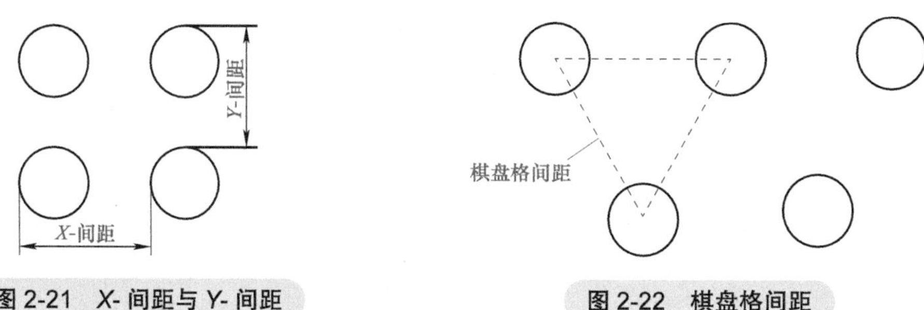

图 2-21　X- 间距与 Y- 间距

图 2-22　棋盘格间距

2.2.3　多孔介质

多孔介质是一种内部布满孔洞或空隙的部件，如汽车排气管中的催化剂、环保设备中的过滤器等，有些时候在宏观上我们也可以将土壤、棉纱、活性炭、换热器等视为多孔介质。显然多孔介质的空隙中可以充满流体或可以进行热量传递，如果采用真实的实体模型来运行 CFD 仿真，需要在空隙处生成流体网格，计算量会非常巨大。在 Flow Simulation 中，我们可以用多孔介质简化模型来模拟这种包含空隙且能通过流体的部件。

> 注意：如果在 Flow Simulation 中已经设置了多孔介质，软件会自动禁用表示多孔介质的组件，用户也可以在【组件控制】中手动禁用表示多孔介质的几何体。如果删除了多孔介质属性，默认组件将保持禁用。

Flow Simulation 中的多孔介质模型分为两种类型，一种是散热器模型（Heat Sink Model），另一种是多孔介质（Porous Media）。

1. 散热器模型

散热器模型（Heat Sink Model）类型用来将包含两种流体的热交换器模拟成多孔介质。热交换器的参数值可以从仿真计算（单独的热交换器实体模型 Flow Simulation CFD 仿真）或物理试验中获得，它的流动阻力表示为质量流量 - 压差曲线或体积流量 - 压差曲线。

散热器模型用来表示横向交叉流动式热交换器，其中冷流体（气体）沿一个方向进入，热流体（液体）垂直于该方向流动，在此过程中它们产生热交换。在 Flow Simulation 选择散热器模型作为多孔介质类型时，“气体”是流过多孔介质的向导中设置的实际项目流体，而“液体”是散热器模型中的虚拟流体，它会向系统增加热量，但用户并未在 Flow Simulation 项目中设置该流体。

在包含热交换器的系统级仿真中，如果热交换器中包含高温液体对系统加热，则可以将热交换器简化为散热器模型类型的多孔介质。尤其是针对板式热交换器产品，直接使用包含翅片的精细实体热交换器模型由于网格量过大基本无法计算，可以考虑简化为多孔介质来做整体模型的计算。

如果在包含热交换器的系统级仿真中，热交换器是吸热类型，则可以简化为常规的多孔介质类型，并在分析树的边界条件中赋予代表多孔介质的虚拟实体负值热源（负值表示吸热，正值表示放热）。

2. 多孔介质

多孔介质类型提供了多种方式来定义流动阻力，包括从流道和多孔介质尺寸来计算流动阻力，热交换参数则以多孔矩阵热导率属性的方式进行定义。多孔介质的属性定义包含多孔性、渗透类型、热阻计算公式等，如图 2-23 所示。

（1）多孔性　多孔性定义为多孔介质的空隙相对于总介质体积的体积分量。

（2）渗透类型　渗透类型包含以下四种。

1）各向同性。介质渗透性与介质中的方向无关。

2）单向。介质仅在一个方向具有渗透性。

3）轴对称。介质渗透性完全由其相对于指定方向的轴向（n）和横向（r）分量控制。

4）正交各向异性。常见的一般情形，即介质渗透性随方向变化，并完全由其在三个主方向上确定的三个分量控制。

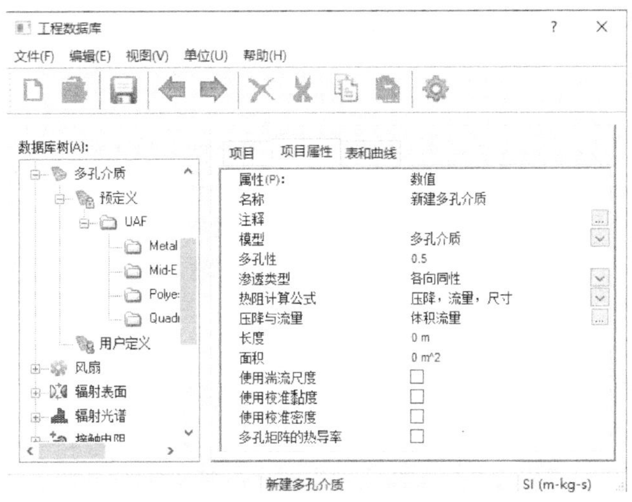

图 2-23　多孔介质的属性定义

（3）热阻计算公式　介质对流体流动的阻力以流动阻力系数 k 来表示（对于轴对称或正交各向异性类型则为分量），其定义为

$$k=\frac{grad(P)}{\rho v} \tag{2-6}$$

式中，P、ρ、v 分别是流体的压力、密度和速度；$grad(P)$ 是多孔介质中某方向的流体压力变化梯度，在多孔介质中假定为常数，因此 $grad(P)$= 压降 / 厚度。

热阻计算公式有 5 种类型可供选择。

1）压降、流量、尺寸。选择【压降、流量、尺寸】时，流动阻力系数计算公式为

$$k=\frac{\Delta PS}{\dot{m}L} \tag{2-7}$$

式中，ΔP 是沿着某个方向的压力损失；$\dot{m}$ 是通过多孔体的质量流量；S 和 L 分别是多孔介质的横截面的面积和该方向长度。此时需要输入压力损失（压降）ΔP 与质量流量 $\dot{m}$ 或体积流量 Q 的数据表，当设置为体积流量时，质量流量通过公式 $\dot{m}=\rho Q$ 换算。

2）速度相关性。选择【速度相关性】时，流动阻力系数计算公式为

$$k=\frac{Av+B}{\rho} \tag{2-8}$$

式中，v 是流体速度；ρ 是流体密度；A（单位为 kg/m^4）和 B[单位为 kg/（s · m^3）] 是常数。选择此选项时，我们需要指定 A 和 B 的数值，v 和 ρ 由系统计算。

3）参考孔径大小相关性。选择【参考孔径大小相关性】时，流动阻力系数计算公式为

$$k=\frac{32\mu}{\varepsilon\rho D^2} \tag{2-9}$$

式中，μ 和 ρ 是流体的动力黏度和密度；D 是多孔介质内部孔径（水力直径）；ε 是多孔介质的孔隙率。如果将多孔介质内部孔径规则、细长孔径通道中的流体流动视为层流，则可以使用此相关性。使用此相关性时，需要指定水力直径（孔径），孔径大小的默认值是 0.00001m。

4）参考孔径大小相关性和雷诺数。选择【参考孔径大小相关性和雷诺数】时，流动阻力系数计算公式为

$$k=\frac{\mu}{2\rho D^2}f(Re) \tag{2-10}$$

式中，μ 和 ρ 是流体的动力黏度和密度；D 是多孔介质内部孔径（水力直径）；Re 是多孔介质内的雷诺数，$f(Re)$ 表示关于 Re 的函数关系。选择此选项时，除了需要指定多孔介质内部孔径 D 外，还需要指定 $f(Re)$ 的函数计算公式。孔径大小的默认值是 0.00001m。

5）压降、速度、尺寸。选择【压降、速度、尺寸】时，流动阻力系数计算公式为

$$k=\frac{\Delta P}{vL\rho} \tag{2-11}$$

式中，ΔP 是沿着多孔介质某个方向的压力损失；v 和 ρ 是流体速度和密度；L 是多孔介质在所选方向的长度。选择此选项时，需要输入压力损失（压降）ΔP 与速度 v 的数据表。

（4）使用湍流尺度　选择【使用湍流尺度】时，用来计算流体在流经多孔介质以后的湍流耗散率。湍流尺度的默认值是 0.00001m。

（5）使用校准密度　多孔介质的流动阻力系数与流体的密度和黏度相关。选择【使用校准密度】时，可以根据流体的密度来校准多孔介质的流动阻力系数。

（6）多孔矩阵的热导率　选择【多孔矩阵的热导率】时，可以用来定义多孔介质的传热属性。选择此选项后，还需要设置使用有效密度、多孔矩阵的密度、多孔矩阵的比热容、传导类型（4 种类型：各向同性、单向、轴对称、正交各向异性）、热导率、熔点温度、矩阵和流体热交换的定义标准（两种类型：体积热交换系数、热交换系数与比面积），如图 2-24 所示。

如果没有选择【多孔矩阵的热导率】，但 Flow Simulation 项目整体考虑热传导，则软件会忽略多孔介质的固体矩阵产生的热传递，并将多孔介质中的热效应视为流体体积的热效应。

在有多孔介质试验数据的情况下，我们可以获得压降与流量或压降与速度之间的关系等数据，用上述选项来定义多孔介质的属性参数很方便。

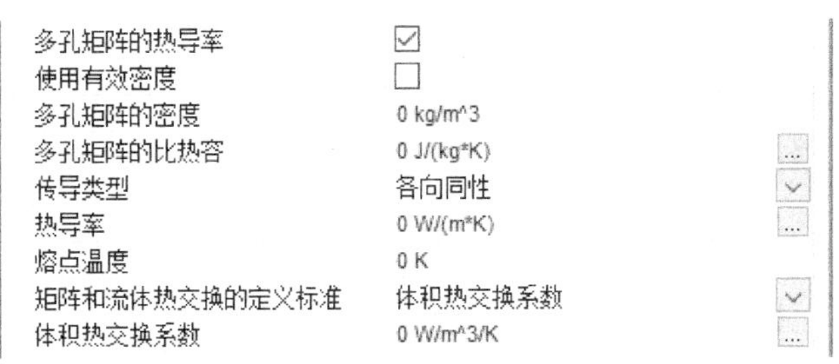

图 2-24　多孔介质的多孔矩阵的热导率

对于流体系统内部的多孔板，为了减少计算量，我们也可以在 Flow Simulation 中建立一个包含实体多孔板的内流场模型，通过仿真计算多种速度入口下多孔板两端的压差，进而将多孔板等效定义为多孔介质。

2.2.4　印刷电路板㊀

印刷电路板（PCB）是电子设备中常见的元件，通常由绝缘底板、连接导线和装配焊接电子元件的焊盘组成，具有导电线路和绝缘底板的双重作用。根据电路层数分类，它分为单面板、双面板和多层板。常见的多层板一般为 4 层板或 6 层板，复杂的多层板可达几十层。显然在 CFD 分析中，如果直接采用真实的 PCB 模型也会导致计算量过大，因此通常用简化的薄板来代替真实的 PCB。

印刷电路板可以被认为是一种特殊的具有各向异性传热系数的固体材料。PCB 的整体特征（即其有效密度、比热和热导率组件）基于 PCB 结构进行计算。可以从工程数据库中选择预定义的 PCB（图 2-25），也可以通过指定 PCB 参数来创建用户定义的 PCB。自定义 PCB 时，必须为 PCB 的绝缘体和导体材料指定密度、比热和热导率，并对所提供的 PCB 类型之一的内部结构进行描述。

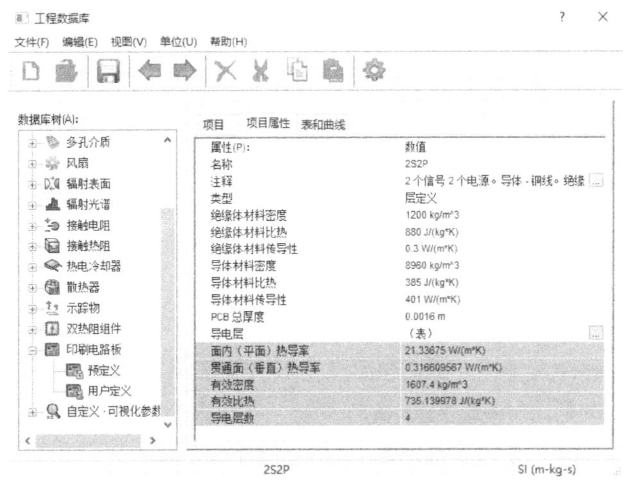

图 2-25　预定义的 PCB 模型

㊀ 为了与软件界面保持一致，本书仍使用“印刷电路板”一词。

自定义 PCB 模型时，可以选择以下 3 种类型。

1）导体体积分量。导体体积分量类型需要指定 PCB 体积中的导体百分比，即 PCB 中的导体材料的体积分量。

2）板质量。使用板质量类型，PCB 总质量和 PCB 总体积将用于计算 PCB 中导体材料的分量。

3）层定义。层定义类型表示必须指定 PCB 总厚度和导电层数。此外，还必须为每个导电层指定覆盖百分比，即每层中的导体材料的体积分量与相应的层厚度，如图 2-26 所示。

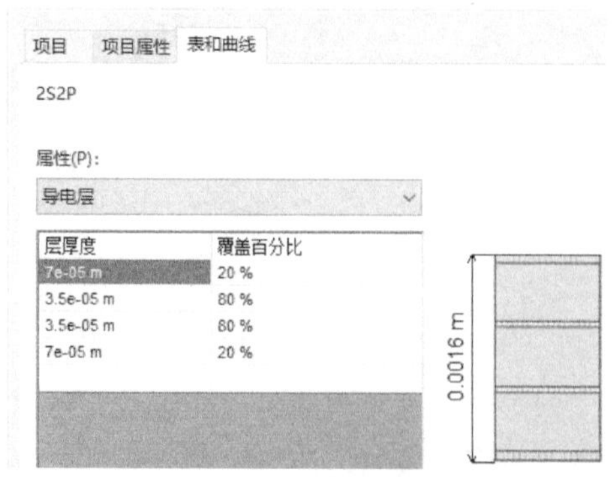

图 2-26　导电层厚度与导体材料覆盖百分比

2.2.5　辐射表面

辐射表面模型严格来讲不是一种真正的元件简化模型，但是在高温传导问题中，辐射表面的设置非常重要，且在 Flow Simulation 工程数据库中存在辐射表面模型，因此有必要做说明。

1. 辐射相关概念

只要物体的温度大于绝对零度，都会辐射热量。如果两个物体之间有温度差异，那么高温物体辐射的热量大于低温物体辐射的热量，因此辐射同热传导类似，也是高温物体辐射热量给低温物体。

如同光线一样，当热量辐射到物体上时，一部分被吸收，一部分被反射，一部分透过物体，因此物体或材料的有**吸收率**、**反射率**和**透射率**三个参数。

吸收率表示被物体吸收的热量占辐射至该物体总热量的百分比。当物体的吸收率为 100% 时，则该物体被定义为黑体。显然黑体的吸收率等于 1 或称黑体的发射率为 1。

反射率表示被物体反射的热量占辐射至该物体总热量的百分比。当物体的反射率为 100% 时，则该物体被定义为白体。

透射率表示被物体透射的热量占辐射至该物体总热量的百分比。当物体的透射率为 100% 时，则该物体称为透明体。

2. Flow Simulation 中的辐射表面

Flow Simulation 中的工程数据库中有预定义的辐射壁面模型。

1）黑体壁面表示表面发射率等于 1（即等于黑体的表面发射率），这样表面将完全吸收所有入射辐射，并按斯蒂芬 - 玻耳兹曼定律发出热量。

2）白体壁面表示表面发射率等于 0（即等于白体的表面发射率），这样表面将完全反射所有入射辐射（按照 Lambert 定律），且表面温度不影响辐射热传递。

3）吸收壁面表示所有入射辐射均在表面消失，表面也不辐射任何热量。

4）对称性表示理想反射表面（镜面），反射率等于 1，镜面反射系数等于 1（反射分为镜面反射、漫反射和高斯反射）。

5）无辐射壁面表示不参与辐射热传递（既不发出热辐射也不吸收热辐射）的表面。因此，到达无辐射壁面的射线将不会影响壁面温度（由于壁面也不透明，因此射线在此处停止），并且缺少起始射线意味着对所有其他壁面而言，无辐射壁面被视为零温度壁面，并且所有入射能量

消失。如果使用无辐射壁面，需要确保它不具有任何实际的辐射表面，否则此表面将消耗所有的发射辐射。

3. 自定义辐射表面

用户也可以自定义辐射表面。自定义辐射表面可以做如下参数设置，如图 2-27 所示。

（1）辐射表面类型

1）壁面。它是指按照指定的发射率辐射热量的表面。发射率的定义参数包括发射系数、太阳辐射吸收率（两者范围均在 0 ~ 1）和反射率。

2）环境壁面。它表示以指定的发射率［由发射系数（范围为 0 ~ 1）］定义辐射热量的表面，但该热量并不到达任何模型壁面，而是消失（因此不计算从此表面发出的辐射射线）。

3）壁面到环境壁面。它表示以指定的发射率定义辐射热量的表面，但该热量并不到达任何模型壁面，而是消失（因此不计算从此表面发出的辐射射线）。与环境壁面类型相反，环境辐射的特定温度可以在所选壁面边界处指定。

（2）反射

1）扩散。在这种类型中，光线均等地可朝任何输出方向反射（与入射方向无关）。

2）漫反射和镜面。在这种类型中，一些光有规则地反射，其余光扩散地反射。

（3）发射率　可以选择将表面发射率指定为专用于热辐射和太阳辐射还是随波长变化。如果表面发射率指定为专用于热辐射和太阳辐射，需要设置发射系数和太阳辐射吸收率。如果表面发射率指定为随波长变化，则可以定义表面发射系数与波长的相关性。在这种情况下，入射辐射中被表面反射的部分也取决于波长。

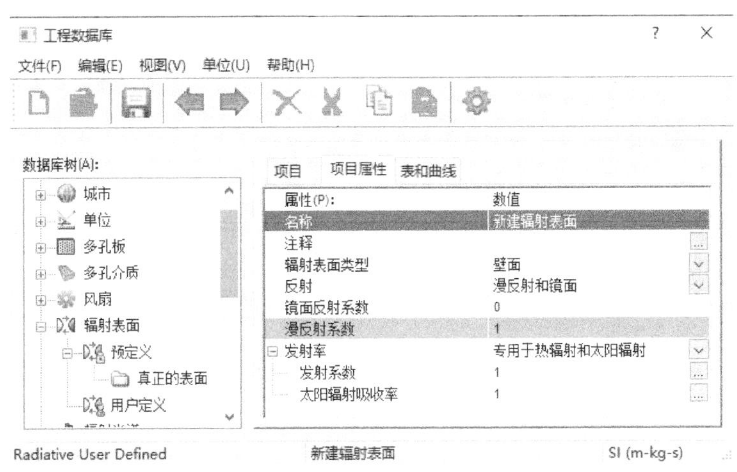

图 2-27　辐射表面参数设置

2.2.6　接触热阻

由于表面粗糙度的存在，两个接触的物体之间会存在很小的空隙，空隙会影响热量的传递，即阻碍热量的传递，称为接触热阻。显然，即使同一种材料不同的表面粗糙度，也会有不同的接触热阻。热流流经存在热阻的接触面，会在接触面的两端形成温度梯度。为了消除接触热阻，在电子设备中通常会在接触面上填充导热胶等界面材料来降低接触热阻。需要注意的是，导热界面材料在降低接触热阻的同时，也可能具有绝缘的特点。

Flow Simulation 中可以设置接触热阻模型。接触热阻的类型有三种：热阻、热阻（整体）、材料 / 厚度，如图 2-28 所示。当选择【热阻】时，可以在工程数据库中选择热阻材料或自定义热阻数值，热阻的单位为 K · m^2/W（图 2-30）；当选择【热阻（整体）】时，可以直接定义接触面上的整体热阻值，单位为 K/W；当选择【材料 / 厚度】时，可以在工程数据库中选择固体热阻材料，同时设置热阻材料的厚度。

其中，【仅应用到固体 / 固体】表示接触热阻应用的范围是否限制在接触面的重叠范围，如图 2-29 所示。

注意：图 2-28 所示的接触热阻创建界面，【选择】对话框中只需要选择接触面对中的其中一个面组即可，如果选择了接触面对中的两个面组，那么接触热阻将应用两次。

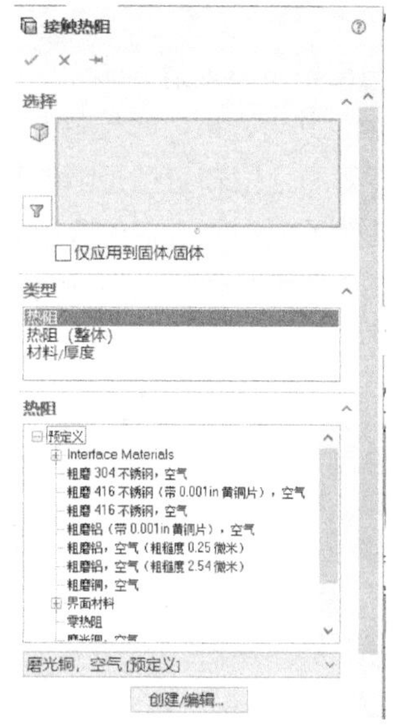

图 2-28　接触热阻创建界面

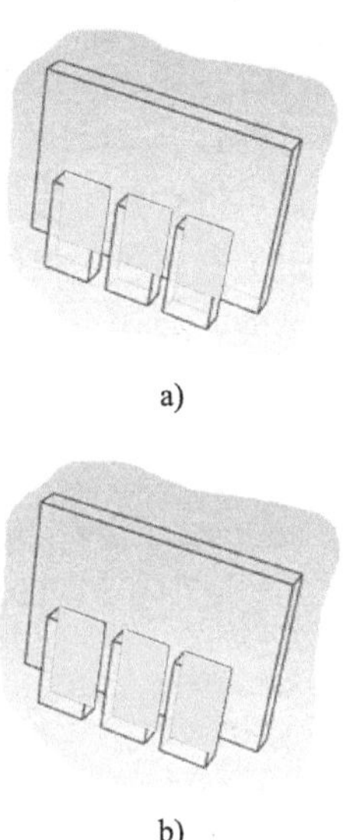

图 2-29　仅应用到固体 / 固体

a）选择【仅应用到固体 / 固体】
b）不选择【仅应用到固体 / 固体】

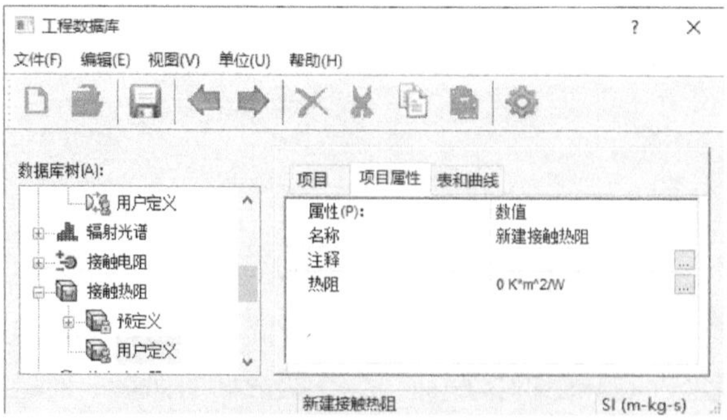

图 2-30　接触热阻工程数据库

2.2.7　散热器

风扇散热器是风扇加上散热翅片的组合体（图 2-31）。它通常安装在发热功率较大的封装元件上部，其功能是通过风扇形成空气与固体部件的强制对流换热，从而将电子封装元件传导至散热翅片的热量快速带走。

Flow Simulation 中的散热器模拟功能可以使用一个六面体方块实体来简化模拟风扇散热器，如图 2-31 所示。通过将形状和换热复杂的散热器替换为简单散热器模拟模型，从而减少用于此类问题的计算时间。这在包含许多封装元件的电子设备中分析流体流动和热传导非常方便。

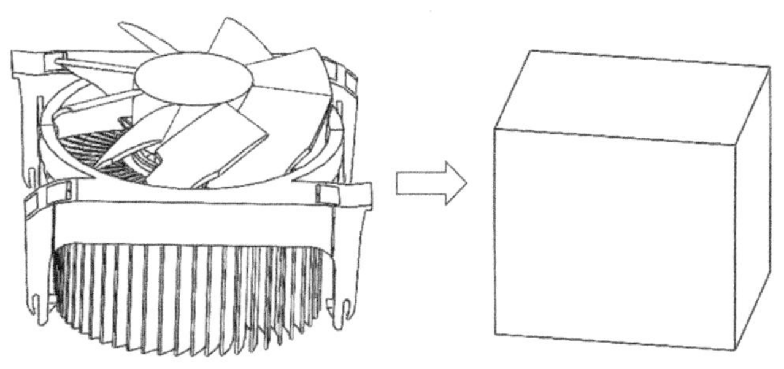

图 2-31　风扇散热器与散热器模拟简化模型

在 Flow Simulation 散热器模拟简化模型中，流体通过该方块的某个指定表面流入，通过其他指定表面流出。我们需要从工程数据库中选择风扇和散热器项目来指定具有适当特征的风扇和具有定义的热阻和压降曲线的散热器。此外，还必须设置封装元件产生的热功耗数值（图 2-32）。

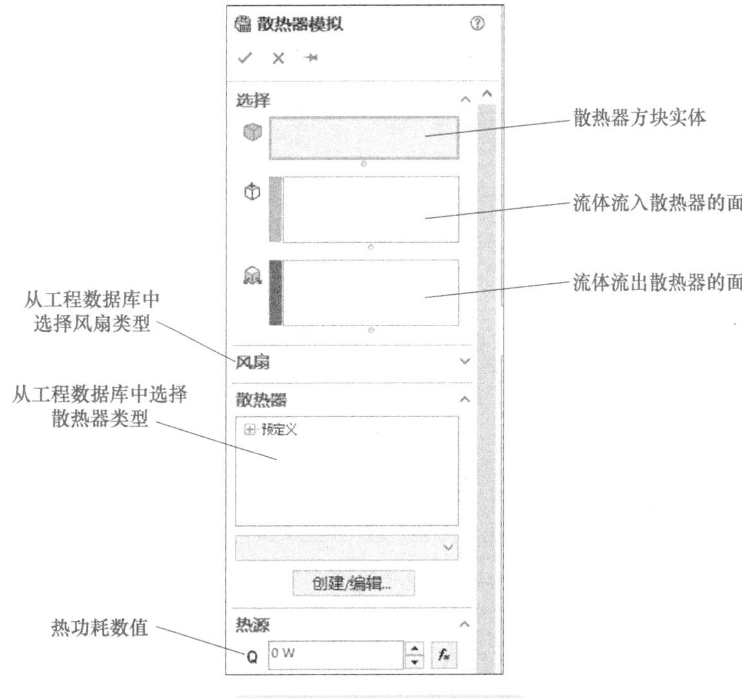

图 2-32　创建散热器模拟

2.2.8 热接点

当模型中有固体连接部分简化去除掉时，为了模拟实际存在的传热效果，可以用热接点模拟两个面之间的热量传输。例如：印刷电路板通过螺栓组合与外壳连接，可以将螺栓组合压缩或删除，用热接点简化模型来代替。换言之，如果要求解的问题涉及相互未连接的部件或者说两者之间是有热传递关系的但并不直接接触，那么可以使用热接点功能来模拟相互作用的表面之间的热传导。

注意：选择热接点连接的面以后，这些面将对周围流体介质热绝缘，仅参与面与面相互间的热交换。在 Flow Simulation 中创建热接点时，可以选择将两面之间的连接定义为热交换还是热阻（图 2-33），然后设置相应的热交换系数或热阻值。

提示

热交换（热传导）和热阻是两个相反的概念，因此热交换系数和热阻值的单位也是相反的。

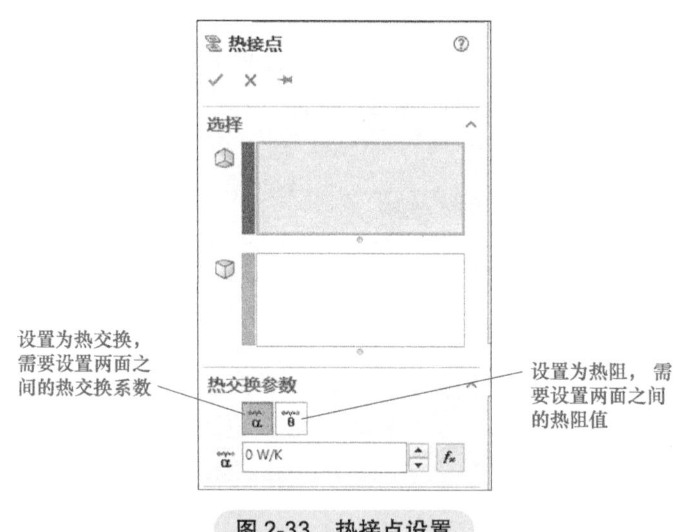

图 2-33 热接点设置

2.2.9 热导管

热导管也称为热管（Heat Pipe），作为高效的传热元件在电子行业中有广泛的应用（图 2-34）。热导管采用了液 - 气 - 液的相变传热，具有极高的传热效率，有试验表明一根直径为 20mm 的铜 - 水热导管，其导热能力是同直径铜棒的 1500 倍。

常见的热导管由管壳、吸液芯及传热工质（工作液体）组成（图 2-35）。热导管的两端封闭，内部的空气被抽去，在密闭的管道内装有传热工质，内壁上贴有吸液芯。热导管工作时，传热工质在吸热段吸收管壁传来的热量而温度升高，汽化为蒸气，同时压力也随之增大，于是

就流向压力较低的冷凝段，在冷凝段放出热量后又重新变成液态，液体再沿着吸液芯依靠毛细力作用返回吸热段，再吸收热量进入下一次循环。如此反复循环就实现了热量的传递和转移。因此热导管的正常工作过程是由液体的蒸发、蒸气的流动、蒸气的凝结和凝结液的回流组成的闭合循环。热导管的外观像一个拉长的、变细的暖水瓶胆，由两根同轴的金属管组成，内外管之间抽成真空。

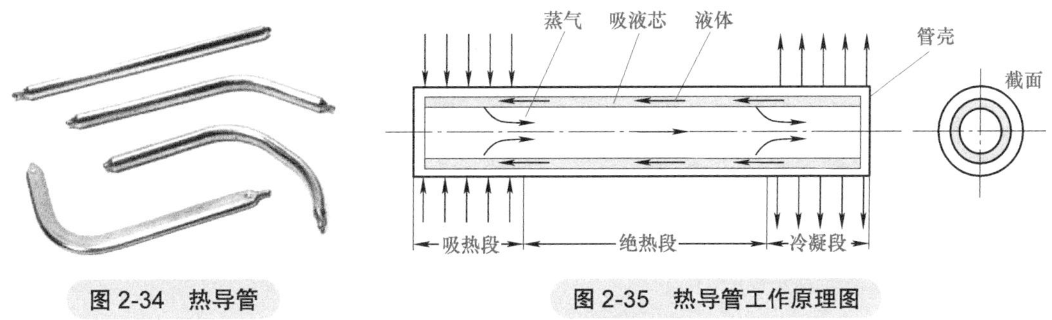

图 2-34　热导管

图 2-35　热导管工作原理图

显然这种复杂的结构在整体的电子设备模型中很难用真实的模型来仿真。Flow Simulation 提供了热导管简化模型，用实体部件来代替结构复杂的热导管。使用时，只需要选择应用热导管的实体部件、热量流入的面、热量流出的面并设置有效热阻值即可，如图 2-36 所示。

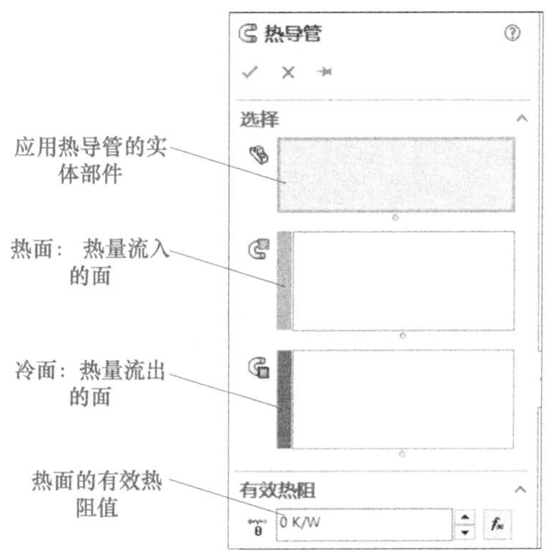

图 2-36　热导管的设置

2.2.10　热电冷却器

热电冷却器（Thermoelectric Cooler，TEC）是一种热泵，利用半导体的帕尔贴效应进行加热或制冷的电子元件，如图 2-37 所示。帕尔贴效应是指当直流电流通过两种半导体材料组成的电偶时，其一端吸热、一端放热的现象。

如图 2-38 所示，P 是指 P 型半导体（空穴型），N 是指 N 型半导体（电子型），当这两块半导体组成的闭合回路通以直流电时，在半导体的两端会产生放热和吸热，形成热端和冷端。半导体也有电阻，当电流流过时会产生焦耳热量。此外，由于热电冷却器的热端和冷端存在

温差，根据热传导原理，一部分热量也会从热端流入冷端，这与帕尔贴效应相反。半导体产生的焦耳热量取决于电流以及热电冷却器的电阻，而热通量取决于冷热两端之间的温差以及TEC的热导率。

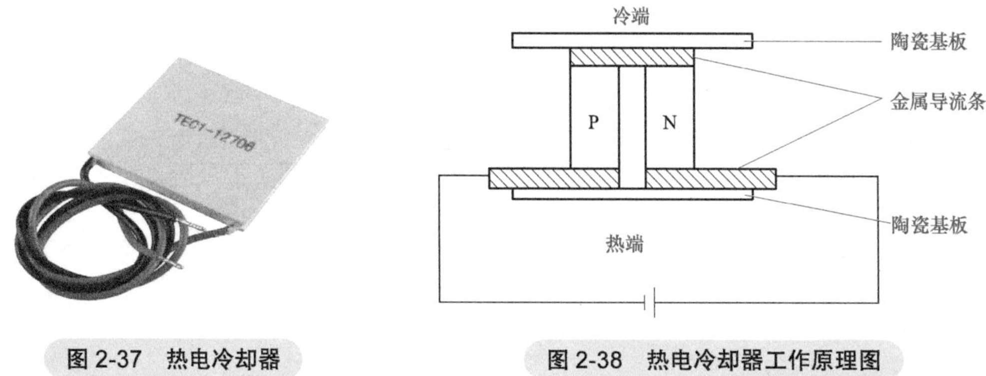

图 2-37　热电冷却器

图 2-38　热电冷却器工作原理图

Flow Simulation 中创建热电冷却器模型需要选择应用热电冷却器的实体组件和选择热面，然后从工程数据库中选择热电冷却器模型，如图 2-39 所示。热电冷却器模型的参数设置如图 2-40 所示，其中最大泵热是指在最大电流强度下从冷面传递到热面（这两个面之间的温度差为零）的最大热量，最大温降是指从冷面到热面的热传递为零时两个面之间的最大温差，最大电流强度是指最大直流电流，最大电压是指与最大电流对应的电压。通常这些参数都与温度相关。

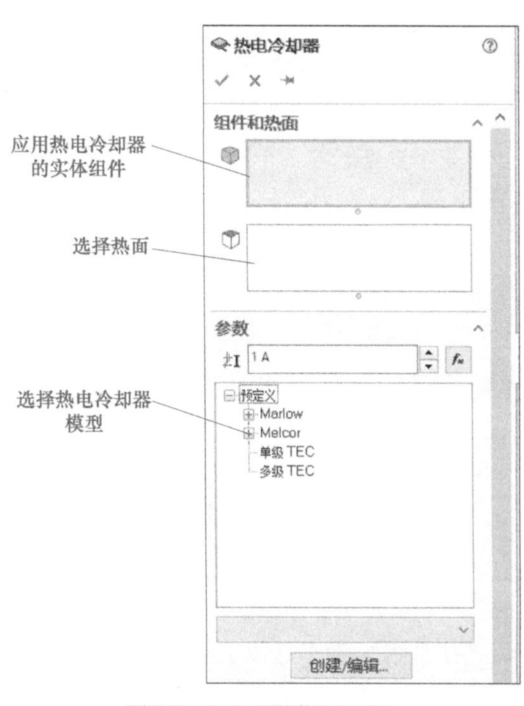

图 2-39　创建热电冷却器

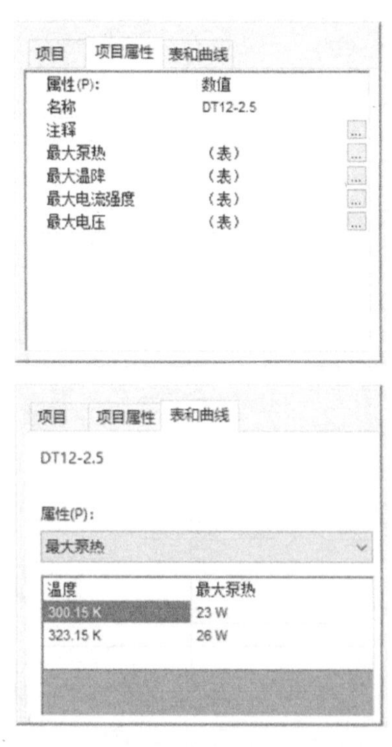

图 2-40　热电冷却器模型的参数设置

注意：热电冷却器的热面必须接触于其他实体，也就是说不能暴露于流体中，而且热电冷却器所求解出来的结果（如热面温度）必须在供货商指定的操作范围之内。

如果在同一个项目中使用了接触热阻（Contact Resistance）设定，那么接触热阻只能设定在热电冷却器实体以外的其他实体上，而且不能直接与热电冷却器实体接触。

2.2.11 双热阻

双热阻模型是进行电子设备散热仿真时常用的集成电路封装热模型。它可以用来模拟电子封装芯片的传热问题。集成电路封装通常看起来像一块平板安装在印刷电路板上。Flow Simulation 中的双热阻模型由三部分组成：结（Junction）、板（Board）和壳（Case），如图 2-41 所示。

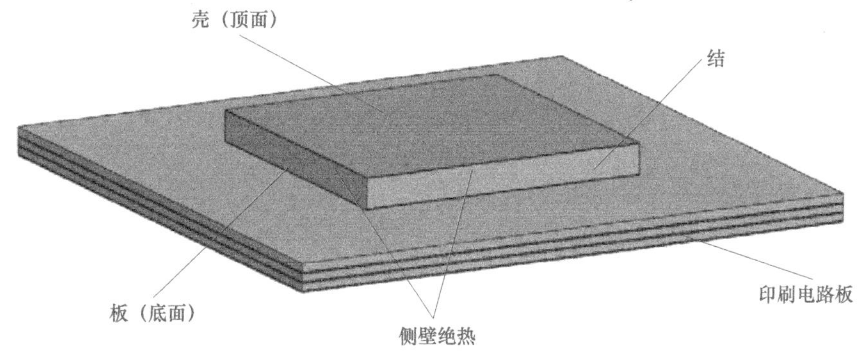

图 2-41 双热阻模型

1）结（Junction）是一个带有隔热侧壁的高导电性固体板，它只能使用上表面和下表面与环境进行热交换。

2）板（Board）被视为与封装正下方的局部环境之间产生直接热接触，这个局部环境通常为印刷电路板（PCB）。

3）壳（Case）被视为与封装正上方的局部环境（通常为空气或与散热器配合使用的热界面材料）之间产生直接热接触。

这三部分通过两个热阻联系起来，分别是结 - 板热阻 R_{JB} 和结 - 壳热阻 R_{JC}。此外还有三个温度：结温 T_J、壳温 T_C 和板温 T_B。

在 Flow Simulation 中设置双热阻模型，需要选择双热阻模型所赋予的实体组件和它的顶面，同时在工程数据库中选择对应的双热阻模型，还需要设置发热功率，如图 2-42 所示。

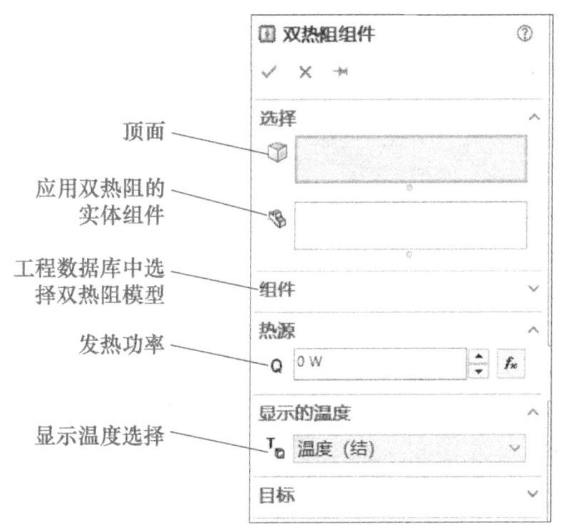

图 2-42 双热阻模型设置

工程数据库中的双热阻模型会包含结 - 壳热阻和结 - 板热阻数据（软件中翻译为“连接 - 壳”和“连接 - 板”，如图 2-43 所示。

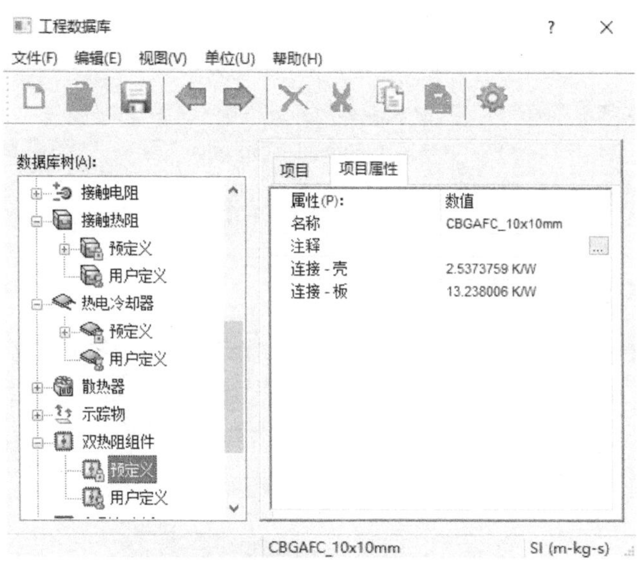

图 2-43 工程数据库中的双热阻模型

知识点：

固态技术协会（Joint Electron Device Engineering Council，JEDEC）是微电子产业的领导标准机构。JEDEC 成立于 1958 年，作为电子产业协会联盟（EIA）的一部分，为新兴的半导体产业制定标准。在过去 60 余年的时间里，JEDEC 所制定的标准为全行业所接受和采纳。作为一个全球性组织，JEDEC 的会员构成是跨国性的，JEDEC 不隶属于任何一个国家或政府实体。JEDEC 的标准制定程序使生产商与供应商齐聚一堂，通过多个委员会和分委员会来完成制定标准的使命，以满足多样化的产业发展与技术需要。JEDEC 的主要功能包括术语、定义、产品特征描述与操作、测试方法、生产支持功能、产品质量与可靠性、机械外形、固态存储器、DRAM、闪存卡和模块以及射频识别（RFID）标签等的确定与标准化。此外，JEDEC 还管理着一项服务，即根据类型指导系统为分离固态产品生产商进行产品注册。

2.3 小结与讨论

“工欲善其事，必先利其器”，对软件主要功能模块、文件结构和关键技术特点的掌握有助于我们快速掌握仿真工具软件，也有助于我们根据具体的仿真分析问题做出合理的工具软件选择，同时能了解分析结果的差异与合理性。

元件简化模型也是 CFD 仿真软件中很常用的特征，当我们遇到不同类型的复杂实物模型时，能根据这些简化原理和方法对整体模型进行简化或等效处理，因此对这些模型简化原理与背景知识的了解也非常有必要。

总而言之，知其然还要知其所以然是仿真行业从业者应具备的学习态度。

第3章 阀门内流场仿真

【学习目标】

1）阀门 CFD 仿真的关注点。

2）Flow Simulation 内流场仿真的基本流程。

3）方程目标的设置与使用。

4）模型更新、配置与克隆项目。

3.1 行业知识

阀门是流体输送系统中的控制设备，其基本功能是接通或切断管路介质、改变介质的流动方向、调节介质的压力和流量、保护管路设备的正常运行等。阀门在工业设备中应用广泛，在给排水、石油、化工、冶金、核能、制冷、宇航等行业都有应用。

阀门的材料、流体介质类型、工作温度和压力等都会对设备性能产生影响。对流体 CFD 仿真而言，最重要的仿真参数也包含这些。最常见的阀门材料是金属材料，如碳钢、合金钢、铜、铝、铁、钛合金等，非金属材料中的塑料、陶瓷和玻璃等通常也会用来制作阀门。阀门中的流体介质通常是水、油、空气、水蒸气、制冷剂等液态或气态流体，有些流体中可能还有颗粒状介质。

阀门的工作温度和工作压力范围广，工作温度可以从 −200℃到 1000℃以上，工作压力可以在 100MPa 以上。所以，按照工作温度阀门可以分为超低温阀、常温阀、中温阀、高温阀，按照公称压力阀门可以分为真空阀、低压阀、中压阀、高压阀和超高压阀。

当然，阀门的分类方法非常多。GB/T 32808—2016《阀门型号编制方法》将阀门分为球阀、蝶阀、闸阀、止回阀、截止阀、安全阀、隔膜阀、节流阀、排污阀、疏水阀、柱塞阀、旋塞阀、减压阀共 13 种类型。

阀门常见的基本参数包含流量系数、流阻系数等。

3.1.1 流量系数

流量系数 K_V 是指阀门在完全开启工况下，阀前后压差等于 1bar（100kPa）、温度在 20℃时，流经阀门的最大流量（单位为 m^3/h）。阀门的流量系数是衡量阀门流通能力的指标。流量系数值越大说明流体经过阀门时的压力损失越小。

欧美标准中一般测量流量系数 C_V，C_V 的定义为：在阀门完全开启的工况下，阀门两端压差为 1psi（1psi=6894.76Pa），介质为 60°F 的水流经阀门的流量（单位为 gal[⊖]/min）。因此，C_V 与 K_V 之间的换算关系为：$C_V=1.167K_V$。K_V 的计算公式为

⊖ 1Ukgal=4.54609dm^3；1Usgal=3.78541dm^3。

$$K_V = Q / \left(\sqrt{\frac{\Delta P}{\gamma}} \right) \tag{3-1}$$

式中，Q 是流量（m^3/h），ΔP 是阀门前后压差（bar）；γ 是阀门中流体介质相对于水的密度。

3.1.2 流阻系数

流阻系数用于表征物体对流体流动的阻力大小，是一个无量纲数。随着流速的加大，流体的流动将经历层流区、层流到紊流的过渡区、水力光滑区、水力粗糙区，其中前面三个状态流阻系数K与雷诺数（Re）相关，是一个变值。当流体过渡到水力粗糙区，也就是阻力平方区后，流阻系数 K 与 Re 无关而成为常数，压力损失 ΔP 与流速 v 的平方成比例，流阻系数只与相对光滑度 $\frac{r_0}{\varepsilon}$ 相关。

阀门的流阻系数可以衡量流体通过阀门后主要功率消耗。阀门的流阻系数 K 是衡量流体流经阀门造成压力损失大小的指标，是表示阀门压力损失的一个无量纲系数。

阀门的流阻系数 K 取决于阀门类型、阀门通径尺寸、流道结构以及体腔形状、流道壁摩擦阻力等因素，阀门总的流阻系数可以认为是各种因素造成压力损失的总和。因此，在流体工程领域，流阻系数定义为阻力平方区的常数值，流阻系数取值的前提条件是流体进入阻力平方区。判断的依据是

$$Re > Re2 = 382 \times \left(1.74 + 2\ln\frac{r_0}{\varepsilon} \right) \times \frac{r_0}{\varepsilon} \tag{3-2}$$

式中，$Re2$ 是边界雷诺数；r_0 是水力半径；ε 是表面光滑度；Re 是雷诺数。

流阻系数 K 的计算公式为

$$K = \frac{2\Delta P}{\rho v^2} \tag{3-3}$$

式中，ΔP 是阀门两端的静压差（Pa）；ρ 是流体介质密度（kg/m^3），v 是流体流速（m/s）。

除了流量系数和流阻系数外，阀门还有沿程压力损失、沿程阻力系数、水头损失、功率损失等参数，此处不再赘述。

> 注意：关于流阻系数与流量系数的试验测量，可以参阅 GB/T 30832—2014《阀门流量系数和流阻系数的试验方法》

3.2 模型描述

此模型是一个典型的锥形球阀模型，阀门阀体外观呈锥形（图 3-1），锥角为 13°40′。该阀门在试验状态中，为了保证入口端和出口端流体压力的测量处于稳定状态，将入口端和出口端做了延长。为了与试验状态保持一致，我们将入口端延长至约 7 倍的阀门内径，出口端延长至约 17 倍的阀门内径，如图 3-2 所示。

图 3-1 锥形球阀模型

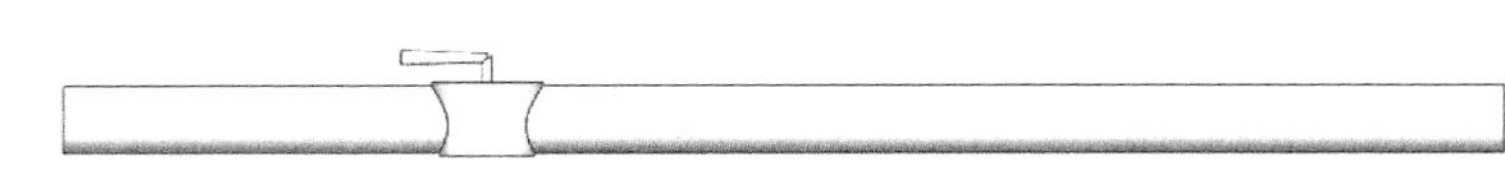

图 3-2 阀门 CFD 模型

提示

在泵阀等流体设备的 Flow Simulation 仿真中，为了克服收敛波动的影响，通常我们会对入口和出口的管段进行延长，以保证得到稳定收敛的流场结果。建议入口端延长管径的 2 倍，出口端延长管径的 4 倍。

对于此阀门模型，我们将通过 CFD 仿真分析得到它的流阻系数以及阀门球体受到流体冲击的扭矩。

3.3 模型设置

3.3.1 分析前的整体考虑

对于一个仿真分析的项目，我们不要急于求成马上打开软件工具开始操作，建议首先做一个整体的快速考虑，如图 3-3 所示。当我们在充分和快速地思考以后，在脑海中初步形成仿真的方案，再来操作会达到事半功倍的效果。

我们按照图 3-3 所示的步骤对此项目做一个说明。

1）产品的问题描述或需求。在 3.2 节中我们已做了说明，此 CFD 仿真模型需要与试验模型一致，通过仿真得到阀门流阻系数和冲击扭矩。

2）产品使用工况或试验状态。根据试验状态，阀门的边界条件是入口端流体速度为 0.5m/s，出口端环境压力为 1 个大气压（1atm=101325Pa）。

3）判断使用 FEA 或 CFD 工具来进行仿真。显而易见，此模型需要用 CFD 工具软件来仿真。需要注意的是，对于某些热传导问题，FEA 工具和 CFD 工具可能都可以计算，这个时候需要根据具体需求来选择使用的软件工具。

4）确认 CFD 工具功能是否满足需求。这是一个常规的流体计算问题，Flow Simulation 可以满足需求。

5）稳态还是瞬态仿真？我们需要流动稳定状态下，阀门的相关参数，应该是稳态仿真问题。

6）内流场还是外流场？水在阀门内部流动，显然是内流场仿真问题。

7）CFD 模型的显著特征。对于这个模型，可能需要考虑的是阀门球体在不同的旋转张开角度下的仿真问题，因为阀门的开度会明显影响流动的结果。

8）模型文件是何种格式，是否需要重新处理模型？模型是 SOLIDWORKS 格式，对于原始模型，我们可能需要做入口端或出口端管道的延长，同时保证计算模型是一个封闭的空间。

9）流体与固体材料、边界、网格、数值模型、计算量的估计。显然流体类型是水，默认的材料库中有水的模型。边界条件需要考虑的是对于这种内流场仿真，入口和出口采用哪种类型。模型结构比较简单，没有特别细小的几何特征，网格量不大。数值模型可以采用常规的湍流模型。此模型计算量不大。

10）输出何种仿真结果？流场的整体云图、流阻系数与扭矩的具体数值等结果是需要输出的。

11）对模型和求解可能出现问题的预见性。此模型较为简单，通常不会有其他异常问题。有些模型非常复杂，网格量非常大，我们需要考虑的是求解时间可能非常长、计算机内存可能不够等问题。

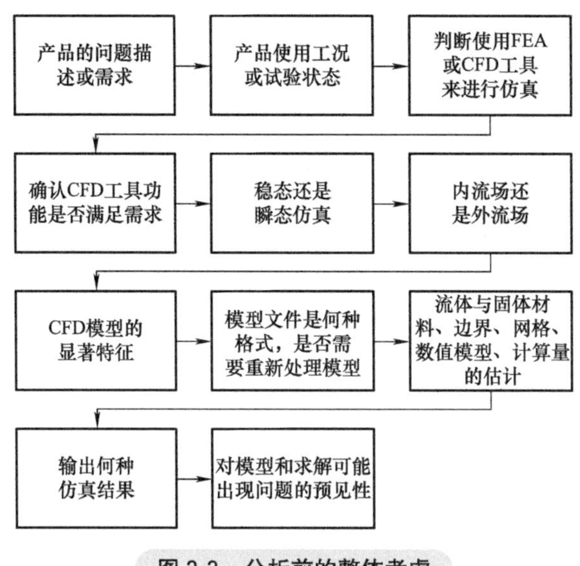

图 3-3　分析前的整体考虑

3.3.2　操作过程

Flow Simulation 中具备向导工具来帮助使用者快速设置 CFD 仿真模型，同时树形分析树菜单也能方便进行右键操作。

步骤 1　打开原始模型

• 从“第 3 章 \ 模型文件”中打开“cone valve.SLDASM”文件。

步骤 2　查看 CAD 模型

该装配体模型包含两个部件，其中一个是阀体（零件名称为 pipe），另一个是球体（零件名称为 cone）。其中阀体部分已经将入口端和出口端做了管段延长处理，并且入口和出口都已经创建了封盖。

注意：Flow Simulation 中的内流场仿真，必须保证形成结构固体包围的完全封闭的流体空间，否则流体域无法识别，无法进行内流场计算。Flow Simulation 中的封盖工具可以用来创建封盖以封闭流体空间，用户也可以使用其他建模手段来封闭模型以得到流体空间。

步骤 3　加载 Flow Simulation 模块

选择 SOLIDWORKS 界面上方命令管理器区的【SOLIDWORKS 插件】，单击【SOLIDWORKS Flow Simulation】，Flow Simulation 模块加载进来，如图 3-4 所示；也可以通过【工具】下拉菜单选择【插件】选项，单击【SOLIDWORKS Flow Simulation 2020】加载模块（图 3-5）。

图 3-4　加载 Flow Simulation 模块 1

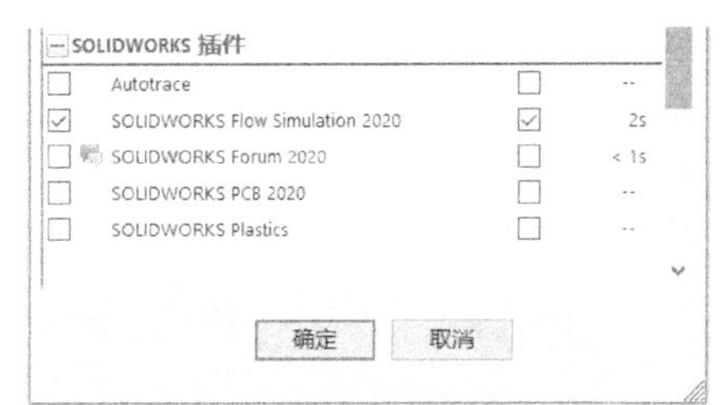

图 3-5　加载 Flow Simulation 模块 2

步骤 4　创建配置

为了实现在同一个 SOLIDWORKS 模型中操作多个不同几何模型结构的 CFD 计算，我们通过 SOLIDWORKS 中的“配置”功能与 Flow Simulation 项目结合的方式来进行操作。首先我们创建阀门球体与阀体角度为 15° 的模型配置。

在 SOLIDWORKS 界面左侧项目树区域单击配置管理器（ConfigurationManager），右击【cone valve 配置】，选择【添加配置】选项，命名为“15deg”，单击【确定】✓，如图 3-6 所示。

图 3-6　添加配置

步骤 5　设置装配角度

在 SOLIDWORKS 界面左侧单击特征管理器（FeatureManager），展开装配关系【Mategroup】菜单，右击【Angle1】，选择【编辑特征】选项，在角度处输入“165.00 度”，如图 3-7 所示。该角度表示球体与阀体之间的装配角度是 15°。

提示

打开的模型中已经做了装配角度的默认设置，用户也可以自己创建零部件各自的“参考基准面”来装配该模型和调整角度数值。

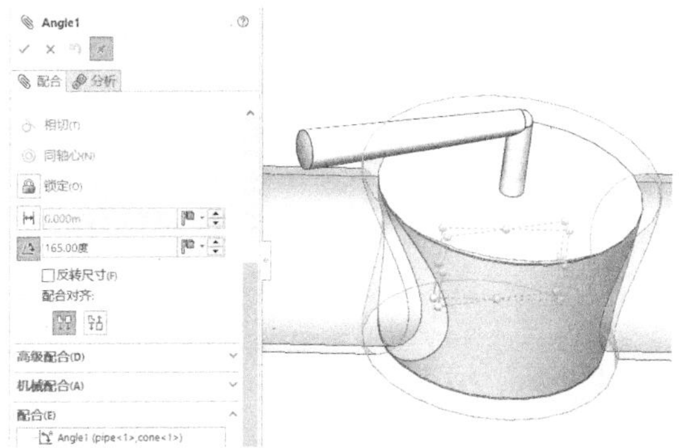

图 3-7　装配角度设置

步骤 6 Flow Simulation 向导设置

打开 SOLIDWORKS 界面上方的命令管理器（CommandManager）中的【Flow Simulation】菜单，选择【向导】选项，进入【向导 - 项目名称】对话框，如图 3-8 所示。

在【项目名称】处输入“15deg”，其余采用默认设置，该默认设置表示这个 Flow Simulation 项目使用当前“15deg”这个配置。单击【下一步】按钮，进入单位系统设置界面。

> 技巧：建议用户对模型和操作过程养成良好的命名习惯，既方便自己阅读模型，也方便同一组织内成员的理解和相互协作。

如图 3-9 所示，在【向导 - 单位系统】对话框中选择默认的国际单位制单位系统，即 SI（m-kg-s）。用户也可以在下方的单位选择处对压力、速度、质量等进行单位的选择。单击【下一步】按钮，进入分类类型设置界面。

如图 3-10 所示，在【向导 - 分析类型】对话框中单击【内部】，其余采用默认设置。单击【下一步】按钮，进入流体设置界面。

如图 3-11 所示，在【向导 - 默认流体】对话框中选择【液体】选项，双击【水】将它添加到项目流体中。单击【下一步】按钮，进入壁面条件设置界面。

如图 3-12 所示，在壁面条件设置界面接受默认的设置，单击【下一步】按钮，进入初始条件设置界面，如图 3-13 所示。接受默认的初始条件选项，单击【完成】按钮，关闭【向导】对话框。

图 3-8 项目名称设置

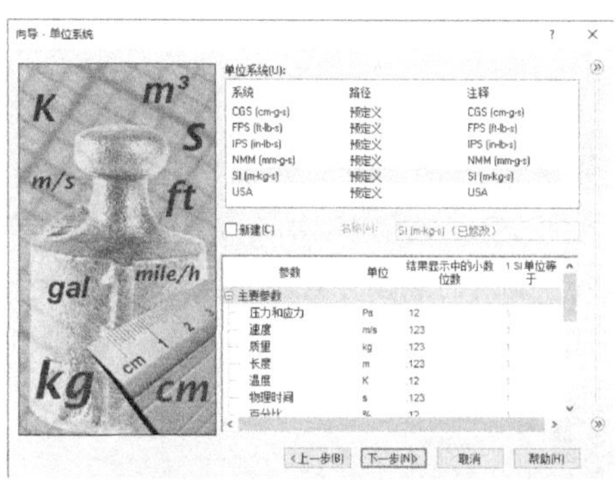

图 3-9 单位系统设置

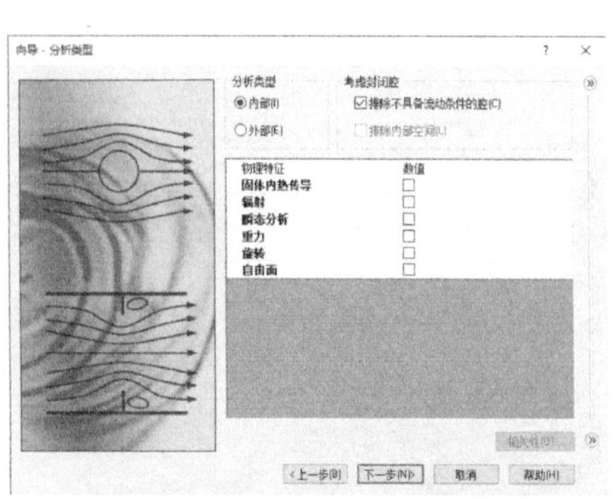

图 3-10 分析类型设置

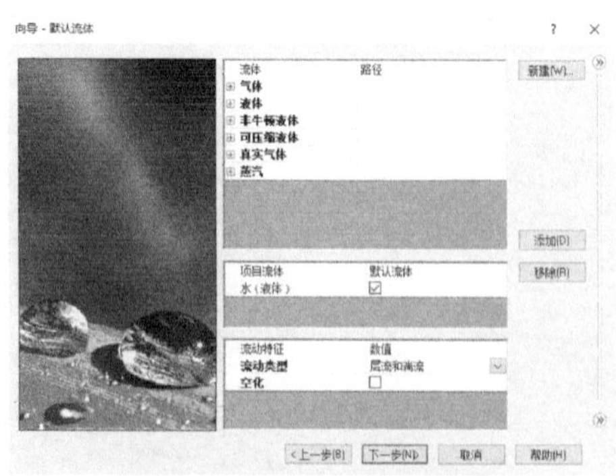

图 3-11 默认流体设置

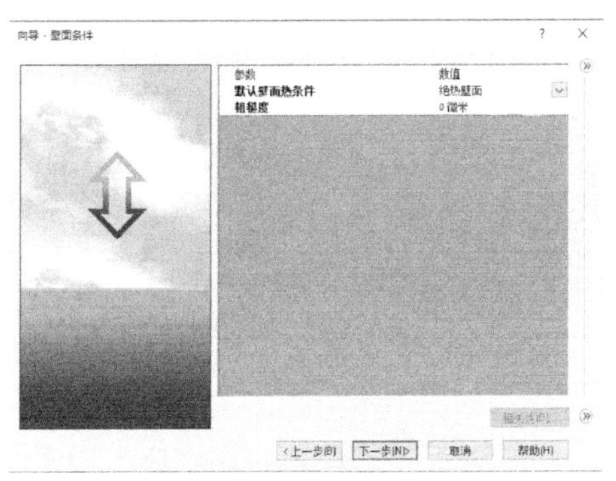

图 3-12　壁面条件设置

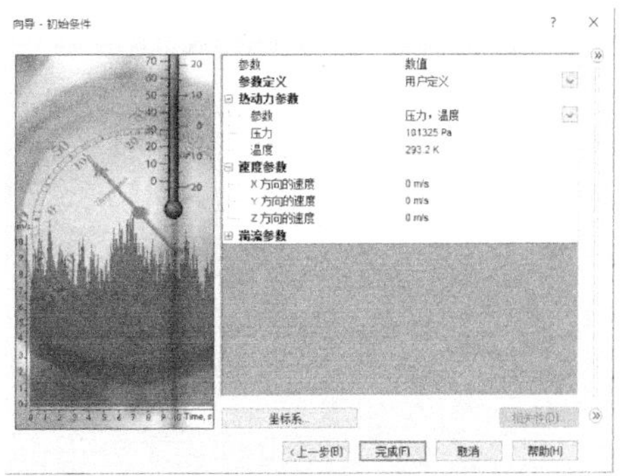

图 3-13　初始条件设置

步骤 7　检查模型

现在，我们会看到 Flow Simulation 界面左侧显示分析树，同时 Flow Simulation 在阀门几何实体上自动加载了半透明的长方体形流体域，如图 3-14 所示。

在分析树中右击【计算域】，选择【隐藏】选项，可以将流体计算域隐藏。

> 注意：不同于常规 CFD 工具软件，Flow Simulation 不需要手动建立流体空间的 3D 实体模型，计算的流体空间是软件自动建立的，前提条件是在内流场仿真中，模型几何体是完全封闭的。

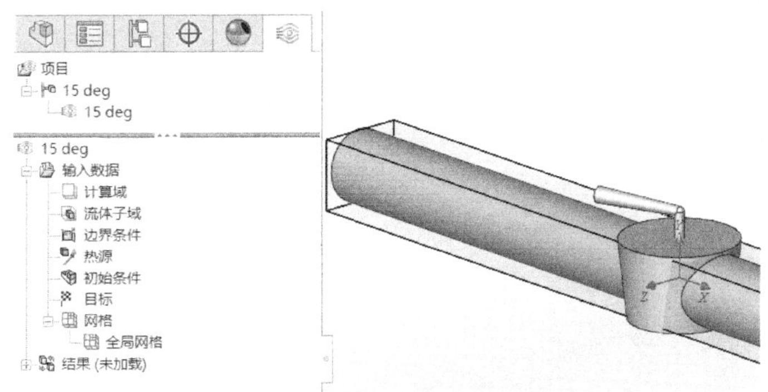

图 3-14　Flow Simulation 分析树

选择 SOLIDWORKS 界面上方命令管理器区的【评估】→【干涉检查】选项，也可以从【工具】下拉菜单中依次选择【评估】→【干涉检查】选项。通过干涉检查，我们发现该阀门的 3D 模型存在两处干涉，如图 3-15 所示。

> 注意：与结构有限元仿真不同，Flow Simulation 中是允许 3D 模型中有初始干涉的。干涉检查的操作不是必需的，此处只是为了说明 Flow Simulation 对模型的要求，用户可以省略此步骤。
>
> 一个需要注意的问题是，如果模型存在干涉，且干涉的两部分材料不相同，那么软件采用何种材料参数来计算呢？实际上软件按照一定的材料优先级来赋予材料参数，可以从【工具】下拉菜单→【Flow Simulation】→【工具】→【材料优先级】选项来查看材料的优先次序。

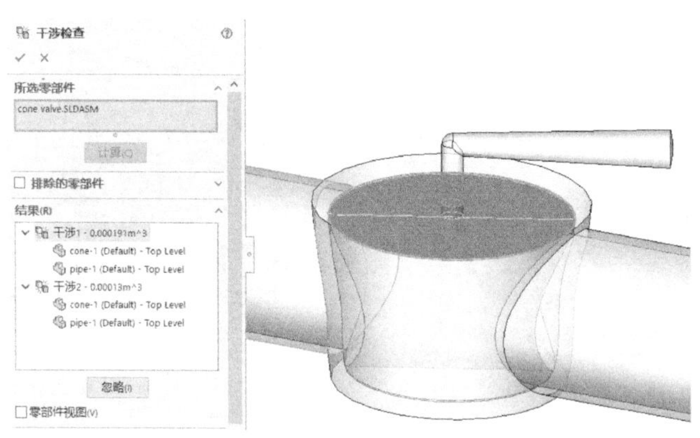

图 3-15　干涉检查

选择 SOLIDWORKS 界面上方命令管理器区的【Flow Simulation】→【检查模型】选项，在检查模型界面不要单击【排除不具备流动条件的腔】复选框，单击【检查】按钮，如图 3-16 所示。如果模型完全封闭，则会显示“状态:成功。模型正常”，同时显示流体体积和固体体积，如图 3-17 所示。如果模型存在缝隙或其他几何问题，则可能显示“状态：失败。不具备流动条件的腔”。

单击【显示流体体积】按钮，Flow Simulation 会自动显示蓝色流体体积，如图 3-18 所示。

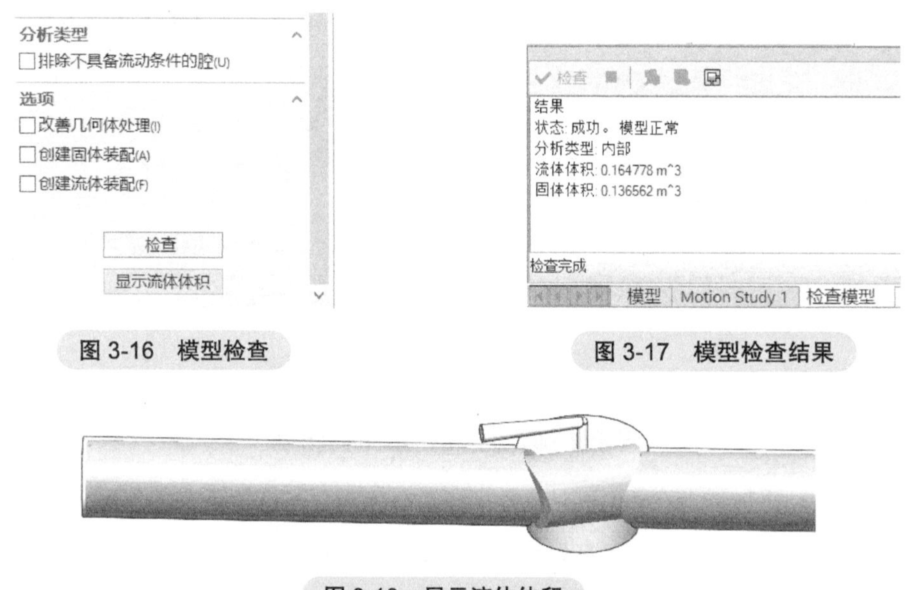

图 3-16　模型检查

图 3-17　模型检查结果

图 3-18　显示流体体积

步骤 8　边界条件设置

首先在入口端内表面添加入口速度边界。在 Flow Simulation 分析树中右击【边界条件】，选择【插入边界条件】选项，右击入口端外表面，选择【选择其他】选项，切换屏幕中显示的 3 个表面来选择入口端内表面。在【类型】处选择【入口速度】选项，单击【充分发展流动】复选框，设置入口速度为“0.5m/s”，再单击【确定】✓退出对话框，如图 3-19 所示。

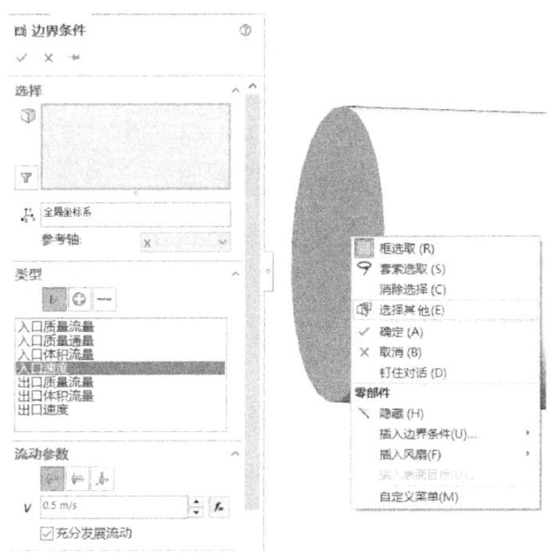

图 3-19　入口边界条件

提示

为了选择模型的内表面，也可以采用剖视图，将模型的一半剖切显示出来，再来选择边界条件施加的表面会方便很多。

以同样的方式，在出口端内表面添加 1 个大气压的静压边界条件。在【边界条件】对话框中的【类型】处选择【压力开口】下的【静压】选项，【热动力参数】处压力采用默认的 101325Pa，单击【确定】✓退出，如图 3-20 所示。

步骤 9　目标设置

设置全局流体密度目标，此目标用于后续其他方程目标的使用。在分析树中右击【目标】，选择【插入全局目标】选项，选择【密度（流体）：平均值】选项，如图 3-21 所示。单击【确定】✓退出目标设置。

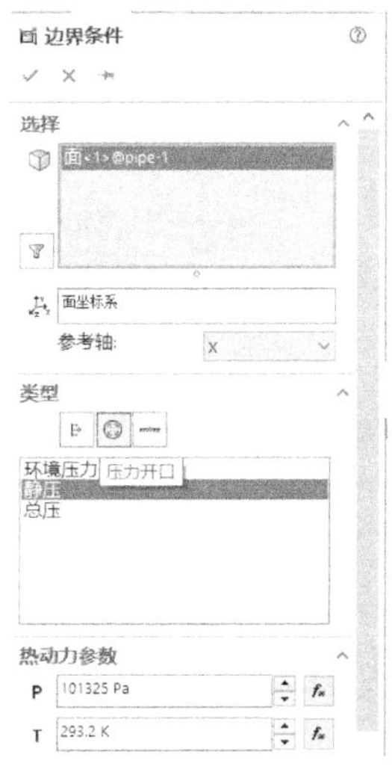

图 3-20　出口边界条件

图 3-21　全局目标设置

设置入口的总压表面目标。在分析树中右击【目标】，选择【插入表面目标】选项，选择入口的内表面，选择【总压：平均值】选项。以同样的方式为出口设置【总压：平均值】选项表面目标。

设置球体的扭矩目标。为了输出绕球体中心的扭矩，我们需要创建局部坐标系。在视图前导窗口单击【隐藏 / 显示项目】，再单击【观阅原点】(图 3-22)，显示模型原点，如图 3-23 所示。在命令管理器区选择【装配体】→【参考几何体】→【坐标系】选项（图 3-24)，选择图 3-23 所示的原点，单击【确定】✓退出，新的坐标系显示如图 3-25 所示。

图 3-22　观阅原点

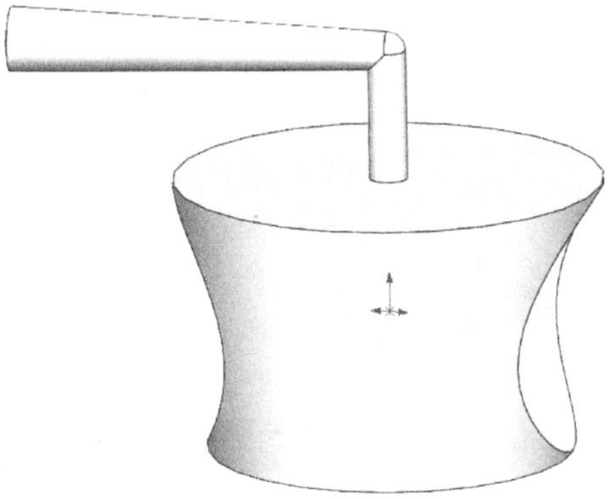

图 3-23　显示模型原点

图 3-24　创建坐标系

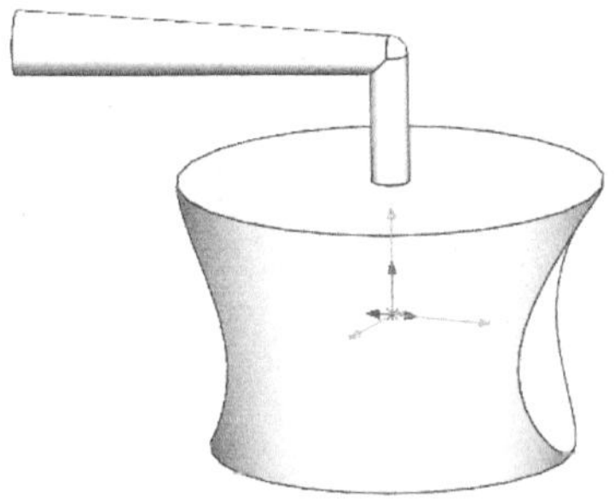

图 3-25　创建坐标系

在分析树中右击【目标】，选择【插入表面目标】选项，选择球体的外表面和内表面，选择【扭矩（Y）】选项，单击坐标系右边窗格，在绘图区窗口模型树下选择刚才创建的【坐标系 1】，如图 3-26 所示。单击【确定】✓退出。

按式（3-3）设置流阻系数方程目标。在分析树中右击【目标】，选择【插入方程目标】选项，在表达式栏单击面板和分析树的目标，如图 3-27 所示，依次输入以下方程式：

2*（{SG 平均值总压 1}-{SG 平均值总压 2}）/（{GG 平均值密度（流体）1}*{ 入口速度 1：速度垂直于面：5.000e-01}^2）

如图 3-27 所示，单击【确定】✓退出方程目标设置界面。在分析树【目标】下右击【方程

目标 1】，选择【属性】选项，将该方程目标改名为“流阻系数”。单击【确定】✓退出。

> 注意：如果要将图 3-27 所示右边的【添加模拟参数】界面显示出来，需要单击【边界条件】→【入口速度 1】，然后在【添加模拟参数】界面下选择【入口速度 1】下面的【速度垂直于面】选项。

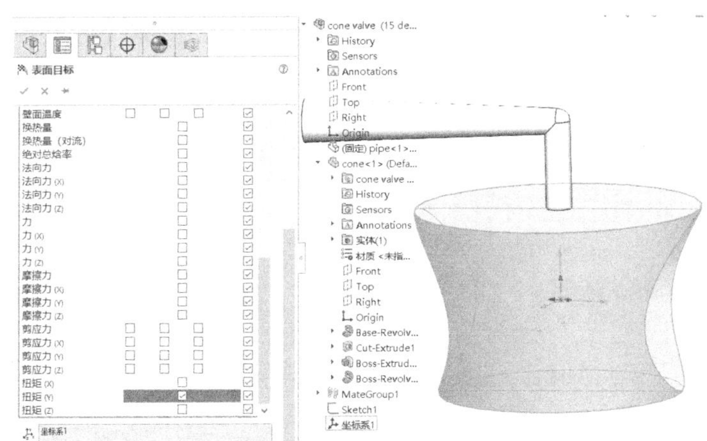

图 3-26　扭矩表面目标

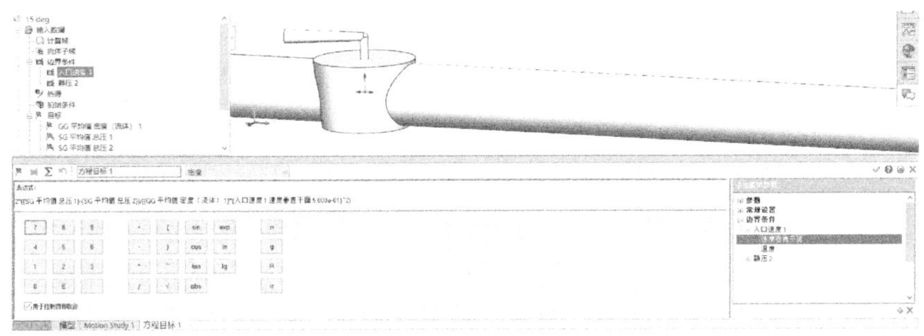

图 3-27　方程目标

步骤 10　网格设置

在分析树中右击【网格】→【全局网格】，选择【编辑定义】选项，进入如图 3-28 所示的【全局网格设置】对话框，设置【初始网格的级别】为“5”，单击【确定】✓退出。

步骤 11　提交计算

在命令管理器区界面选择【Flow Simulation】选项，单击运行按钮 ▷，进入【运行】对话框。在【使用】下拉列表框中选择参与计算的 CPU 核心数量，默认情况下采用当前计算机最大核心数量参与计算。单击【运行】按钮进行求解计算，如图 3-29 所示。

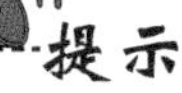

> 提示
>
> 用户也可以在 Flow Simulation 分析树中右击项目名称“15 deg”，单击【运行】按钮，进入运行设置界面。

图 3-28 全局网格设置

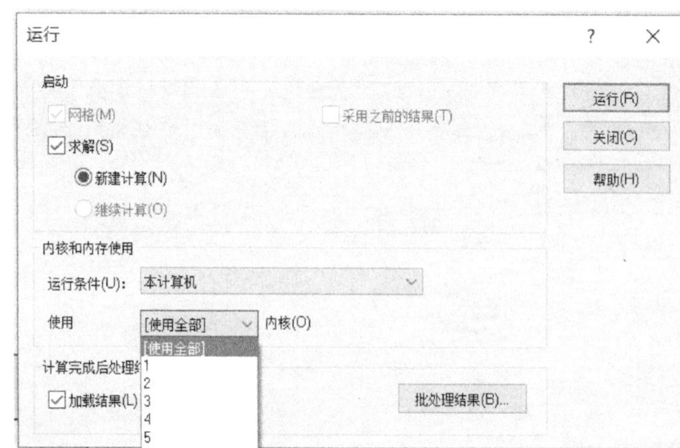

图 3-29 运行设置

注意：在图 3-29 所示的【运行】对话框处，有时候我们为了确认网格划分是否合理，会去掉【求解】复选框，仅做网格划分而不求解，这样能减少网格调试和确认的时间。

步骤 12 求解过程监控

在运行算例以后，进入求解监控界面。如图 3-30 所示，在求解监控界面，我们可以做如下操作。

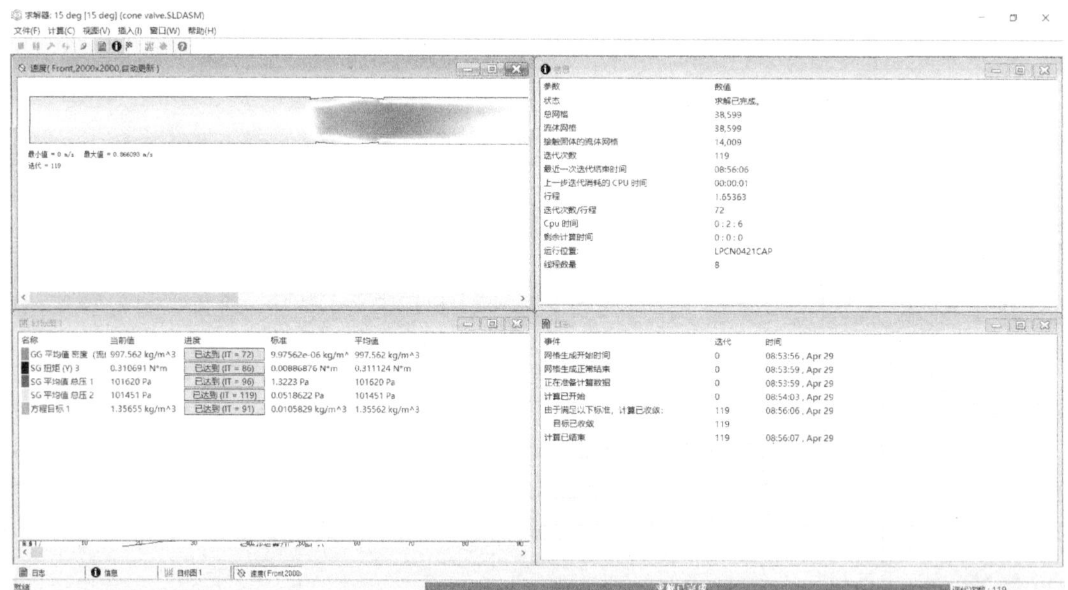

图 3-30 求解监控界面

单击【停止】■，停止算例。

单击【暂停】⏸，暂停或继续算例。

单击【细化】，手动细化高流动梯度区域的网格。

单击【日志】，显示算例日志，日志包含网格划分和计算求解的具体时间。

单击【信息】，显示算例信息，包含网格数量等信息。

单击【插入目标表】，插入算例目标表。

单击【插入目标图】，可以插入目标图，目标图可以显示求解过程中各目标的数值变化曲线。

单击【插入预览图解】，插入预览图解，如查看计算求解过程中某个剖面的速度、压力等量的云图。

打开【窗口】菜单，对多个窗口进行排列和分布。

步骤 13　结果查看

单击图 3-30 所示的求解监控界面右上角【关闭】退出，进入 Flow Simulation 界面，求解结果“1.fld”已经自动加载。

对结果模型进行透明化显示，方便后续观察结果图解。在命令管理器区选择【Flow Simulation】→【显示】→【透明度】选项，将透明度数值设置为 90%。也可以在下拉菜单【工具】→【Flow Simulation】→【结果】→【显示】→【透明度】选项中进行设置。

显示切面图解，查看速度、压力等量的分布是否合理。在分析树【结果】下，右击【切面图】，选择【插入】选项，选择剖切面为“Front”面，在【显示】中单击【等高线】和【矢量】，在【等高线】下拉列表框中选择【速度】选项。单击【细节预览】，显示速度切面图解，如图 3-31 所示。单击【确定】退出。

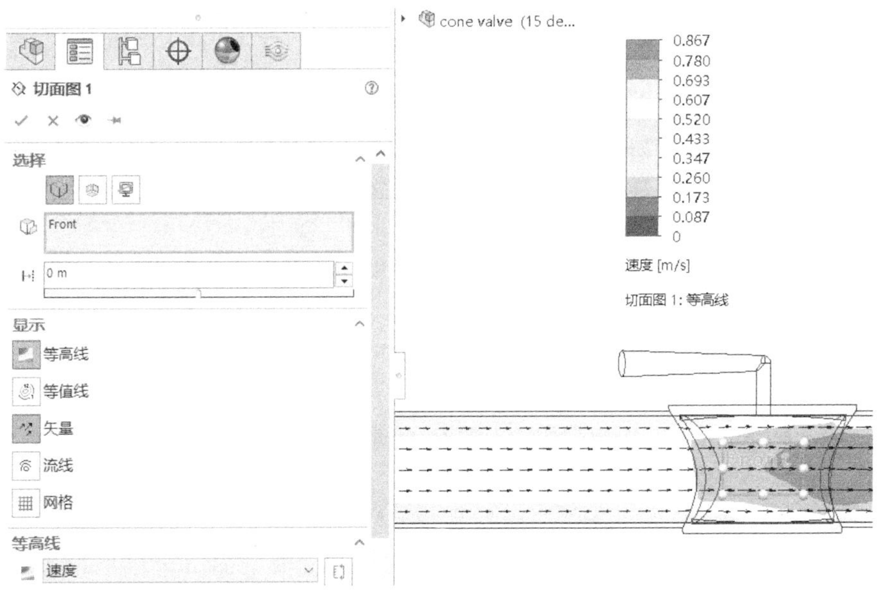

图 3-31　切面图

显示目标图解，查看扭矩数值和流阻系数。在分析树【结果】下，右击【目标图】，选择【插入】选项，单击【SG 扭矩（Y）3】和【流阻系数】，单击【显示】，可以查看相应的数值显示，单击【关闭窗口】，退出数值显示窗口，如图 3-32 所示。

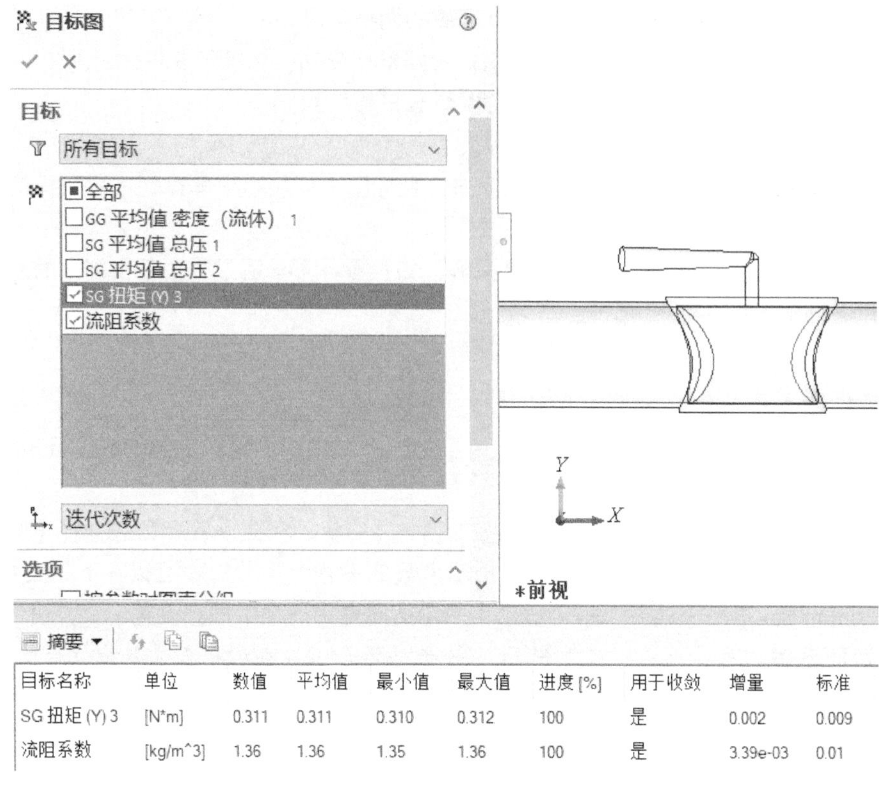

图 3-32　目标数值显示

> 注意：对于方程目标，可以在创建方程目标时设置单位，因为我们在前述步骤创建目标时并没有特意设置单位，所以图 3-32 所示“流阻系数”目标显示的单位是错误的，它显示的是该方程目标中包含的某一项参数的单位。如果需要显示准确的单位，可以在创建方程目标时提前做好设置。

用户还可以做其他结果图解的操作，如探测、比较、表面图、等值面、流动迹线、点参数、表面参数、体积参数、*XY* 图等，此处不再赘述。

3.4　模型更新、克隆与配置

现在我们已经完成了第一个模型配置下的 CFD 计算，接下来我们将阀体与球体的装配角度设置为 25°，并进行 CFD 求解计算。

3.4.1　创建新的配置

按前述 3.3 节步骤 4 创建一个新的配置，名称为“25 deg”，同时将装配角度参数“Angle1”调整为 155°，保存模型，如图 3-33 所示，配置管理器中显示有两个配置。

单击【Flow Simulation 分析】，右击算例【15 deg】，选择【克隆】选项，如图 3-34 所示。在克隆项目界面，设置【项目名称】为“25 deg”，在【配置】→【选择】中单击【25 deg】，单击【确定】✓退出，如图 3-35 所示。

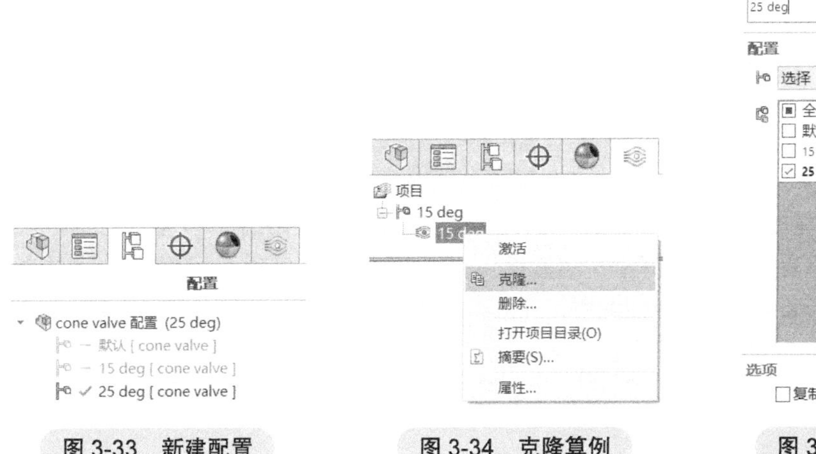

图 3-33　新建配置　　图 3-34　克隆算例　　图 3-35　克隆项目

Flow Simulation 绘图区会出现图 3-36 所示的对话框，“模型几何结构或项目设置已修改。您是否要重置计算域？”，单击【是】按钮确定退出。

Flow Simulation 绘图区会出现图 3-37 所示的对话框，单击【是】按钮确定退出。

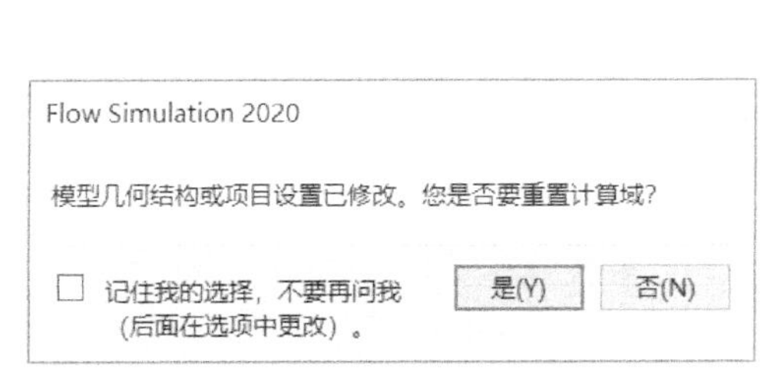

图 3-36　重置计算域对话框

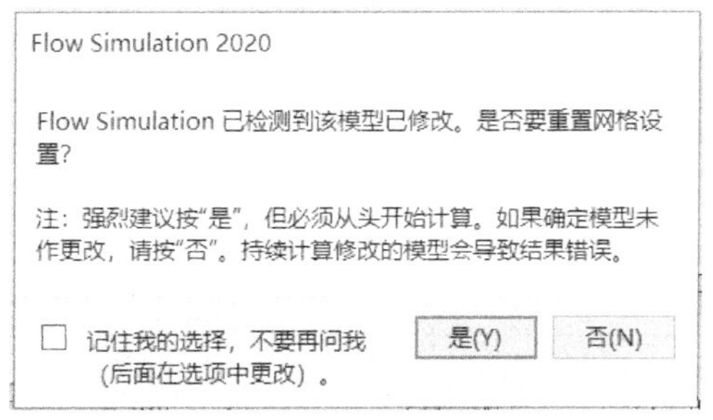

图 3-37　重置网格设置对话框

3.4.2　重新提交计算

Flow Simulation 基于新的几何结构已经更新 CFD 算例，按 3.3 节步骤 11 直接提交计算，不需要再做其他任何设置。

3.4.3　创建不同角度的多个配置

按照前述步骤，创建不同阀门开度也即不同装配角度的配置，包含“0deg”“35deg”“45deg”“55deg” 4 个配置，并对每个配置做克隆 Flow Simulation 项目操作。

3.5　小结与讨论：原始模型与 CFD 仿真模型

本章的 Flow Simulation 操作流程占用了较大篇幅，目的在于让初学者学习掌握 Flow Simulation 的基本操作过程，在后续的章节中为了减少重复内容，对于向导等常规操作和设置内容将以表格的形式进行展示。

从本章的模型操作过程我们可以了解到，一个 CAD 原始三维模型通常并不一定是可以直接用于 CFD 仿真的模型，我们通常还需要做一些操作才能将它转化成 CFD 软件可以使用的模型。对于初始的三维模型数据，为了确保在后续的 CFD 仿真模型中可以使用并减少求解中的异常报错，我们做以下建议。

1）中间格式导入的 SOLIDWORKS 的三维模型需要做模型检查和修复，避免破面等问题。

2）Flow Simulation 中无法识别没有几何厚度的曲面模型，因此三维模型中不要包含无厚度的曲面，即使曲面包含在实体模型中进行分析也无法被 Flow Simulation 识别。

3）三维模型中不要包含部件与部件之间的点 - 面接触、线 - 线接触等无效接触。

4）内流场仿真需要保证三维模型封闭，确保能识别出流体空间，可以采用 Flow Simulation 封盖工具创建封盖。

5）为减少网格划分和求解的计算量，对于不参与计算的部件，可以在 SOLIDWORKS 中进行压缩操作。

6）对于后续用于 Flow Simulation 计算的三维模型，在建模时部件接触面之间宁可出现干涉，也不要出现小的缝隙或者无效接触。

7）为了与试验条件保持一致，或者保证收敛稳定性，我们需要对原始三维模型做管道延长等操作，这在阀门、水泵、风机等设备的 CFD 仿真中很常见。

8）对于散热仿真等模型，可以用元件简化模型来代替原始实际模型结构。

第 4 章 汽车外流场仿真

4

【学习目标】

1）阻力系数的计算。

2）Flow Simulation 外流场仿真的基本流程。

3）合理调整外流场计算域的方法。

4）对称模型的参数输出。

4.1 行业知识

汽车的外形设计一方面需要满足美观要求，另一方面也需要减小空气阻力，从而减少能量消耗并提高加速性能。除了阻力，汽车在行驶时也会产生升力，升力会降低汽车的行驶稳定性。总体来讲，空气阻力来自三方面：第一是气流冲击车辆正面所产生的阻力；第二是摩擦阻力，空气流过车身会产生摩擦力，然而对一般车辆来说，摩擦阻力小到几乎可以忽略；第三则是外形阻力，车辆高速行驶时，外形阻力是最重要的空气阻力来源。外形所造成的阻力来自车后方的真空区，真空区越大，阻力就越大。

4.1.1 阻力系数

阻力系数 C_d（Drag Coefficient）也称为风阻系数。它是衡量一辆汽车受空气阻力影响大小的一个标准参数。阻力系数越大，说明它受空气阻力的影响越大。空气阻力与速度平方成正比关系，高速行驶的汽车受空气阻力的影响更明显。

一般来讲，大多数轿车的阻力系数在 0.28 ~ 0.4 之间，流线形状较好的汽车如跑车等，其阻力系数可达到 0.25 左右，一些赛车可达到 0.15 左右。车速较高时，发动机就要将相当一部分的动力，或者说燃油能量用于克服空气阻力，因此降低阻力系数有利于提高燃油经济性。有试验表明，空气阻力系数每降低 10%，汽车燃油能节省 7% 左右。

阻力系数的计算公式为

$$C_d = 2F_d / (\rho v^2 A) \tag{4-1}$$

式中，F_d 是流动方向上的阻力；ρ 是流体密度；v 是流体相对速度；A 是来流所见面积。

阻力系数一般由风洞试验测得，当然也可以通过 CFD 软件进行仿真计算。

4.1.2 风洞试验

风洞试验是根据运动的相对性，将运动物体的实物或模型固定在人造环境中，以人工的方式产生并且控制气流来模拟运动物体周围气体的流动情况，是进行空气动力试验最常用、最有效的工具之一。风洞试验不仅应用在航空航天和汽车行业，随着工业空气动力学的发展，在高层建筑、风能利用等领域更是不可或缺的。风洞试验需要满足流体力学相似理论的要求。因为风洞尺寸和动力的限制，在一个风洞中不可能模拟所有的相似参数，通常需要选择一些影响最大的相似参数进行模拟。

按照气流速度，风洞可以分为低速风洞（小于 0.4 马赫）、高速风洞（0.4 ~ 4.5 马赫）和高超声速风洞（大于 5 马赫）。汽车风洞通常属于低速风洞。

一个值得思考的问题是，汽车风洞试验与汽车行驶实际工况完全一样吗？显然常规情况下不完全一样。其一，汽车正常行驶环境下地面和空气是静止的，汽车以一定的速度划破空气形成气流，而在试验环境下汽车和地面是静止的，空气是运动的，虽然相对速度是大小相同，但是与实际情况是略有差异的。其二，气体有黏性作用，有相对运动的表层就会产生流动边界层，而车辆实际行驶时，空气与地面没有边界层，空气与车身底板有边界层，在风洞试验中如果车辆静止，则和实际情况不符，对测试结果会产生一些影响。这其实也是用 CFD 方法模拟汽车行驶过程中的流场应该注意的问题。当然，专业的风洞试验肯定会考虑到这些因素并采取适当的方法进行模拟和修正。典型的汽车风洞结构如图 4-1 所示。

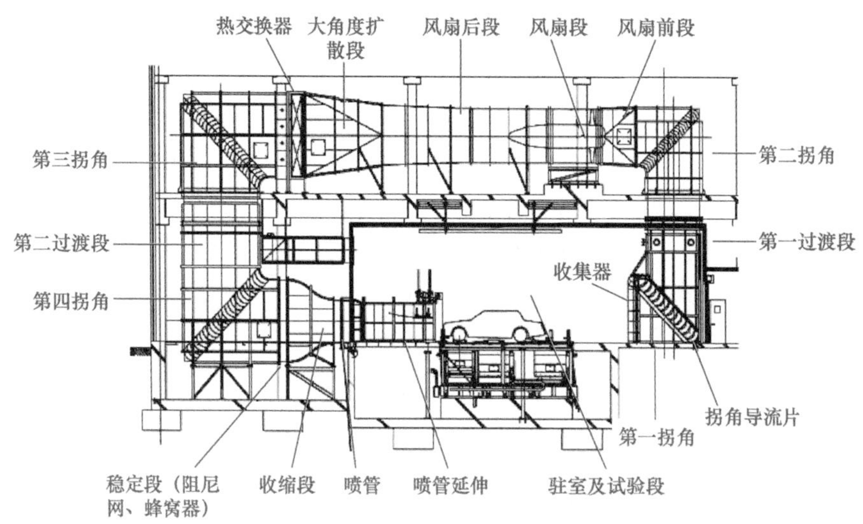

图 4-1 典型的汽车风洞结构

4.2 模型描述

2019 年，特斯拉电动皮卡 Cybertruck 一经发布，便以其炫酷而颇具科幻味道的外观造型以及超高的加速性能吸引广泛的注意，同时获取了大量的订单。Cybertruck 的整体外观棱角分明，看起来似乎不太符合我们印象中的流线型的汽车外观设计。流线型的汽车外观设计一方面是为了美观，更重要的是为了减少风阻。那么，这款特斯拉电动皮卡的阻力系数究竟多大？我们从 CFD 爱好者的角度尝试使用仿真分析工具来做一个仿真计算，并借此了解 Flow Simulation 外流场仿真的基本流程。

这款皮卡汽车的造型非常简单，我们将在 SOLIDWORKS 中创建模型。以特斯拉发布的真实的侧面造型图片（图 4-2）为基础，将它插入 SOLIDWORKS 草图中来建立 3D 模型（图 4-3 和图 4-4），用于后续 CFD 仿真。

图 4-2　特斯拉皮卡汽车侧面造型图片

图 4-3　3D 模型侧面

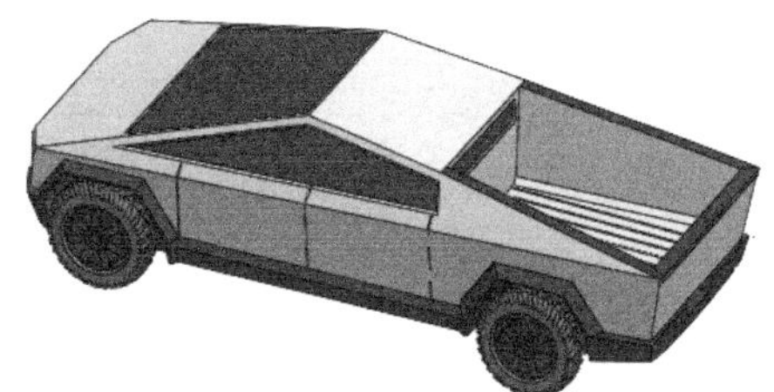

图 4-4　3D 模型

4.3　模型设置

4.3.1　投影面积设置

为了输出此模型的阻力系数，根据阻力系数的计算公式即式（4-1），流体对车辆的阻力 F_d（拖滞力）可以由软件计算求解得到。流体密度 ρ 是空气的密度，也可以从软件中提取。流体相对速度 v 即车速，是我们预先需要设置的参数。来流所见面积 A 即车辆模型在行进方向的垂直平面上的投影面积，这是 Flow Simulation 无法直接得到的，因此我们需要对原始三维模型做进一步操作，来得到这个面积 A。

我们在 SOLIDWORKS 中沿着车辆行进方向进行投射，并绘制轮廓线草图，如图 4-5 所示，然后将该草图拉伸 1mm 厚度，接下来选择命令管理器区中的【评估】→【测量】选项，单击平面，得到面积为 3.459m^2（图 4-6）。

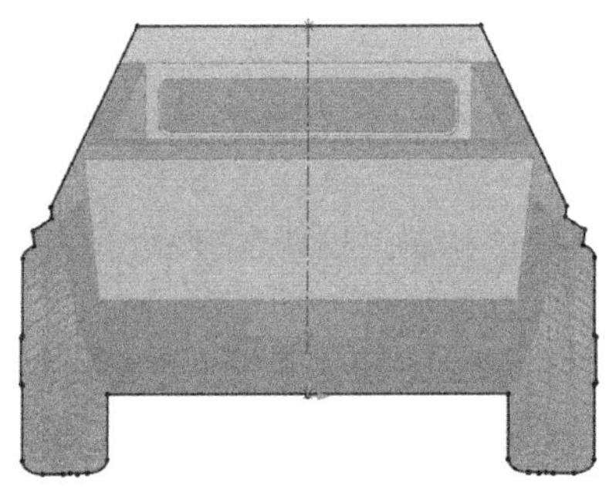

图 4-5　轮廓线草图

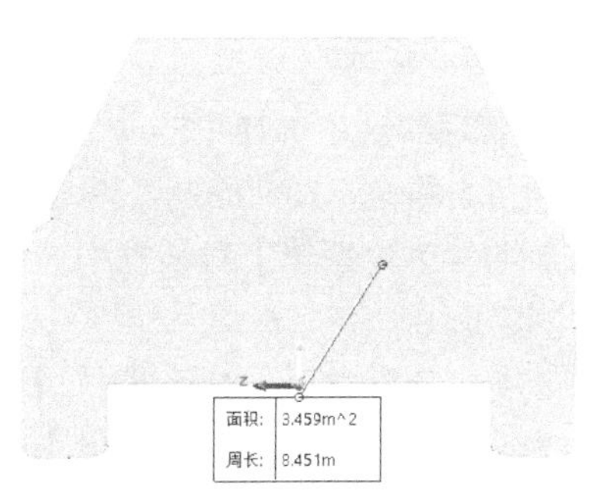

图 4-6　测量面积

提示

如果需要更改模型显示单位或小数点位数，可以从菜单【工具】→【选项】→【文档属性】→【单位】对话框进行相应的单位和小数点位数设置，如图 4-7 所示。在本例中，我们将小数点位数设为小数点后 3 位。需要特别注意的是，这里的设置仅仅是 SOLIDWORKS 三维模型的单位设置，并不是 Flow Simulation 的单位设置。Flow Simulation 的向导和下拉菜单中都可以进行仿真模型的单位设置。

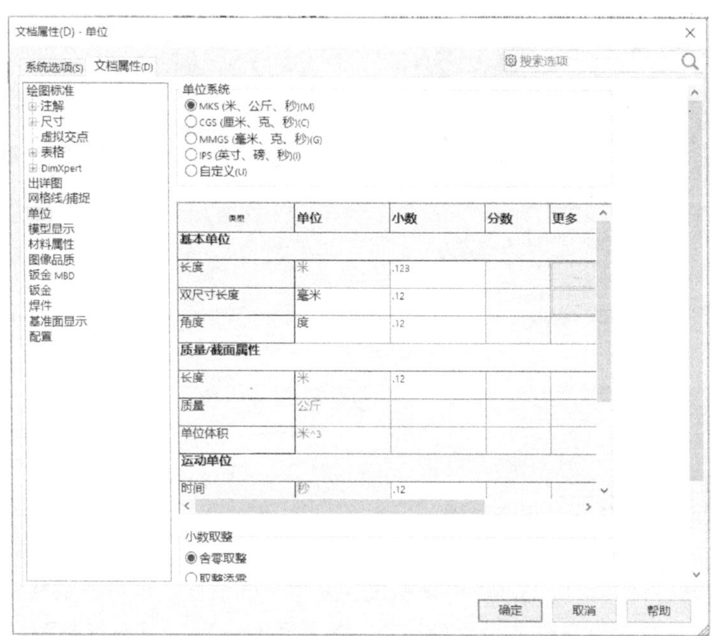

图 4-7　SOLIDWORKS 模型单位设置

4.3.2　CFD 模型设置

接下来，创建 Flow Simulation 模型，我们将计算车辆在 105km/h 速度下的流场分布和阻力系数。显然车辆被空气包围，空气主要在外部流动，该模型应该采用外流场计算类型。

步骤 1　向导设置

在命令管理器区中选择【Flow Simulation】→【向导】选项，在【向导 - 项目名称】对话框中设置项目名称为“105kmph”，单击【下一步】按钮。

在【向导 - 单位系统】对话框中，保持默认的 SI 国际单位制，设置角度单位为度，单击【下一步】按钮。

在【向导 - 分析类型】对话框中，【分析类型】选择【外部】，单击【重力】复选框，设置重力方向为 $-Y$ 方向，在【Y 方向分量】中输入“−9.81”，【X 方向分量】和【Z 方向分量】为 0，如图 4-8 所示。单击【下一步】按钮。

在【向导 - 默认流体】对话框中，选择【气体】，双击【空气】选择流体类型为空气，单击

【下一步】按钮。

接受【向导 - 壁面条件】对话框中的默认设置，单击【下一步】按钮。

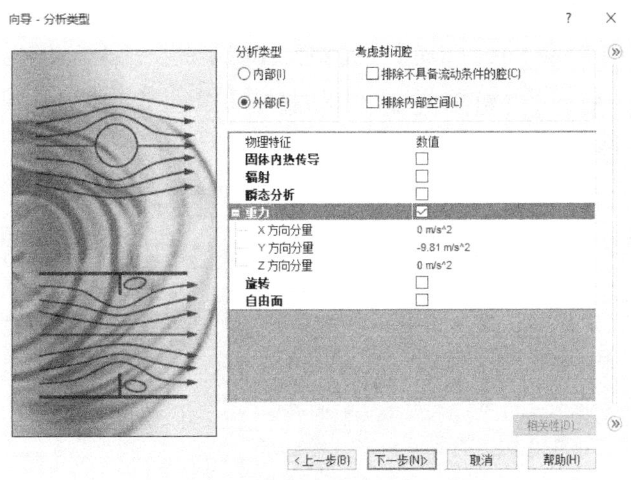

图 4-8　分析类型设置

在【向导 - 初始条件和环境条件】对话框中设置【速度参数】，根据车辆行驶方向下空气的相对流动方向，我们设置空气速度为 $+X$ 方向。为了保证后续风阻计算单位的统一，我们选择速度单位为 m/s，数值为 105/3.6=29.1666667。在对话框中我们可以直接输入“105/3.6”，按 <Enter> 键，软件会自动计算得到 29.1666667 的数值，如图 4-9 所示。单击【完成】按钮退出。

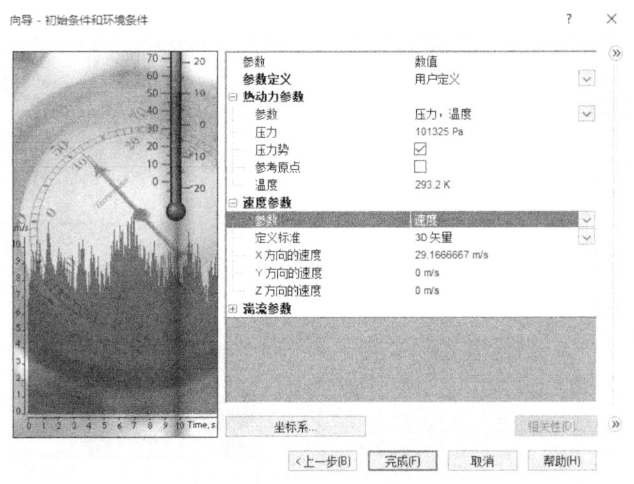

图 4-9　初始速度设置

提示

Flow Simulation 的数值输入文本框通常都支持加（+）、减（−）、乘（*）、除（/）的数值运算，用户可以直接输入数据加运算符，按 <Enter> 键后得到计算后的数值。

步骤 2 将投影面积实体排除

在 4.3.1 节中，为了测量来流所见面积，我们在车头前方基于投影建立了薄板实体，但是该实体不应包含在 Flow Simulation 的求解计算模型中。

选择【工具】→【Flow Simulation】→【组件控制】选项，进入组件控制对话框。去掉名为“projected frontal area”的投影薄板实体右边的勾，单击【确定】✓退出。

步骤 3 设置计算域

考虑到模型外形对称且流体域也对称，为了减少计算量，我们将取 1/2 模型进行求解，在 Flow Simulation 中将计算域设置为整体流体域的一半即可，而不用将车辆模型切分成两半。

> 注意：在结构仿真中，通常我们在确认结构模型对称、约束和加载等边界条件对称以后，可以将模型设置为 1/2 或者 1/4 等，但在 CFD 流体模型中，即使我们确认模型结构对称和边界条件对称以后，实际流场也不一定完全对称，特别是在高流速情况下，如卡门涡街问题。因此，在 CFD 仿真中，对称和循环轴对称条件应该慎重使用。

右击 Flow Simulation 分析树中的【计算域】，选择【类型】→【3D 模拟】→【大小和条件】选项，在【*X* 轴正方向边界】文本框中输入“15.24m”，在【*X* 轴负方向边界】文本框中输入“−1.69m”，如图 4-10 所示。

在【*Y* 轴正方向边界】文本框中输入“3m”，在【*Y* 轴负方向边界】文本框中输入“−0.32m”，并设置【边界条件】为“对称”，如图 4-11 所示。

在【*Z* 轴正方向边界】文本框中输入“3m”，在【*Z* 轴负方向边界】文本框中输入“0m”，并设置【边界条件】为“对称”，单击【确定】✓退出。

如果计算域没有显示，如图 4-12 所示，右击分析树中【输入数据】下的【计算域】，选择【显示】选项，计算域分布显示如图 4-13 所示。

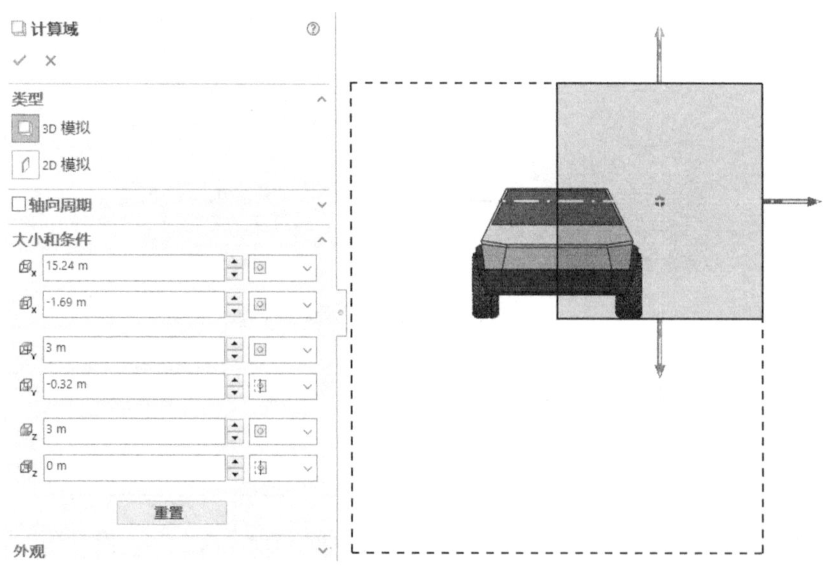

图 4-10　计算域设置

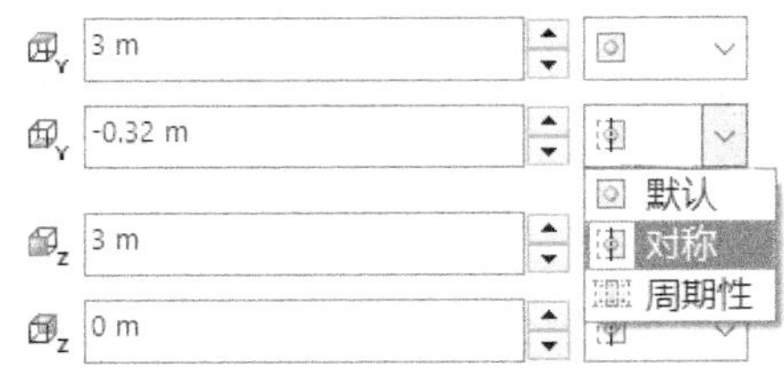

图 4-11 对称边界设置

图 4-12 显示计算域

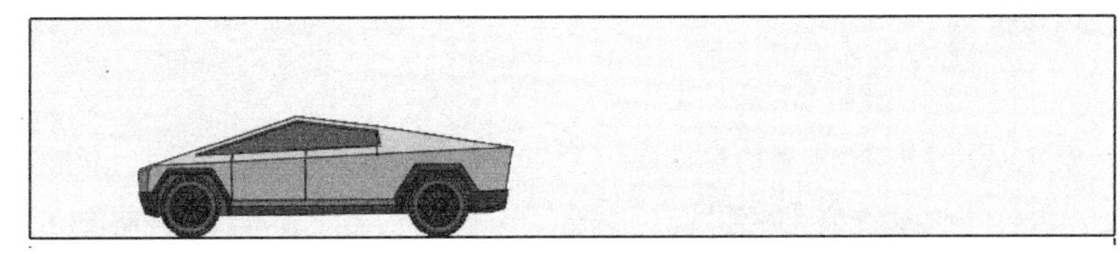

图 4-13 计算域分布显示

步骤 4 设置车轮转动边界条件

车辆在行驶过程中，车轮在高速转动，对空气流动造成影响，因此如果考虑精确计算，需要设置车轮的转动速度。

为了定义车轮的转动轴，我们首先在前后车轮中心轴处各设置一个坐标系，名称分别为"Coordinate System1"和"Coordinate System2"。此处创建 SOLIDWORKS 参考几何体坐标系的具体过程不再赘述，具体操作可以参考 3.3.2 节步骤 9。

右击分析树【输入数据】下的【边界条件】，选择【插入边界条件】选项，进入如图 4-14 所示的对话框。在【选择】栏中，展开绘图区的 SOLIDWORKS 模型设计树，展开【实体(10)】，依次选择代表两个前轮的 4 个实体，如图 4-14 所示。

单击【选择】栏下【坐标系】右边的文本框，使其显示为浅蓝色，在绘图区的 SOLIDWORKS 模型设计树下面选择【Coordinate System1】坐标系。

注意：在此处【选择】下指定的坐标系或参考轴仅用于后续定义与时间或空间坐标有关的相关性设置，不应与下面【壁面运动】下选择的运动方向相关的坐标系或轴混淆。

在【类型】中，单击【壁面】，选择【真实壁面】选项。

保持【壁面参数】文本框的默认设置。

单击【壁面运动】复选框，在【坐标系、轴、曲线】文本框中选择坐标系"Coordinate System1"，在【轴】文本框中选择"Z"，在【角速度】文本框中，输入旋转速度"61.8rad/s"，如图 4-15 所示。此转速数值根据行驶速度和车轮半径换算得到。单击【确定】退出。

提示

旋转速度的正负值与方向服从"右手法则"。

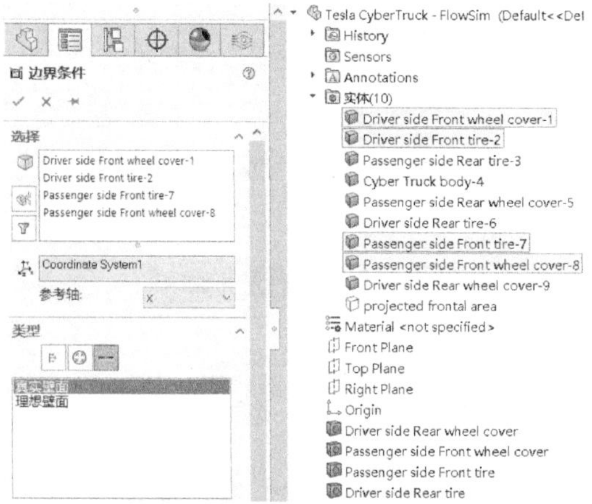

图 4-14　前轮边界条件设置 　　　　图 4-15　壁面运动

重命名边界条件。右击分析树【边界条件】下的【真实壁面 1】，如图 4-16 所示，选择【属性】选项，在【名称】文本框中输入“前轮转速”。

按上述步骤创建后轮旋转速度，速度同样为 61.8rad/s。注意在【选择】文本框中选择代表后轮的 4 个实体，在【选择】和【壁面运动】下的坐标系中选择【Coordinate System2】，如图 4-17 所示。单击【确定】✓退出，并重命名该边界条件为“后轮转速”。

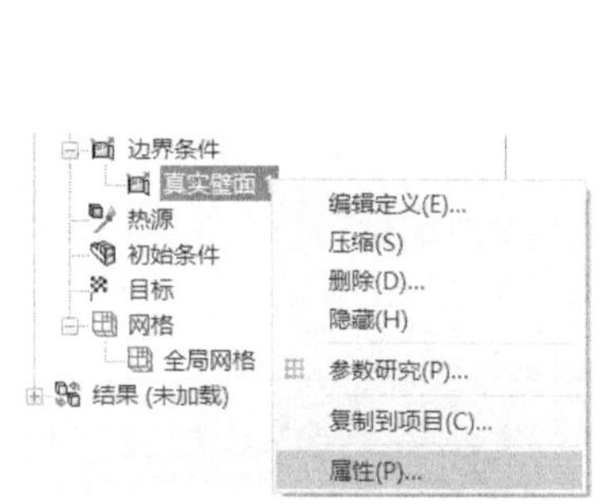

图 4-16　重命名边界条件

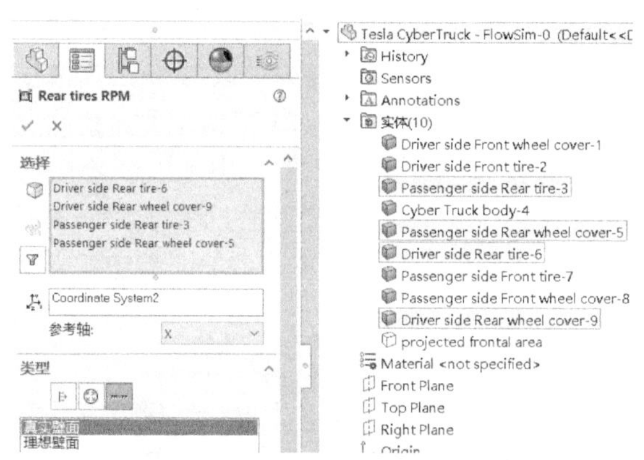

图 4-17　后轮边界条件设置

步骤 5　目标设置

在这里我们将一次设置多个同类型全局目标，操作更简洁快速。右击分析树下的【目标】→【插入全局目标】，单击【密度（流体）：平均值】、【速度：最大值】、【力（X）】、【力（Y）】，单击【确定】✓退出。其中【速度：最大值】目标将作为系统求解的收敛目标控制项，另外 3 个目标将作为后续方程目标的输入项。

注意：如果希望方程目标的名称更具可读性，可以将方程目标重新命名，本算例将采用系统默认的名称。

创建用于输出阻力系数的方程目标。右击分析树下的【目标】→【插入方程目标】，按照式（4-1）输入阻力系数的方程式。在【表达式】文本框中输入：

2*（2*{GG 力（X）3}）/（{GG 平均值密度（流体）1}*{初始条件和环境条件：X 方向的速度：2.917e+01}^2*3.459）

如图 4-18 所示，运算符和数字可以用面板输入，{} 包含的内容为目标，可以在输入过程中单击分析树中对应的目标项。“{初始条件和环境条件：X 方向的速度：2.917e+01}”需要单击分析树中的【初始条件和环境条件】→【X 方向的速度】进行输入。

将上述操作得到的“方程目标 1”重新命名为“阻力系数 Cd”。

图 4-18　方程目标输入

> 注意：由于我们采用了 1/2 对称模型，因此输出的 X 方向的空气阻力是实际完整模型的 1/2，因此我们需要在方程目标中用 2 乘以“空气阻力目标”，得到完整的空气阻力。这种情形在对称模型中应特别引起注意。

步骤 6　网格设置

右击分析树【网格】→【全局网格设置】，选择【编辑定义】选项。在【全局网格设置】对话框中选择【类型】为【自动】，拖动【设置】下【初始网格的级别】中的至 5 级，单击【最小缝隙尺寸】使其为可输入状态，输入最小缝隙尺寸“0.0254m”，如图 4-19 所示。最小缝隙尺寸表示模型中缝隙间距小于设置数值的间隙在网格划分时不被识别，即只考虑大于该数值的间隙。

在【比率因素】右边文本框中接受默认的数值 1。比率因素用于调整内部控制平面以外的网格大小比率。在默认情况下，模型周围会自动放置内部控制平面。内部控制平面以内的网格大小是统一的，而在内部控制平面以外，网格大小会沿各个方向逐渐变化。内部控制平面以外的最大网格大小与最小网格大小的默认比率是自动定义的，并且可以乘以指定的常数（比率因数）。

> 注意：“比率因素”选项仅适用于外流场仿真类型，当勾选【均匀网格】复选框时，【比率因素】为禁用状态，此时所有控制平面以外的单元大小比率将设为 1。

右击【网格】→【局部网格】→【编辑定义】，在【选择】下单击【区域】，单击【长方体】，设置如图 4-20 所示的长方体 X、Y、Z 三个方向尺寸范围。在【细化网格】下设置【细化流体的网格】为“1”,【流体 / 固体边界处的网格细化级别】设为“2”。

不要单击【通道】, 单击【高级细化】,【细小固体特征细化级别】设为“2”,【弯曲度】设为“3”,【曲率标准】设为“18°”,【耐受度】设为”“3”,【耐受标准】设为“0.0254m”，如图 4-21 所示。

局部网格细化的意义在于将车辆周围的高流速梯度变化的区域做网格细化。该区域与整体计算域的分布效果，如图 4-22 所示。

> 技巧：如果不知道 Flow Simulation 某个对话框中某项图标的名称，可以将光标放在该图标上，会显示图标的具体名称。如果想查看某项设置的具体含义，可以单击对话框右上角的图标?，会自动跳转到对应的帮助文档。

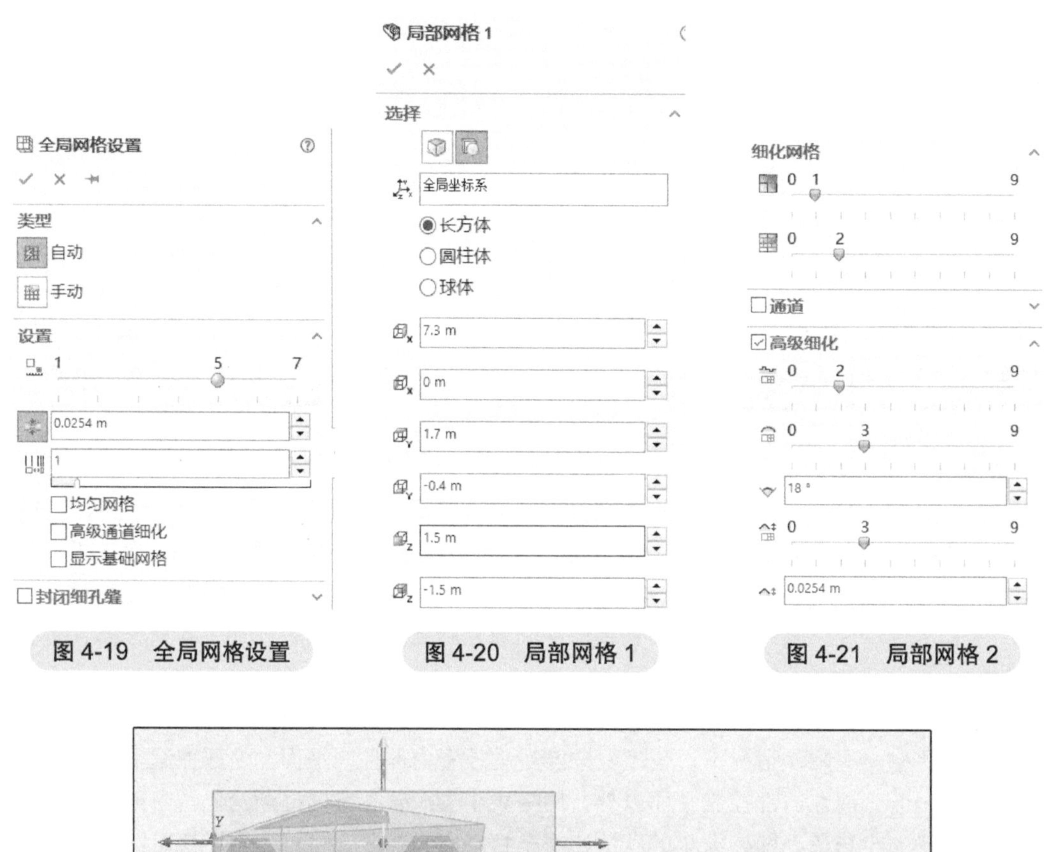

图 4-19　全局网格设置

图 4-20　局部网格 1

图 4-21　局部网格 2

图 4-22　局部网格细化区域

步骤 7　提交计算

提交 Flow Simulation 计算，在求解过程中监控目标的迭代收敛情况和流体速度变化，如图 4-23 所示。

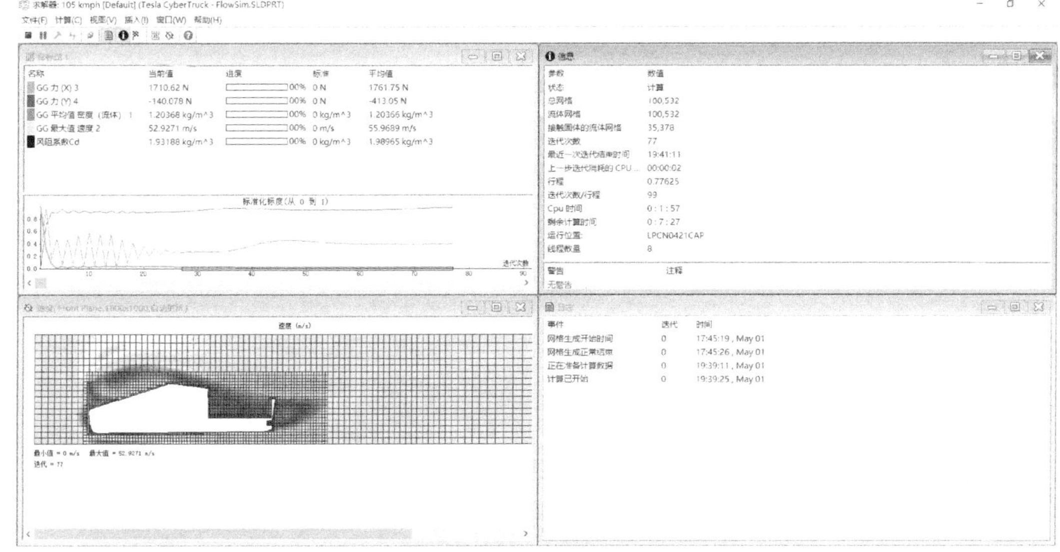

图 4-23　求解监控界面

4.4　后处理与结果解读

计算完成后，关闭求解监控对话框，计算结果自动加载。

首先查看速度场分布和静压分布，以系统默认的“Front Plane”作为切面，如图 4-24 和图 4-25 所示。从图 4-24 所示的速度切面图来看，空气在车辆头部车顶部分速度较大，而在尾部车斗部分由于没有封盖形成阻挡作用，空气流速很小。车尾部分则形成明显的尾窝。从图 4-25 所示的静压切面图来看，车头正面部位压力较大，车头上部由于空气流速大，也是静压较小的区域。

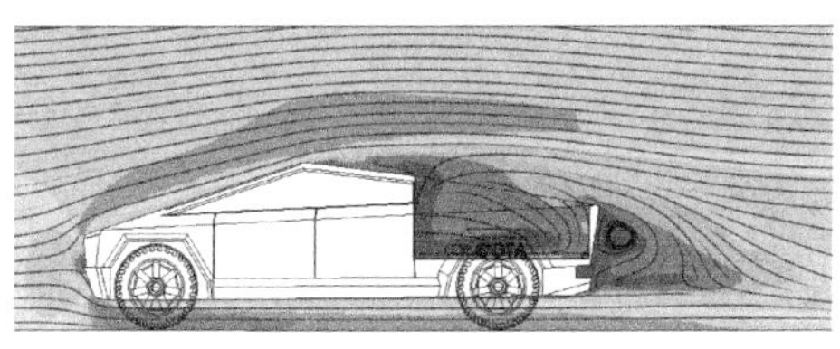

图 4-24　速度切面图

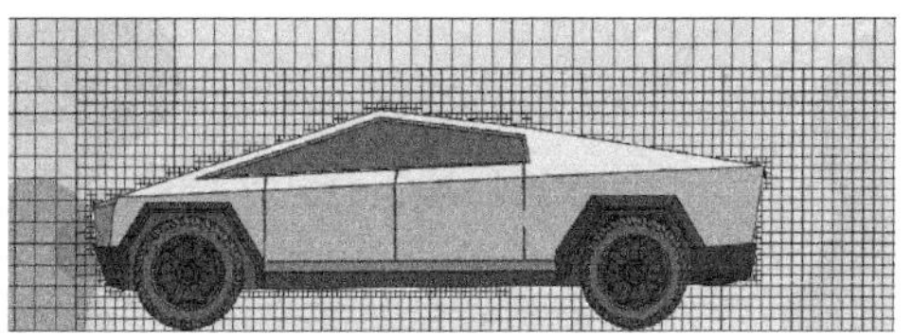

图 4-25　静压切面图

查看车体表面相对压力，即相对于大气压的压力。右击分析树中的【表面图】，选择【插入】选项，在表面图对话框【选择】文本框下，单击【使用所有面】复选框。在【显示】下单击【等高线】，在【等高线】下选择“相对压力”，如图 4-26 所示。相对压力结果显示如图 4-27 所示，可以发现在前风挡周围，存在明显的负压区，可能导致车辆 Y 向出现较大升力。

查看阻力系数和 Y 方向升力。右击分析树中的【目标图】，选择【插入】选项，单击【GG 力（Y）4】和【阻力系数 Cd】，单击【显示】。车辆阻力系数为 0.55，Y 方向升力为 105.126N。由于仅根据平面图片进行粗略建模，且皮卡车身仿真模型中车斗尾箱上未加车盖，仿真分析得到的阻力系数显然会明显偏高，而根据特斯拉公布的数据，Cybertruck 电动皮卡的阻力系数低

于 0.4。

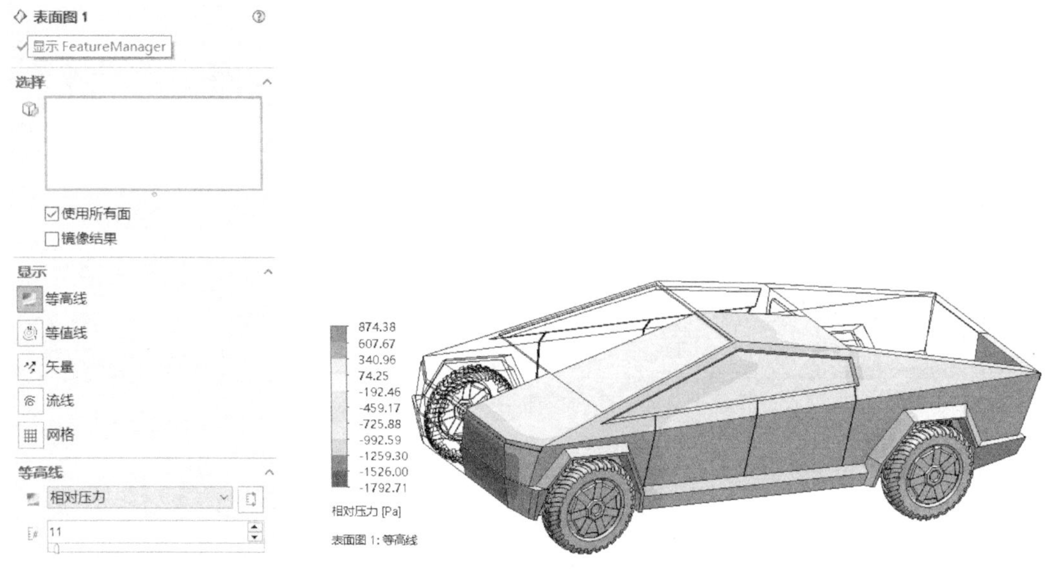

图 4-26　相对压力设置

图 4-27　相对压力结果显示

输出噪声图解切面图。以“Front Plane”作为剖切平面，选择“声学能量等级”作为【等高线】的输出量。如图 4-28 所示，在车辆中后部车顶和车尾部分有较大空气噪声。

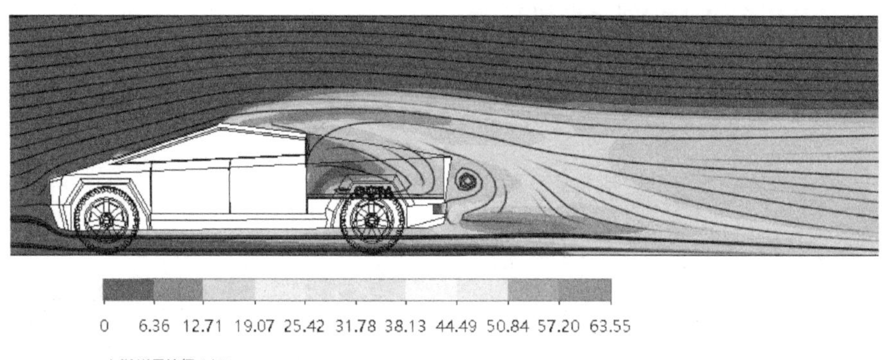

图 4-28　噪声切面图

> 注意：本算例仅从 CFD 爱好者的角度，使用 SOLIDWORKS 从已经发布的平面图片进行快速三维建模和流体仿真，计算结果可能会存在明显偏差或不合理之处，操作过程仅供用户参考。

4.5　自适应网格

Flow Simulation 也有自适应网格，即软件在计算过程中多次重新加密网格进行计算，网格加密或细化主要发生在流体参量梯度变化大的区域。用户可以使用手动自适应细化和基于结果

的自适应网格两种方式进行自适应网格设置。

4.5.1 手动自适应细化

手动自适应细化可以在计算求解过程中手动启动当前计算网格的细化，可以通过单击监视器工具栏上的【细化】↗进行启动，如图 3-30 和图 4-23 所示。本例中，如果考虑非常高的精确度，我们可以在已经迭代计算一定时间或迭代步数以后，手动单击【细化】进行网格自适应划分。需要注意的是，细化将增加总体计算时间，并且使用更多的系统资源。

如果指定的结果精度级别大于或等于 6，或者如果在计算控制选项中启用了细化功能，手动使用细化选项可用，否则它显示为灰色的禁用状态。

4.5.2 基于结果的自适应网格

基于结果的自适应网格在计算过程中自动调整计算网格使其适应解的程序。此程序会拆分流动区域中的流体参量梯度大的网格单元，并合并梯度小的网格单元。Flow Simulation 允许用户更改用于控制默认自适应网格程序的参数值。

选择【工具】→【Flow Simulation】→【计算控制选项】→【细化】选项，默认情况下，【全局域】为“禁用”状态，我们可以设置相应的细化级别，如图 4-29 所示。

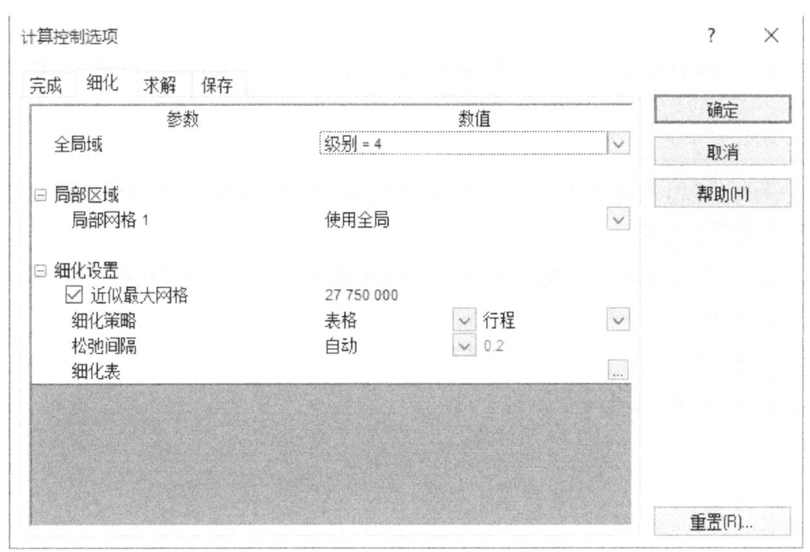

图 4-29 自适应网格细化

通过下列选项可以控制基于结果的自适应网格。

【全局域】中的基于结果的自适应网格参数细化级别指定为了达到自适应解决方案细化标准而执行的初始网格拆分次数，从而控制在计算过程中生成自适应计算网格大小的最小值。

【细化设置】中的【近似最大网格】可以将网格数量限制在指定值的范围内，因为我们不能让细化网格的数量无限大，需要指定一个上限范围。基于结果的自适应网格细化可能大幅增加网格的数量，这样将导致可用的计算机资源（物理内存）不足以运行计算。如果在细化过程中预计的网格数量超过近似最大网格，则会限制最后一轮细化生成的网格数量。

【细化策略】用于控制细化计算网格的计算时间点。可以选择表格细化（用作默认策略），也可以选择周期性细化或仅手动细化。细化的计算时间点通过行程或迭代次数来定义，或用物理时间来定义（对于瞬态分析）。

如果选择了【细化策略】→【周期性细化】，则可以指定开始时间点（即第一次细化的时间点）以及执行周期性细化的周期。

如果选择【细化策略】→【表格细化】，则可以指定一个网格细化时间点表。

如果选择【细化策略】→【仅手动】，则只有在求解器、监视器对话框中手动激活细化时才可在当前立即细化计算网格。

如果选择了【周期性细化】或【表格细化】，则同时也激活手动自适应细化，无须再单独设置手动细化。此外，在最后一次网格细化之后与完成计算之前，必须有一个松弛间隔（按相同单位计算），在松弛间隔到达之前，计算无法自动停止。

4.6 小结与讨论：稳态和瞬态问题

在第 3 章和第 4 章的仿真模型中，我们都采用了稳态求解，如果需要采用瞬态求解，可以在向导设置中激活【瞬态分析】选项，并设置相应的计算时间。那么，对于一个模型，如何判断和选择稳态或瞬态 CFD 分析？

首先需要说明的是，同一个模型既可以采用瞬态分析，也可以采用稳态分析。采用何种分析类型取决于具体的工况或分析目的。

1）瞬态分析具有真实的物理时间度量，当我们需要知道某一个具体时间点的物理场分布或者物理量数值时，我们需要采用瞬态分析。例如：房间内空调开启后，2min 后房间内温度场的变化。

2）某些实际物理场景状态无法达到稳定的状态，可能一直存在波动或者湍流的影响，这种情况下需要采用瞬态分析。

3）很短时间内的物理场景变化，如 0.1s 内喷射流动的整体状态变化，需要采用瞬态分析。

4）软件某些功能限制必须使用瞬态分析。例如：Flow Simulation 中如果开启“自由液面”“旋转局部滑移网格”等，都必须使用瞬态分析；有些采用格子玻尔兹曼法的流体 CFD 软件，限于算法限制也只能使用瞬态分析。

第 5 章 换热器仿真

【学习目标】

1）换热器仿真基本知识点。

2）多种流体仿真中流体子域设置方法。

3）网格疏密的考量与通道网格数量的要求。

4）考虑共轭传热的外流场仿真的计算域范围。

5）边界条件中不同温度流体的设置方法。

5.1 行业知识

换热器（Heat Exchanger）是将高温流体的热量传递给低温流体的设备，又称为**热交换器**。换热器的作用是把低温流体加热或者把高温流体冷却，把液体汽化成蒸气或者把蒸气冷凝成液体。换热器在石油、化工、电力、船舶、空调及其他许多工业生产中占有重要地位。在化工生产中，换热器可作为加热器、冷却器、冷凝器、蒸发器和再沸器等，应用非常广泛。

换热器按传热方式的不同可分为间壁式、蓄热式、混合式等。**间壁式**是指冷热两种流体分布于固体壁面两侧，这种换热器应用最广泛。**蓄热式**是指冷热两种流体依次通过固体壁面来实现热量交换，常用于空气分离装置、冶炼设备等。**混合式**是指冷热两种流体通过直接接触或相互混合来实现换热，常用于发电厂冷却塔和化工洗涤塔。换热器按用途不同可分为加热器、冷却器、冷凝器、蒸发器、再沸器、深冷器、过热器等，按结构形式不同可分为管壳式换热器、板式换热器、夹套式换热器、蛇管式换热器、喷淋式换热器、套管式换热器等。其中最常用的是**管壳式换热器**（图 5-1）和**板式换热器**（图 5-2）。有数据表明，管壳式换热器和板式换热器产值占到换热器行业整体产值的 80% 左右。管壳式换热器又分为固定管板式换热器、浮头式换热器、U 形管式换热器、填料函式换热器等。管壳式换热器和板式换热器都属于间壁式换热器。

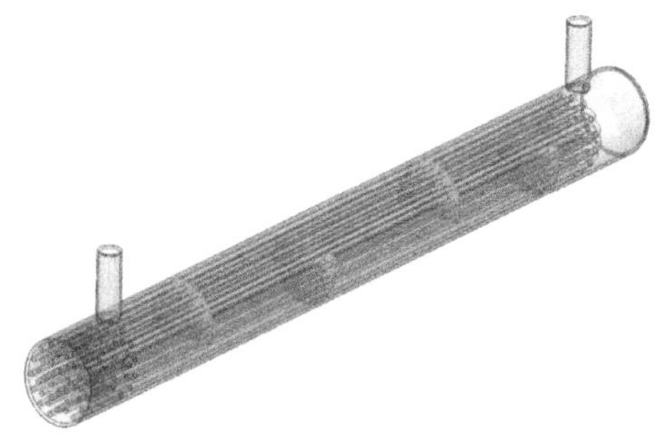

图 5-1　管壳式换热器

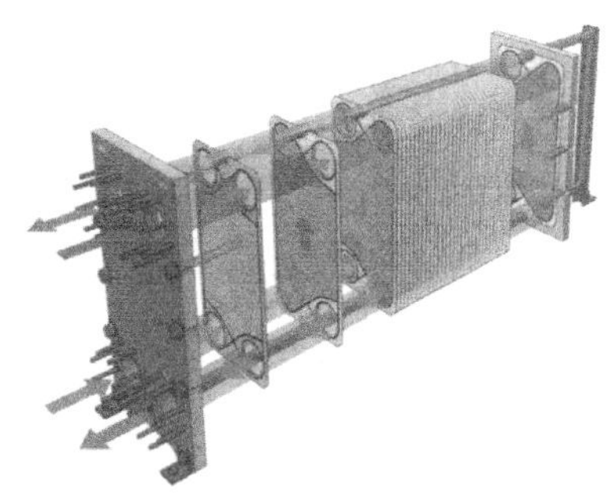

图 5-2　板式换热器

换热器相关技术参数包含传热系数、传热量、传热面积等。

5.1.1 传热系数

对于空调工程上常采用的换热器而言，如果不考虑其他附加热阻，对于单层围护结构传热系数 K 可以按照如下计算，即

$$K=1/\left(\frac{1}{h_1}+\frac{\delta}{\lambda}+\frac{1}{h_2}\right) \tag{5-1}$$

式中，h_1 和 h_2 是固体结构两个表面热交换系数［W/（m^2·K）］；δ 是固体结构壁厚；λ 是结构热导率。显然，传热系数取决于壁面两侧流体的属性、流动速度，固体材料的壁厚和热导率等因素。如果是多层维护结构，也有类似的更复杂一些的计算公式。

5.1.2 传热量

传热量是换热器总的换热功率，单位为 W。

5.1.3 传热面积

因为换热器间壁两侧的表面积可能不同，所以换热器的传热面积实际上是指约定的某一侧的表面积，习惯上一般把表面传热系数较小一侧的流体所接触壁面的表面积称为该换热器的传热面积。

5.1.4 努塞尔数

在进行表面传热系数计算时，需要用到努塞尔数。努塞尔数是表示对流换热强烈程度的一个准数，又表示流体层流底层的导热阻力与对流传热阻力的比，它的计算公式为

$$N_u=KL/\lambda \tag{5-2}$$

式中，L 是传热面的几何特征长度，是垂直于传热面方向的尺度，如热管的直径、传热层的厚度等；K 是流体的传热系数；λ 是静止流体的热导率。

其他参数如工作压力、进出口流体温度、压力损失、流量、污垢系数等也是换热器的重要参数。

5.2 共轭传热

共轭传热是指流体传热和固体结构传热相互耦合的传热形式，在 CFD 仿真分析中需要同时考虑流体流动传热和结构的传热。在前面第 3 章和第 4 章的仿真模型中，我们都只考虑了流体的流动，而没有考虑热传导、对流或辐射换热，因此我们只定义了流体材料和对应的流体参数，如果考虑共轭传热，必须指定固体材料和对应的材料参数。在本章的换热器模型中，我们需要考虑共轭传热来仿真分析该换热器的换热效果。

5.3 模型描述

翅片管式换热器是制冷、空调领域中所广泛采用的一种换热器形式，我们可以通过 CFD 仿真分析得到温度场结果，帮助提高换热器的换热效率及其整体性能，改进翅片管式换热器的设计形式，推出更加节能、节材的紧凑式换热器结构。

此实例是一款典型的翅片管式换热器（也称为蛇管式换热器），如图 5-3 所示。换热铜管入口端流入 80℃的高温液体，通过平直翅片与周围空气换热，空气温度为 20℃。CFD 仿真的目的是通过仿真分析，得到该换热器的出口温度和换热量。

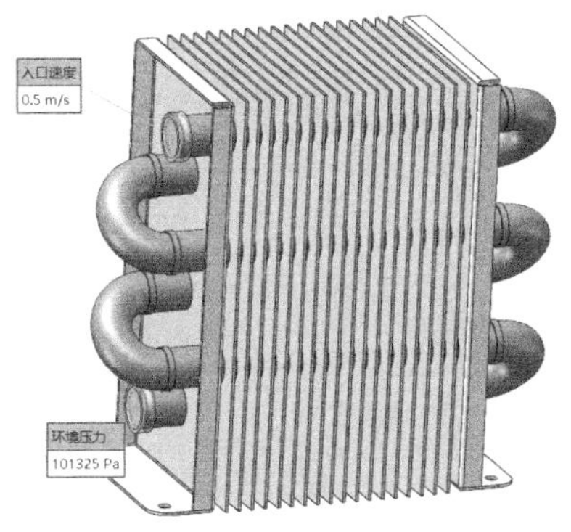

图 5-3　翅片管式换热器模型结构

5.4　模型设置

由于换热器整体与周围空气换热且铜管内存在高温流体流动，因此该模型需要采用外流场仿真。

步骤 1　向导设置

在命令管理器区中选择【Flow Simulation】→【向导】选项，在【向导 - 项目名称】对话框中设置项目名称为“Heat exchanger”，单击【下一步】按钮。

在【向导 - 单位系统】对话框中，保持默认的 SI 国际单位制，设置温度单位为摄氏度，单击【下一步】按钮。

在【向导 - 分析类型】对话框中，【分析类型】选择【外部】；单击【固体内热传导】复选框；单击【辐射】复选框，【辐射模型】为系统默认的“离散传递”，【环境温度】为系统默认的“20.05℃”；单击【重力】复选框，设置重力方向为 $-Y$ 方向，在【Y 方向分量】中输入“−9.81”，【X 方向分量】和【Z 方向分量】为 0，如图 5-4 所示，单击【下一步】按钮。

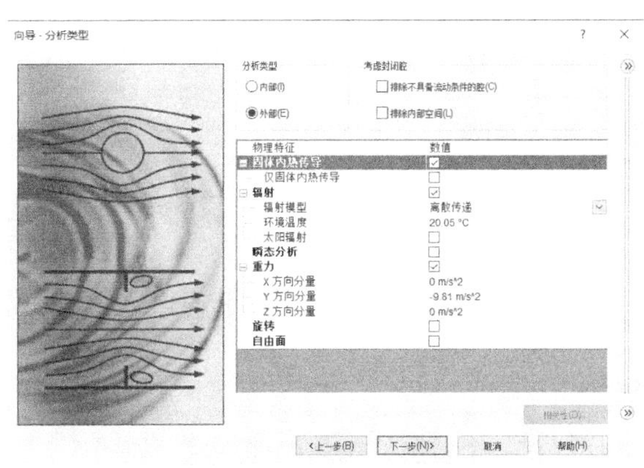

图 5-4　分析类型设置

在【向导 - 默认流体】对话框中，选择【气体】选项，双击【空气】选择默认流体类型为空气。选择【液体】选项，双击【水】将水加入项目流体列表中，如图 5-5 所示，单击【下一步】按钮。

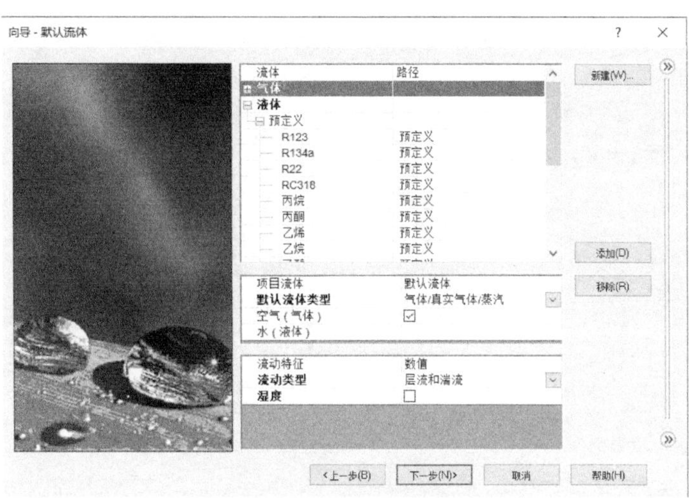

图 5-5　默认流体设置

在【向导 - 默认固体】对话框中，选择【金属】→【铜】选项作为固体材料，如图 5-6 所示，单击【下一步】按钮。

接受【向导 - 壁面条件】对话框中的默认设置，单击【下一步】按钮。

在【向导 - 初始条件和环境条件】对话框中，接受默认设置，单击【完成】按钮退出。

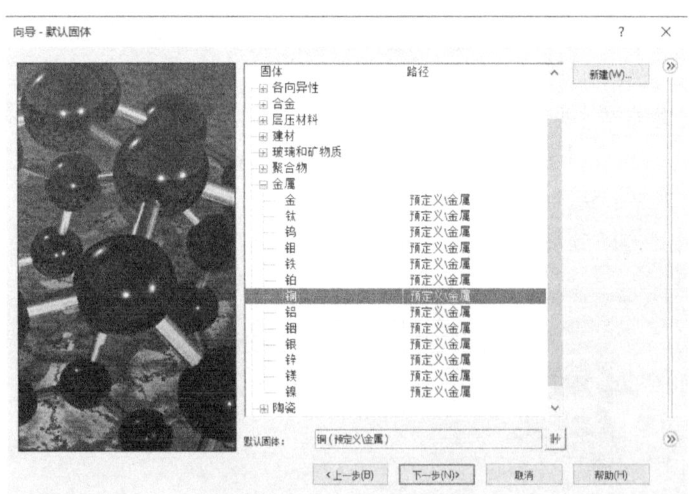

图 5-6　默认固体设置

步骤 2　调整计算域

Flow Simulation 会默认存在一个包裹结构体的计算域，如图 5-7 所示。由于我们设置了重力方向，在换热器热量的作用下，周围的空气加热以后会上升，因此默认的与结构体四周等距

离的计算域不理想，我们需要重新调整计算域范围。在 2.1.7 节，我们介绍了在自然散热情况下，建议的最小计算域范围为宽度为结构体的 2 倍，高度为结构体的 4 倍。我们可以按此进行计算域的调整，如图 5-8 所示。当然，我们不用刻意追求精确的计算域尺寸，可以单击分析树【计算域】，在计算域 3 个方向显示箭头后，拖动箭头进行调整。

> 技巧：也可以在第一次计算完成以后，查看整体的温度场分布，如果在计算域的某个方向仍然存在某些比较高的温度变化梯度，可以在该方向拉伸延长计算域，再计算一次。

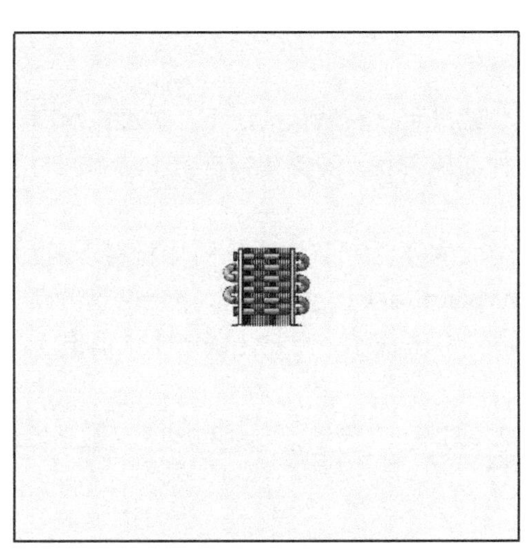

图 5-7　默认的计算域范围

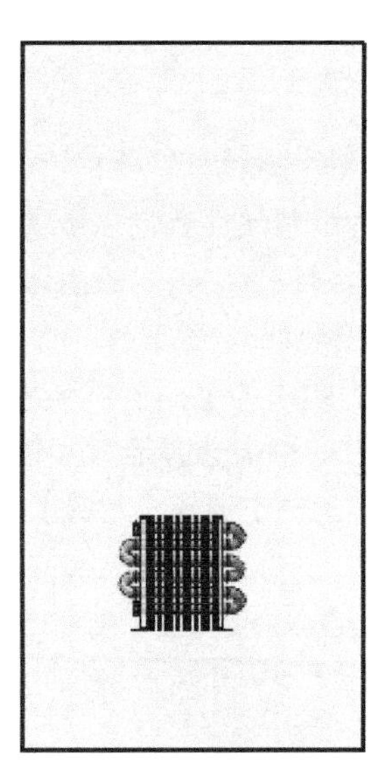

图 5-8　计算域调整

步骤 3　流体子域设置

当 Flow Simulation 模型中有两种属性的流体存在，其中一种是液体、另外一种是气体时，如果液体和气体不直接接触，我们需要在模型中设置流体子域来包含其中一种流体。

> 技巧：
>
> 1）如果 Flow Simulation 模型中存在两种或多种直接接触的气体，或是两种或多种直接接触的液体，这时设置流体子域不是必要的，Flow Simulation 可以求解多种气体或多种液体的混合问题。
>
> 2）如果 Flow Simulation 模型中的液体和气体存在直接接触，那么需要使用“自由液面（Free Surface）”功能进行求解计算。

右击分析树中的【流体子域】，选择【插入流体子域】选项，进入【流体子域】对话框。在【选择】栏中右击铜弯管的任何一个外表面，选择【选择其他】选项，移动鼠标选择铜弯管的任何一个内表面，如图 5-9 所示。这时 Flow Simulation 会自动显示一个蓝色的实体区域，这就是另外一种流体所占的空间。在【流体】→【流体类型】下拉列表框中，选择【液体】→【水（液体）】选项，接受其他默认设置，单击【确定】✓退出。

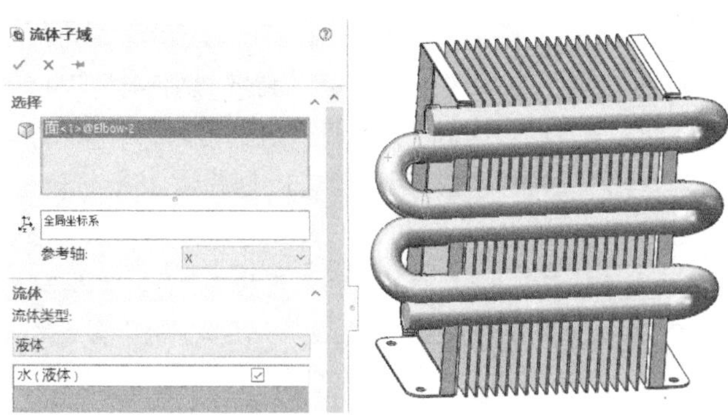

图 5-9 流体子域设置

步骤 4 翅片固体材料设置

铜弯管的材料属性我们在步骤 1 的向导设置中已经设定，在默认情况下，模型中所有的固体材料都是向导设置中指定的固体材料。如果有多种固体材料，需要在分析树中对不同材料部件进行赋予材料操作。

右击分析树中的【固体材料】，选择【插入固体材料】选项，进入【固体材料】对话框。在【选择】栏中单击选择翅片实体部件【Heat exchanger-fins-1】，该实体部件会以蓝色高亮显示。在【固体】栏中选择【金属】→【铝】选项，如图 5-10 所示，单击【确定】✓退出。

> 注意：当在向导设置【向导 - 分析类型】中不单击【固体内热传导】复选框时，默认的分析树中不显示【固体材料】。

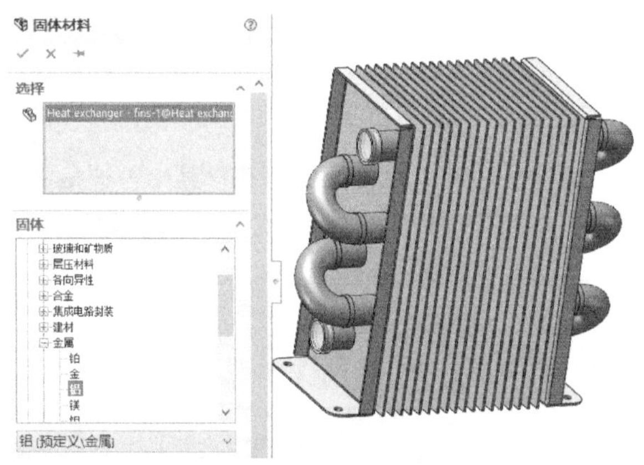

图 5-10 固体材料设置

步骤 5 边界条件设置

为了后续施加边界条件的便利，我们首先隐藏计算域。

在入口端施加速度为 0.5m/s、温度为 80℃的水。为方便选择内部几何面，首先将入口端盖实体单独显示。在 SOLIDWORKS 设计树中右击“Lid<1>”，选择【孤立】选项，如图 5-11 所示。右击 Flow Simulation 分析树中的【边界条件】，选择【插入边界条件】选项，在【选择】

栏中单击绘图区端盖的内侧表面，在【类型】栏中选择【入口速度】选项，如图 5-12 所示。在【流动参数】栏中设置流速为“0.5m/s”，单击【充分发展流动】复选框，在【热动力参数】栏中输入“80℃”，如图 5-13 所示。单击【确定】✓退出【边界条件】对话框，单击绘图区孤立对话框【退出孤立】完整显示模型。

> 技巧：
>
> 在选择内部几何面时，除了孤立或隐藏零部件，还可以做以下操作。
>
> 1）将需要选择的内部几何面的部件剖切显示，剖切面位于几何面位置。
>
> 2）如前述章节所述，将鼠标移动至需要选择的几何面附近，右击选择【选择其他】选项，然后移动鼠标选择对应的几何面。
>
> 3）某些部件如果已设置了“透明显示”，可以按住 <Shift> 键再做选择操作，这时可以选中透明部件的几何面。

按照同样的操作方式，在铜弯管出口内侧表面施加环境压力，接受系统默认的 101325Pa 的压力参数设置，如图 5-14 所示。

图 5-11　孤立显示

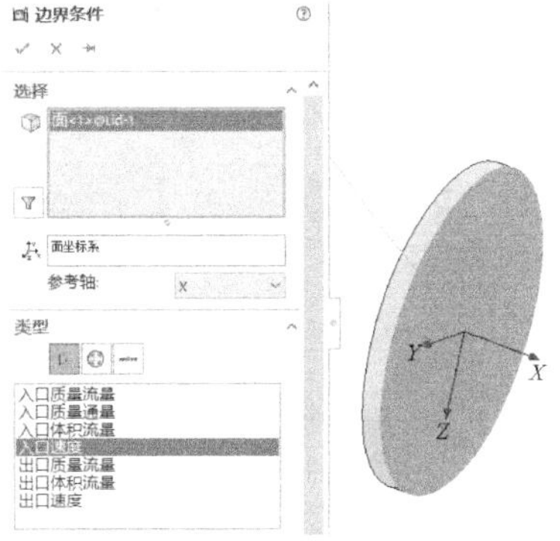

图 5-12　入口边界条件

图 5-13　边界条件—速度与温度

图 5-14　出口边界条件

步骤 6 目标设置

右击分析树中的【目标】，选择【插入全局目标】选项，单击【温度（流体）：平均值】、【温度（流体）：最大值】、【热交换系数：平均值】、【热通量：平均值】、【壁面温度：最大值】、【换热量】，单击【确定】✓退出。

单击分析树中步骤 5 创建的出口环境压力边界条件【环境压力 2】，然后右击分析树中的【目标】，选择【插入表面目标】选项，单击【温度（流体）：平均值】，单击【确定】✓退出。

提示

Flow Simulation 允许先选择几何，再创建目标、边界条件等，前述步骤创建的包含几何特征的边界条件可以在后续创建其他特征时单击选择使用。

步骤 7 网格设置

测量翅片之间的距离，在绘图区按住 <Ctrl> 键单击两个相邻翅片的表面，在绘图区右下角查看翅片之间的距离为 8mm，如图 5-15 所示。

右击分析树中的【网格】→【全局网格】，选择【编辑定义】选项，设置【初始网格的级别】为“4”，设置【最小缝隙尺寸】为“0.008m”，如图 5-16 所示，单击【确定】✓退出当前对话框。

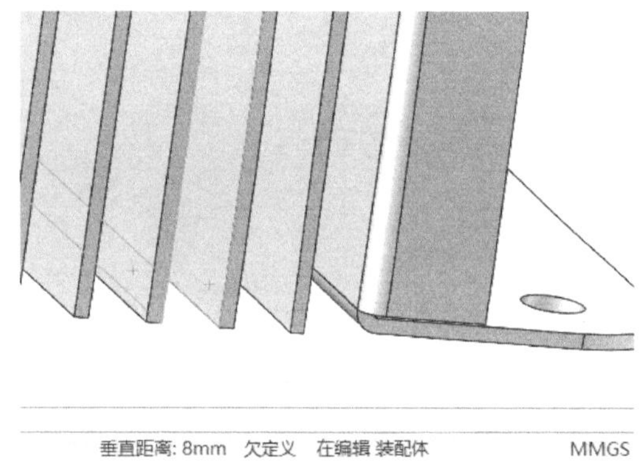

图 5-15 距离测量

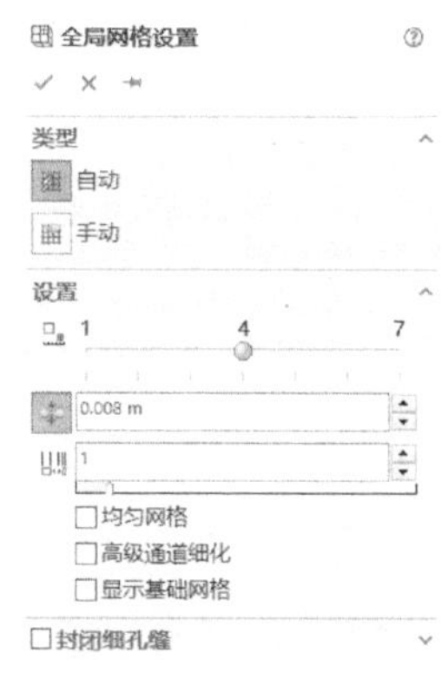

图 5-16 全局网格设置

步骤 8 提交计算并查看网格

单击命令管理器区【Flow Simulation】→【运行】，或在分析树中右击项目名称【Heat exchanger】并选择【运行】选项，进入【运行】对话框。在此处我们将先仅进行网格划分操作，查看网格划分是否合适，后续步骤再进行求解。取消对话框中【求解】复选框，单击【运行】按钮进入模型准备和生成网格的监控界面。

网格生成完成后自动加载结果文件（如没有自动加载结果，可以在右击分析树【结果】并选择【加载】选项）。右击分析树【切面图】，选择【插入】选项，在【选择】栏中选择“Front Plane”并拖动该平面上的箭头到换热器的中间位置。此时结果文件中仅有网格的结果，因此【显示】栏中默认激活【网格】选项。单击【细节预览】👁，可以看到如图 5-17 所示的切面网格。从切面网格可以看到，相邻的翅片与翅片之间仅有 2 ~ 3 个网格，正常情况下应该确保 4 ~

6 个网格，因此我们将对网格设置进行调整。单击【确定】✓退出。

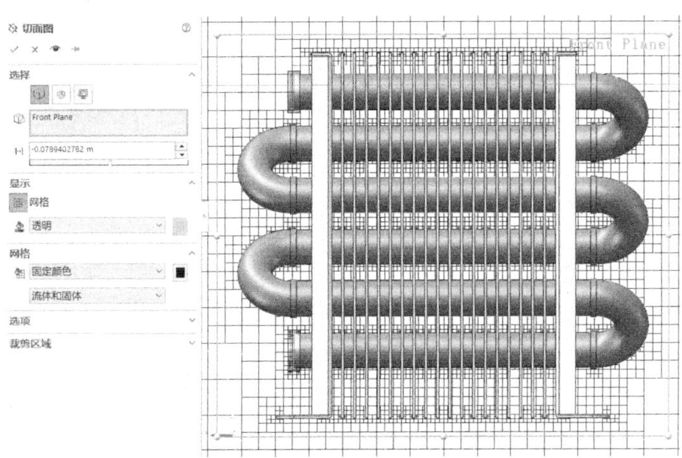

图 5-17　初始切面网格图

右击分析树中的【网格】→【全局网格】，选择【编辑定义】选项，进入【全局网格设置】对话框。将【初始网格的级别】设为“4”，将【最小缝隙尺寸】设为“0.007m”，将【比率因素】设为“1.1”，如图 5-18 所示，单击【确定】✓退出。

右击特征树中的【网格】→【局部网格】，选择【编辑定义】选项，进入【局部网格】对话框，如图 5-19 所示。在【选择】栏中单击模型设计树中的翅片零件【Heat exchanger-fins-1】，【细化网格】栏中依次设为“0”“1”“4”，【通道】栏中依次设为“4”“4”，取消【等距细化】复选框，单击【确定】✓退出。

图 5-18　调整全局网格设置

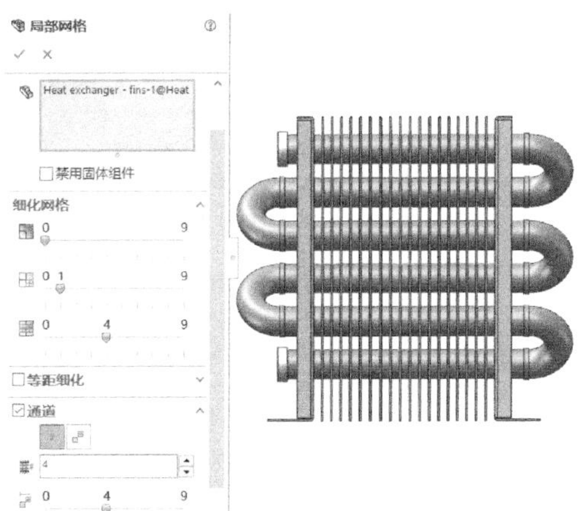

图 5-19　调整局部网格设置

再次单击命令管理器区【Flow Simulation】→【运行】，仅划分网格而不求解。网格划分完成后自动加载结果文件。

再次显示切面网格图。

提示

用户可以多尝试几次，适当调整网格设置中的数值，划分网格并检查合理以后再提交计算。

5.5 后处理与结果解读

首先我们查看整体温度场分布，如图 5-20 所示，由于重力方向沿着 $-Y$ 方向，当空气受热时向上运动，因此换热器中上方温度较高，符合我们的预期。

我们也可以使用动态“流动迹线”直观查看空气的流动情况。右击结果树中的【流动迹线】并选择【插入】选项，进入【流动迹线】对话框。如图 5-21 所示，在【起始点】栏中接受默认的【模式】设置，单击绘图区分析树中的“Top Plane”平面作为起始点的平面。在【点数】文本框中输入迹线点数为“40”，在【将迹线画为】下拉列表框中选择【箭头】选项。单击【确定】退出，在结果树中右击刚才创建的流动迹线，选择【播放】选项，可以看到如图 5-22 所示的动态效果。

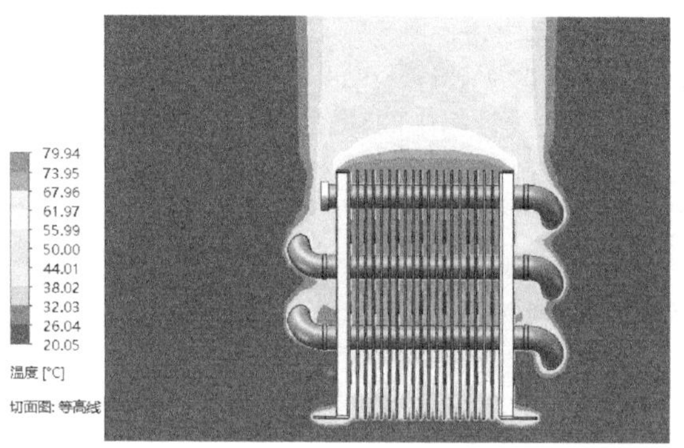

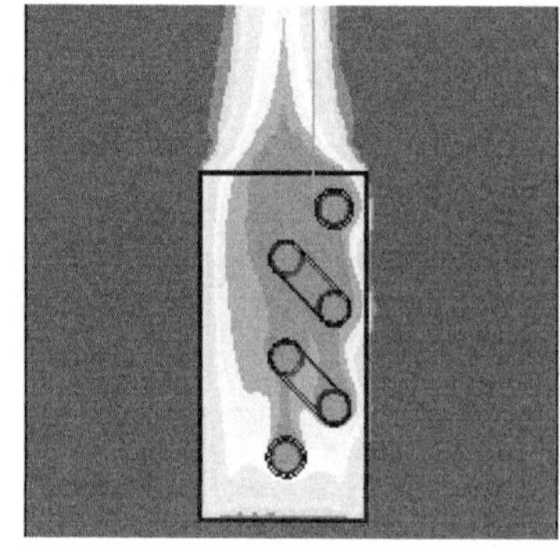

图 5-20 温度切面图

图 5-21 流动迹线设置

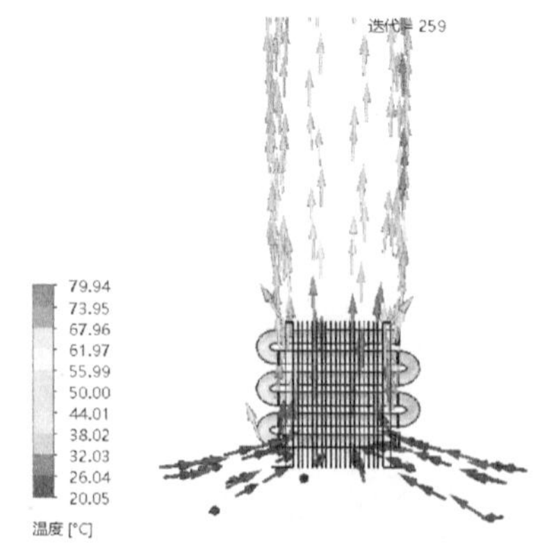

图 5-22 流动迹线动态播放

查看模型中预先设置的换热量等目标参数的数值。如图 5-23 所示，在【目标图】对话框

中单击【GG 平均值热交换系数 3】【GG 平均值热通量 4】【GG 换热量 6】【SG 平均值温度（流体）1】，单击【显示】，可以看到整个系统的热交换系数平均值为 8.485W/（m^2·K），换热器的换热量平均值为 −126.933W（负值表示热量离开系统），出口端的空气温度平均值为 79.27℃。

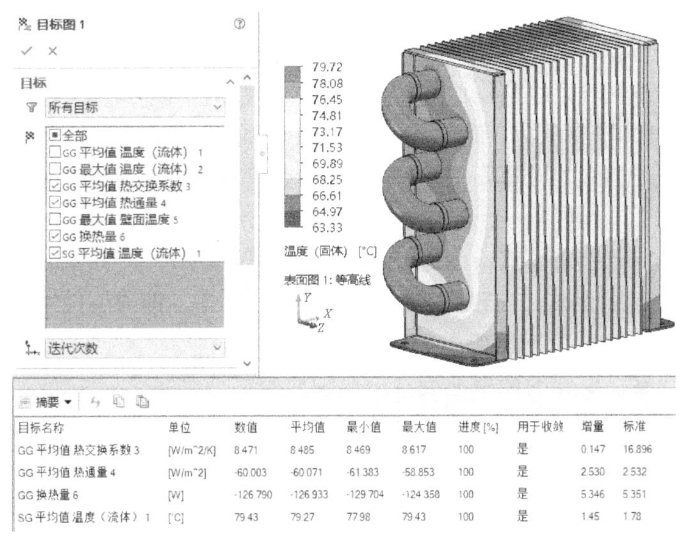

图 5-23　目标图显示

通过通量图查看部件之间的换热情况。右击结果树中的【通量图】并选择【插入】选项，进入通量图设置对话框。在【组件】栏中单击 SOLIDWORKS 模型树中的零件【Heat exchanger- fins-1】，右击对话框左侧模型树下的【Cavity1[7] 】，选择【节点缩放】选项，将该翅片放大显示到屏幕中，如图 5-24 所示。可以查看到该部件辐射到环境中的热量为 4.231W，传导流体中的热量为 18.481W，而铜弯管传导给该翅片的热量为 22.709W。我们可以用通量图的方式查看零部件的换热方式。

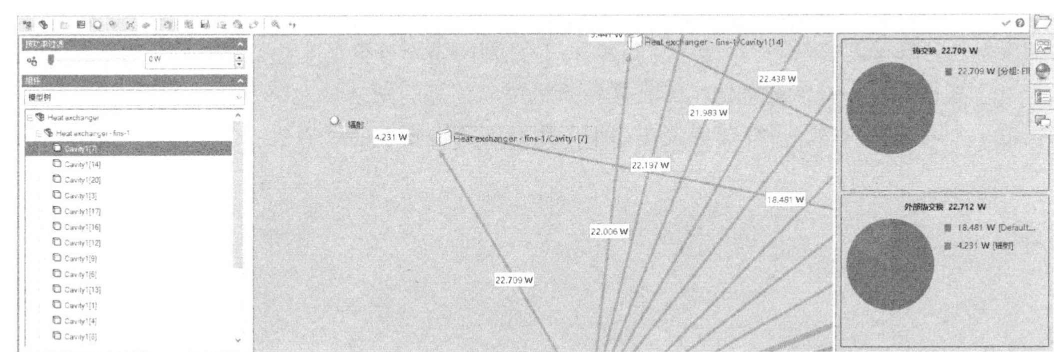

图 5-24　通量图

5.6　小结与讨论：网格对结果的影响

显然，单元越小，网格数量越多，计算结果越接近真实解，但是由于计算机 CPU 和内存等计算资源限制，我们无法无限制增加网格数量。我们需要在模型准确度与计算资源、计算时间之间进行权衡和选择。在计算机硬件可以计算求解的前提下，在合理的计算时间内得到相对合理和准确的结果，是仿真应追求的目标。那么，如何从已设置的网格参数或者已经划分的网格分布来了解 Flow Simulation 的设置是否合理呢？

1）Flow Simulation 中初始网格的级别设置为 1 ~ 2 级，划分得到的网格通常比较粗糙，可用于试算或查看初步的网格分布，对于正常的 CFD 模型求解，最好设置网格的级别在 3 ~ 7 级。

2）在网格参数设置时，应特别注意最小缝隙尺寸和最小固体厚度参数的设置，最小缝隙尺寸是软件能识别间隙的最小值，最小固体厚度是软件能识别的结构厚度的最小值。如果忽视这两个参数，有可能出现的结果是，需要在 CFD 仿真模型中考虑的细小间隙或细小固体在网格划分时没有体现出来。

3）跨通道网格特征数是模型中固体与固体之间间隙中分布的网格数量，对于包含散热翅片或细小缝隙的模型，建议翅片与翅片之间分布 4 ~ 6 个网格，即通道网格数量在 5 左右，对于散热仿真模型建议最小的情况应保持在 3。

4）从整体上观察，划分的网格应能合理反映模型的曲面特征，在曲面附近网格应能体现出加密的趋势，在关注的细小特征处也应有加密的趋势。

5）即使模型是完全对称的，划分出来的网格也有可能不对称，有可能导致仿真结果不对称。遇到这种情况，可以在模型对称面上插入控制平面的方式来确保网格整体对称。

6）合理使用对称、循环对称和周期对称可以减少模型的网格数量从而减少计算量。

7）应适当控制外流场仿真中的计算域范围，建议根据流体流动方向、可能的高梯度区域、高温区域等参数进行判断，尽量包含这些区域。

8）对于模型中特别关注的区域，可以结合整体网格参数和局部网格参数来合理细化重点区域，而不是将整体模型细化。第一，可以用整体网格的块状尺寸参数控制；第二，可以单独建立一个实体模型来包裹需要细化的区域，然后在局部网格控制中选择该实体模型进行细化参数设置，最后在组件控制中将该部件排除；第三，可以用整体网格中的手动控制平面控制办法，限制初始的整体 0 级网格的大小。

9）如不能确认网格划分设置的参数是否合理，可以先进行网格划分而不求解，查看网格的结果是否合理并调整网格参数再次划分网格，直到网格划分合适为止。

10）根据经验，目前的笔记本或常规台式机可以计算的网格量大约在 1000 万网格以下，如果是数千万网格的模型，可能需要使用小型工作站或其他高性能计算机。

第 6 章

旋转设备仿真

【学习目标】

1）旋转设备相关参数。

2）流体域的设置与要点。

3）滑移网格旋转域的设置。

4）旋转动画的输出。

6.1 行业知识

工业设备中的旋转设备包含风机（通风机）、水泵、汽轮机、水轮机等，其中风机和水泵是应用非常广泛的设备。风机中的流体介质是空气，其通过输入的机械能，提高气体压力来排送气。风机在建筑、工厂、矿井、隧道、车辆和船舶中有广泛应用。水泵中的流体介质是液体，其也是通过机械能使液体能量增加来输送液体的。水泵在工业生产中用来输送水、油、酸碱液等。

6.1.1 风机主要技术参数

风机的主要技术参数与风扇相似，包含转速、流量与压差等，此处不再赘述，读者可以参考 2.2.1 节。

6.1.2 水泵主要技术参数

水泵有很多类型，本章主要介绍最常见的离心水泵。离心水泵按工作叶轮数分为单级泵和多级泵。单级泵在泵轴上只有一个叶轮（图 6-1），多级泵在泵轴上有两个或两个以上的叶轮（图 6-2）。泵的总扬程为多个叶轮产生的扬程之和。离心水泵通常都用电动机来带动叶轮旋转从而输送液体。

图 6-1 单级离心水泵

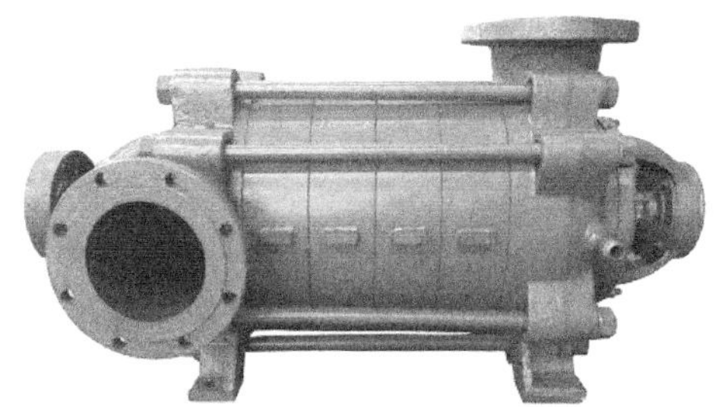

图 6-2 多级离心水泵

水泵的主要技术参数包含流量、压差、扬程、功率与效率等，其中扬程与效率是最重要的技术指标。

1. 流量

流量是水泵在单位时间内输送的液体量（质量或体积）。

2. 扬程

水泵的扬程是指水泵能够扬水的高度，通常以符号 H 来表示，其单位为 m（米）。水泵的扬程以叶轮中心线为基准，由两部分组成。从水泵叶轮中心线至水源水面的垂直高度，即水泵能把水吸上来的高度，称为吸水扬程，简称为吸程；从水泵叶轮中心线至出水池水面的垂直高度，即水泵能把水压上去的高度，称为压水扬程，简称为压程。水泵扬程 = 吸水扬程 + 压水扬程。应当指出，铭牌上标示的扬程是指水泵本身所能产生的扬程，它不含管道水流受摩擦阻力而引起的损失扬程。扬程的计算公式为

$$H=(P_2-P_1)/\rho g+(v_2^2-v_1^2)/2g+(Z_2-Z_1) \tag{6-1}$$

式中，P_2 和 P_1 分别是水泵入口和出口处的压力，通常是静压；g 是重力加速度；v_2 和 v_1 分别是入口和出口处流体的速度；Z_2 和 Z_1 分别是入口和出口高度。通常与速度和高度相关的后面两项影响很小，因此扬程一般用如下公式计算，即

$$H=(P_2-P_1)/\rho g \tag{6-2}$$

式中，ρ 是流体密度；g 是重力加速度。

注意：水泵的入口通常为负压，因此在试验中，通常在水泵入口用真空表测量压力，而在出口用压力表测量压力。真空表和压力表测得的都是相对压力，在 CFD 软件中输入压力边界条件时应转换为绝对压力。

3. 轴功率

在单位时间内，机器所做功的大小称为功率，通常用符号 P 来表示。常用的单位有 kW（千瓦）和马力（1 马力 = 735.499W）。通常电动机的功率单位用 kW 表示，柴油机或汽油机的功率单位用马力表示。动力机传给水泵轴的功率，称为轴功率，可以理解为水泵的输入功率，通常讲水泵功率就是指轴功率，也称为输入功率。轴功率的计算公式为

$$P=nT \tag{6-3}$$

式中，P 是轴功率；n 是输入轴的转速；T 是输入轴的扭矩。在保证单位系统封闭的情况下，n 的单位应为 rad/s（弧度 / 秒），T 的单位应为 N · m（牛 · 米）。

4. 有效功率

由于水泵轴承和填料的摩擦阻力、叶轮旋转时与水的摩擦、泵内水流的漩涡、间隙回流等原因，必然会消耗一部分功率，所以水泵不可能将动力机输入的功率完全变为有效功率，其中肯定有功率损失，也就是说，水泵的有效功率与泵内损失功率之和为水泵的轴功率。

有效功率的计算公式为

$$P_e=HQ_m g=\Delta PQ_v \tag{6-4}$$

式中，P_e 是有效功率；H 是水头差（m）；Q_m 是质量流量（kg/s）；g 是重力加速度（m/s^2）；ΔP 是压差（Pa）；Q_v 是体积流量（m^3/s）。

5. 效率

水泵的效率是指有效功率与轴功率之比，它的计算公式为

$$\eta = P_e / P \tag{6-5}$$

了解上述计算公式便于我们在 CFD 计算中按预设公式快速输出相关参数。

6.2 旋转物体的模拟方法

针对旋转物体，Flow Simulation 有三种方法来模拟，分别是移动壁面边界条件、MRF 旋转参考坐标系和瞬态滑移网格。

6.2.1 移动壁面边界条件

移动壁面边界条件只能模拟沿着表面切向的旋转或平移运动，这种运动不会形成流体区域的变化。例如：一个圆柱形筒体沿着中心轴旋转或者 DVD 光盘的旋转，对于水泵或风机这种带叶轮的旋转是不适用的。Flow Simulation 中的移动壁面边界条件是在项目分析树中添加边界条件，在【边界条件】对话框中选取【真实壁面】类型，同时设置旋转速度，如图 6-3 所示。

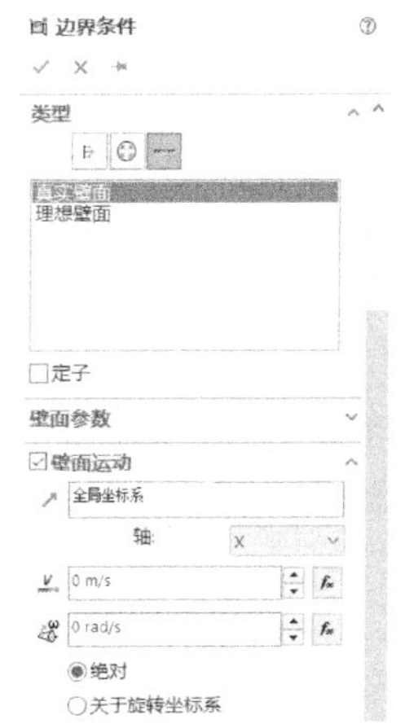

图 6-3 移动壁面边界条件

6.2.2 MRF 旋转参考坐标系

MRF（Multiple Reference Frame）旋转参考坐标系，这种方法的思想是将旋转物体置于一个旋转参考坐标系中，这个旋转参考坐标系随着物体旋转，之后从旋转参考坐标系的角度出发原先旋转的物体现在是静止的，其中的关键是如何使“静止”物体周围的流体流动，从而使物体有旋转的效果。MRF 旋转参考坐标系通过增加离心力和科氏力至动量方程中来考虑源项，旋转区域内的流体流量在该旋转区域的局部参考坐标系中进行计算，通过使用稳态方法在旋转区域内计算并在旋转区域的边界求均值，流场参数将作为边界条件从相邻流动区域调入到旋转区域的边界。Flow Simulation 中的旋转参考坐标系方法包含全局旋转参考坐标系和局部旋转参考坐标系，从后处理的视觉效果上来看，旋转参考坐标系的计算结果中无法体现实际的视觉旋转效果。

1. 全局旋转参考坐标系

全局旋转参考坐标系中，假定所有模型壁面均以旋转参考坐标系的速度进行旋转，静止的壁面可以通过壁面边界条件（定义为定子）建立。然而，这些静止的壁面必须关于全局旋转参考轴轴对称，任何静止的阻碍物或非轴对称的壁面都无法进行仿真模拟。要成功应用全局旋转方法并获得可靠的结果，还必须满足的条件是：预期的位于旋转参考坐标系边界的入口流场（即计算域外边界）必须相对旋转轴是轴对称的；预期的位于旋转参考坐标系边界的出口流场（即计算域外边界）必须相对旋转轴尽可能接近轴对称。

2. 局部旋转参考坐标系

局部旋转参考坐标系比全局旋转参考坐标系有更多的使用场景，可以对几个旋转区域进行仿真模拟，这些旋转区域是以不同速度相对不同轴进行旋转。在求解域内和局部旋转区域之外的流动以固定坐标参考系进行求解。在旋转区域和静止区域之间进行数据传递，在它们的分界面处自动设置内部边界条件。分界面被划分为等宽圆环，作为边界条件传递的流动参数值被平均分布到每一个圆环上。

局部旋转参考坐标系假设流场是稳态的，区域内的所有模型部件和组件默认都视为正在旋转。可以模拟特定模型组件的旋转，并且旋转区域以外的非旋转模型组件也不要求是轴对称的，但动静干涉必须很弱。根据采用的模型，每个旋转固体组件都被一个轴对称（相对组件的旋转轴）的**旋转区域**包围，该旋转区域有自己的与组件一同旋转的坐标系。为了指定局部**旋转区域**，需要创建一个表示该区域的**辅助（虚拟）组件**，该辅助（虚拟）组件需要包裹住旋转组件。旋转区域内的流体流量在该旋转区域的局部参考坐标系中进行计算。流场参数将作为边界条件从相邻流动区域调入到旋转区域的边界。

同全局旋转一样，要成功应用局部旋转方法并获得可靠的结果，还必须满足的条件是：预期的位于旋转参考坐标系边界的入口流场（即计算域外边界）必须相对旋转轴是轴对称的；预期的位于旋转参考坐标系边界的出口流场（即计算域外边界）必须相对旋转轴尽可能接近轴对称。

> **注意：**
>
> 1）如果在分析中考虑重力效应，旋转轴必须平行于重力矢量。
>
> 2）局部旋转参考坐标系假设流场是稳态的，即使执行瞬态分析，旋转参考坐标系内的流动参数也会使用稳态方法进行计算，并在旋转参考坐标系边界求均值。

6.2.3 瞬态滑移网格

在滑移网格技术中，转子和定子网格区通过“滑移界面”相互连接，并在计算期间保持相互接触（即转子网格以离散步长沿界面边界相对于定子网格“滑移”）。与旋转区域边界叠合的“滑移界面”必须在流体体积内。

滑移网格方法假设流场不稳定，并且仅可用于瞬态分析。在转子和定子之间相互作用较强的情况下，通过这种假设可以取得比基于稳态的旋转参考坐标系（均值方法）更准确的模拟。由于仅能用于瞬态分析，且计算的是不稳定的数值解，因此它的计算量比旋转参考坐标系（均值方法）更大。

同局部旋转参考坐标系一样，瞬态滑移网格方法中的旋转固体组件都被一个轴对称（相对组件的旋转轴）的旋转区域包围，该旋转区域有自己的与组件一同旋转的坐标系。为了指定局部旋转区域，需要创建一个表示该区域的辅助（虚拟）组件包裹住旋转组件。

在瞬态滑移网格的计算模型中，系统默认的计算时间步长比较保守，有可能导致过长的整体仿真运算时间，通常建议用户手动设置计算时间步长以加快计算速度，可以用如下公式估计和设置时间步长数值，即

$$\Delta T = \frac{t}{10n} \tag{6-6}$$

式中，t 是叶轮转动一周所需要的时间，即转动的周期时间值；n 是叶轮转子的叶片数目。式（6-6）的意义是叶片从初始位置转动到相邻的叶片位置时做 10 次迭代计算。

在 Flow Simulation 中，旋转类型的设置如图 6-4 所示，其中局部旋转参考坐标系［局部区域（平均）］和瞬态滑移网格［局部区域（滑移）］两种方法还需要在分析树中设置旋转区域。

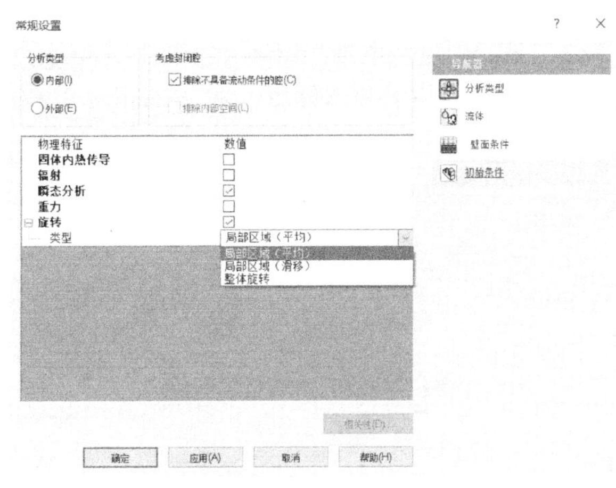

图 6-4　旋转类型的设置

6.3　模型描述

该模型是一个典型的单级离心水泵，包含泵体、叶轮、出水管、支架、螺栓等部件，在入口和出口处已经建立了虚拟封盖部件，如图 6-5 所示。叶轮结构包含 8 个叶片，如图 6-6 所示，在瞬态计算中，我们将利用该参数设置时间步长以加快计算速度。我们将通过 CFD 仿真分析计算该水泵在一定流量和叶轮转速下的扬程、效率等参数。

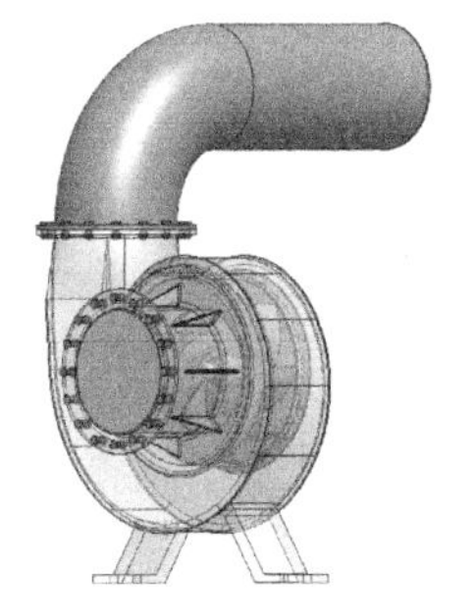

图 6-5　离心泵整体模型

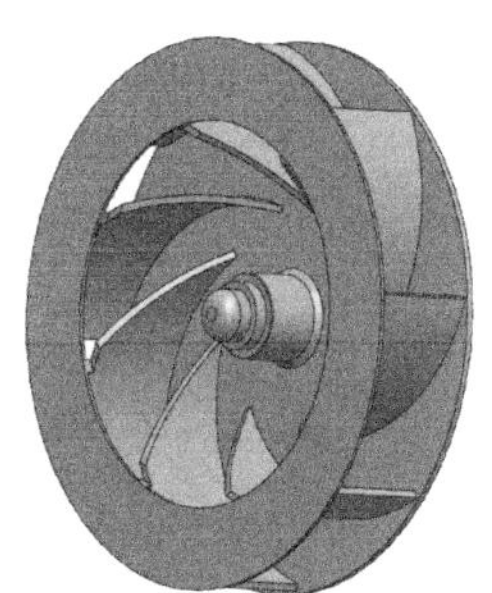

图 6-6　叶轮结构

6.4　模型设置

显然该分析应该采用内流场仿真类型，因此水泵中的连接螺栓和支架等部件可以保留在模型中，它们不影响计算的规模和速度。当然，在此模型中，将螺栓压缩或者删除也是可以的。由于该模型是离心水泵，我们将采用瞬态滑移网格的方法来计算。根据编者经验，对于离心式旋转机械，相较于 MRF 旋转参考坐标系方法，Flow Simulation 中的瞬态滑移网格方法有较高的计算精度。对于轴流式旋转机械，两者计算精度比较接近。

步骤 1　旋转区域虚拟部件

首先需要在三维模型的流体入口和出口处创建封盖以形成内流场仿真的流体空间。此外，对于滑移网格，我们还需要创建一个包裹叶轮的虚拟部件用于设置旋转区域并添加旋转速度。如图 6-7 所示的半透明部件，我们创建一个比叶轮略大的能完整包裹住叶轮的实体部件（电动机连接轴的部分可以不用完全包裹），并将该部件命名为“Rotating Region”。

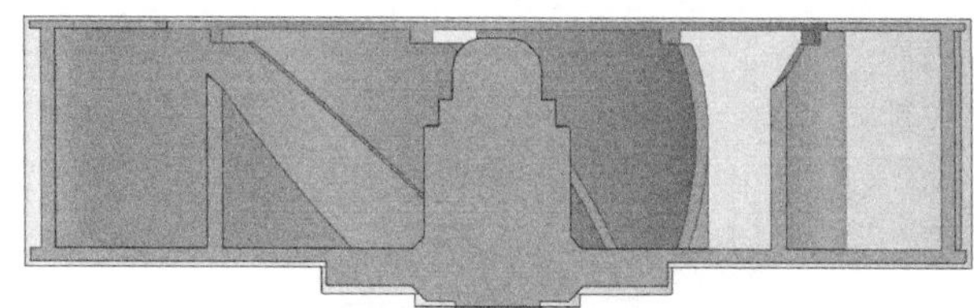

图 6-7　旋转区域虚拟部件

步骤 2 向导设置

按表 6-1 中内容进行向导设置。

表 6-1　向导设置内容

设置项目	设置内容
配置名称	Simulation Model
项目名称	800RPM-Transient
单位系统	国际单位制 SI，体积流量单位为 m^3/s，角速度单位为 rad/s，扭矩单位为 N•m
分析类型	选择【内部】类型，单击【排除不具备流动条件的腔】复选框，单击【瞬态分析】复选框，【分析总时间】设为 0.3s，单击【旋转】复选框，【类型】设为【局部区域（滑移）】，如图 6-8 所示
默认流体	水（液体）
壁面条件	【默认壁面热条件】为【绝热壁面】，【粗糙度】为 0μm
初始条件	默认设置

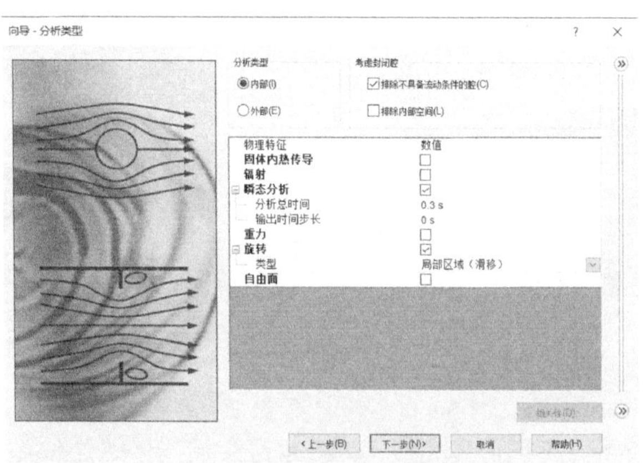

图 6-8　分析类型设置

步骤 3 旋转区域设置

右击分析树中的【旋转区域】，选择【插入旋转区域】选项。如图 6-9 所示，在【选择】栏中单击 SOLIDWORKS 设计树中的【Rotating Region @ Water_Pump】，在【参数】栏中设置转速为“83.73 rad/s”（即 800RPM），单击【确定】✓退出对话框。

步骤 4 边界条件设置

设置出口边界条件为体积流量为“0.2 m³/s”，选择【面 <1>@lid-1】的位于流域内的表面，如图 6-10 所示。

设置入口边界条件为环境压力 1013125Pa，选择的面为部件【LID17】的位于流域内的表面。

旋转区域包裹的内部实体都会按照设置的旋转速度运转，但是实际上模型被旋转区域包裹的部分实体或表面属于非旋转部件，我们需要通过设置定子壁面将它们排出旋转区域。在分析树中右击【边界条件】，选择【插入边界条件】选项，在【选择】栏中单击选择被虚拟旋转区域包裹（或部分包裹）但不属于旋转叶轮的面，如图 6-11 所示。在【类型】栏中单击【壁面】，选择【真实壁面】选项，单击【定子】复选框。

图 6-9　旋转区域设置

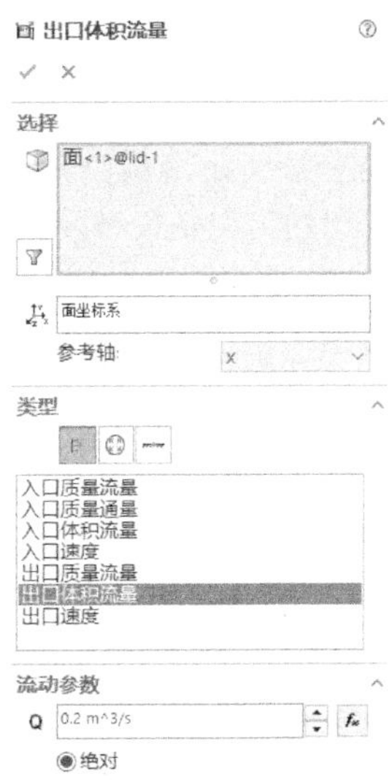

图 6-10　出口体积流量设置

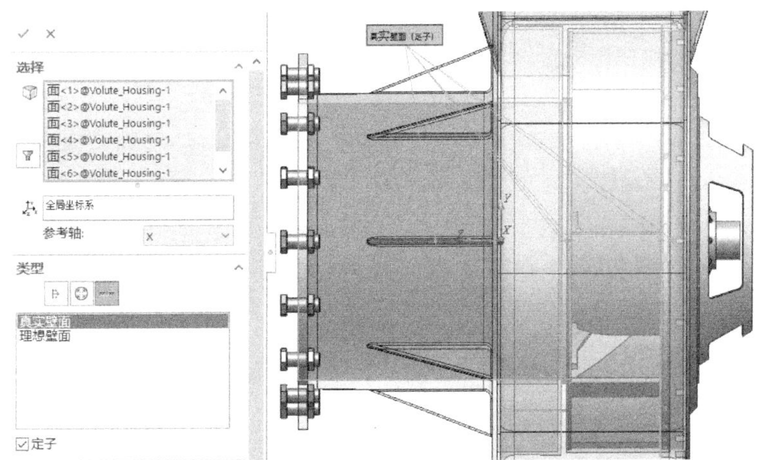

图 6-11　真实壁面—定子设置

步骤 5 目标设置

设置静压和速度的相关的全局目标用于控制目标收敛，包含四个目标，分别是【GG 平均值 静压 1】、【GG 最大值 静压 2】、【GG 平均值 速度 3】和【GG 最大值 速度 4】。

设置四个表面目标，分别是入口表面的静压【Inlet pressure】、出口表面的静压【Outlet pressure】、出口的质量流量【Outlet flow rate】、叶轮的扭矩【Impellor torque】。其中在设置叶轮扭矩目标时，可以在【选择】栏中直接单击选择设计树中的叶轮实体部件，而不是逐个选择叶轮的表面。

设置方程目标用于后续计算参数的直接输出。出口和入口的压差方程目标“dP”的表达式：{Outlet pressure}-{Inlet pressure}。“扬程”方程目标的表达式：{dP}/9.8/1000。“有效功率”方程目标的表达式：{扬程}*{Outlet flow rate}*9.8。“轴功率”方程目标的表达式：83.73*{Impellor torque}。“效率”方程目标的表达式：{有效功率}/{轴功率}。

步骤 6 网格设置

设置全局网格，如图 6-12 所示。【类型】设置为【手动】，【基础网格】栏中 N_X、N_Y、N_Z 分别为“24”、“56”、“56”。勾选【高级细化】复选框，设置相应的细化级别参数。单击【确定】✓退出对话框。

在分析树中右击【网格】，选择【插入局部网格】选项，在【选择】栏中单击选择旋转区域虚拟部件【Rotating Region-1@Water_Pump】，在【细化网格】栏中设置【细化流体网格的级别】为“2”，设置【流体 / 固体边界处的网格细化级别】为“3”，如图 6-13 所示。单击【确定】✓退出对话框。

按以上相同步骤设置第 2 个局部网格，如图 6-14 所示。在【选择】栏中单击部件【面<1>@Volute_Housing-1】与叶轮间隙较小的两个表面（图 6-15），在【细化网格】栏中设置【细化流体网格的级别】为“0”，设置【流体/固体边界处的网格细化级别】为“4”，单击【确定】✓退出对话框。此处叶轮末端与泵体蜗壳的流体区域很小并且是高流速梯度区域，为了保证仿真的准确性需要在此处细化网格。

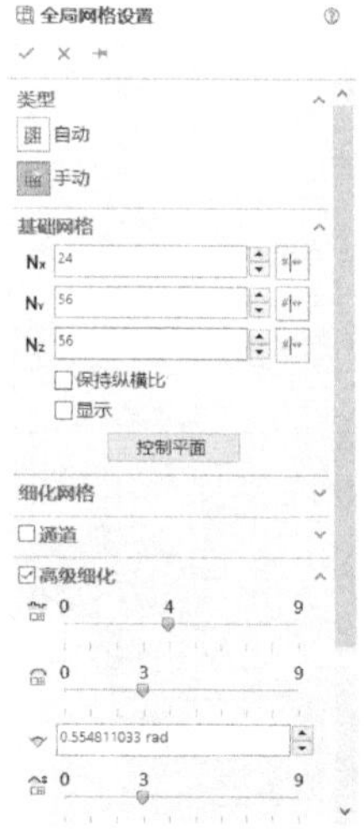

图 6-12 全局网格设置

图 6-13 局部网格设置 1

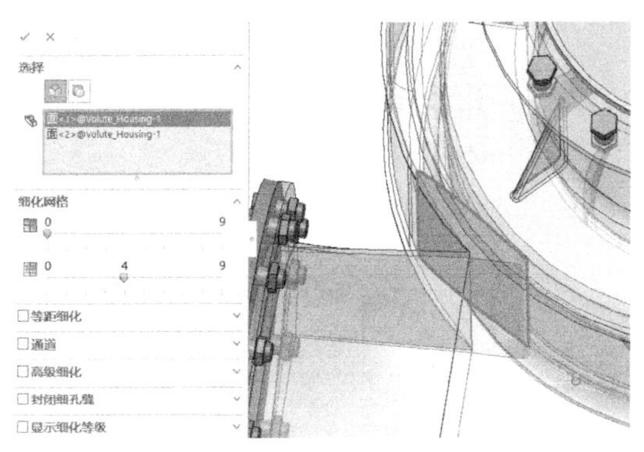

图 6-14　局部网格设置 2

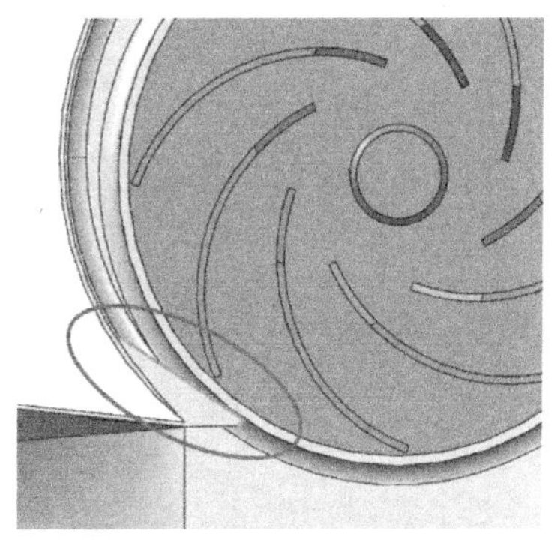

图 6-15　间隙较小的表面

步骤 7 计算控制选项设置

如图 6-16 所示，在分析树中右击【输入数据】，选择【计算控制选项】选项。单击【求解】选项卡，在【时间步长设置】栏中设置【时间步长】为【手动】，数值为“0.001 s”［根据式（6-6）计算得到的时间步长为 0.0009375s，即 60/（800 × 10 × 8），设置一个近似的数值是可行的］

单击【保存】选项卡，在【备份文件】栏中设置【保存备份间隔时间】为“10”个迭代次数；在【完整结果】栏中勾选【周期性】复选框，选择【迭代次数】选项，设置【周期】为“10”；在【选定的参数（瞬态浏览器）】栏中单击【周期性】复选框，设置周期为“2”;【参数】中选择【静压，速度】选项，如图 6-17 所示。单击【确定】退出当前对话框。

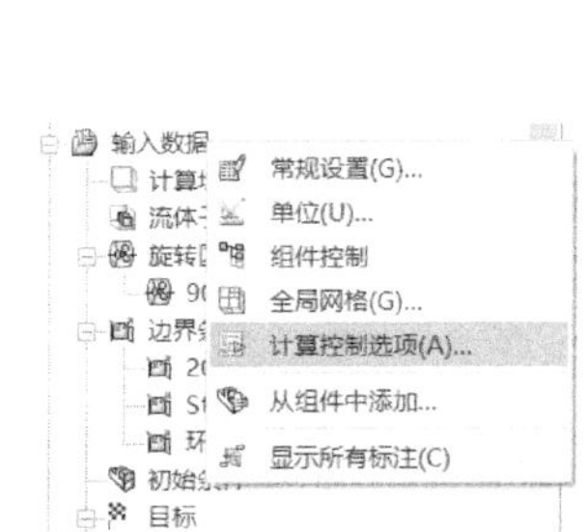

图 6-16　计算控制选项设置

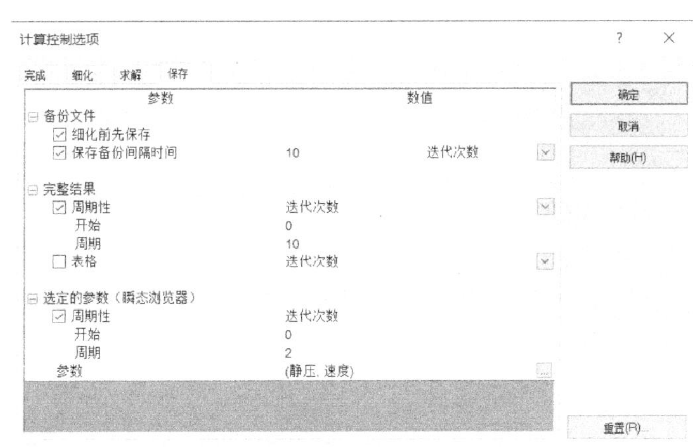

图 6-17　计算控制选项—保存

注意：设置【选定的参数（瞬态浏览器）】的目的是为了后续结果后处理中显示不同时间点的旋转动态结果，后续结果后处理操作中我们将会使用到该设置，默认情况下该设置是不开启的。

步骤 8 提交计算

单击命令管理器区【Flow Simulation】→【运行】，提交计算。

6.5 后处理与结果解读

首先在分析树的结果中查看速度切面图，如图 6-18 所示。叶轮叶片尾部存在速度较大的区域，通过速度矢量，我们也能查看流体在泵体内部的流动方向。

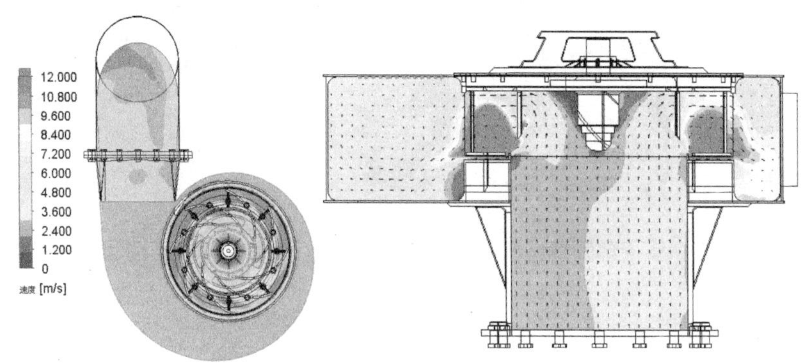

图 6-18 速度切面图

然后查看目标图，选择 dP、扬程、有效功率、轴功率和效率，单击【显示】，可以显示这些目标的结果数值表格，如图 6-19 所示。该水泵扬程为 14.439m，效率约为 64%。

目标名称	单位	数值	平均值	最小值	最大值	进度 [%]	用于收敛	增量	标准
dP	[Pa]	140518.64	141506.69	139000.08	144163.31	0	否	1475.59	
扬程	[m]	14.339	14.439	14.184	14.711	100	是	0.151	0.260
有效功率	[W/m^2]	-28035.4	-28232.6	-28762.6	-27732.4	100	是	294.4	507.9
轴功率	[W/m^2]	45377.2	44039.8	42100.5	45377.2	100	是	521.5	2629.0
效率	[]	-0.6178311	-0.6414958	-0.6826356	-0.6178311	100	是	0.0059051	0.0097037

图 6-19 目标图

通过瞬态浏览器查看和输出水泵叶轮的旋转动态结果。如图 6-20 所示，右击【结果】，选择【瞬态浏览器】选项，绘图区显示瞬态浏览器播放条。单击显示一个切面图，然后在绘图区中单击【播放】▷，如图 6-21 所示，可以查看水泵叶轮旋转的动态效果。

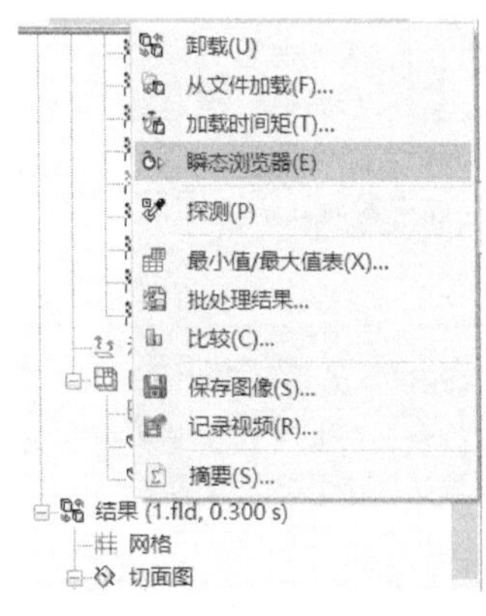

图 6-20 加载瞬态浏览器

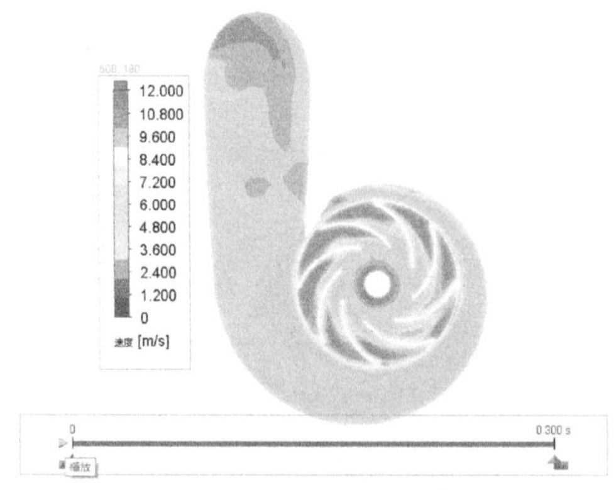

图 6-21 瞬态浏览器播放

6.6　小结与讨论：加快计算收敛的方法

在内流场尤其是包含旋转设备的流场仿真中，会出现计算目标波动或不收敛的情况，那么影响计算收敛的因素有哪些？如果加快计算收敛呢？建议从以下几个方面考虑。

1）设置合理的网格。图 6-22 所示的旋转区域网格中，在叶片尾端和旋转区域边界之间只有半个网格，在旋转区域边界与蜗壳之间的最小距离处也只有半个网格，这种网格分布在旋转区域类型的仿真计算中一般不会容易得到收敛的结果。建议在叶片尾端和旋转区域边界之间至少有 1 个完整的网格，在旋转区域边界与蜗壳之间的最小距离处至少有 1 个完整的网格。

在包含散热翅片产品的传热计算模型中，建议翅片之间至少布置 3 个以上的网格，当然布置 5 个或 5 个以上的网格收敛速度会更好。

均匀一致的网格能帮助达到稳定的求解，可以尝试增加基础网格的数量，关闭细小固体特征细化或弯曲度相关的细化选项。

总的来说，模型中网格过于稀疏也会影响计算收敛的速度，因此需要布置相对合理的网格，同时应考虑计算结果的网格收敛性，即加密网格后计算得到的结果与前面计算得到的结果差异很小。

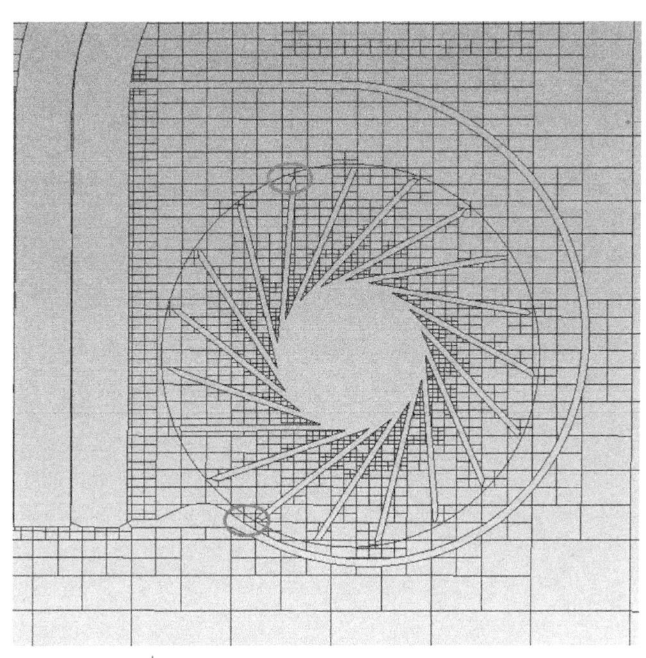

图 6-22　影响收敛的旋转区域网格

2）设置模型的初始条件参数接近结果数值。在共轭传热问题的仿真计算中，为了加快计算收敛速度，在我们对模型的基本判断的基础上，可以设置物体接近计算结果的初始温度。在流体区域中，我们也可以设置接近最终真实结果的初始压力或速度以加快计算收敛速度。

3）延长入口段和出口段的长度。在内流场仿真中，由于入口或出口流体流动的不稳定，有可能导致不收敛，可以通过延长入口或出口段的长度以加快收敛。

4）尽量避免使用压力入口 - 流量出口边界条件。在常规的内流场仿真中，尽量避免使用压力入口 - 流量出口边界条件，使用该边界条件有可能导致计算不收敛或收敛速度慢。当然，在泵或风机类型的仿真中，可能需要采用压力入口 - 流量出口类型边界条件以获得压差。

5）调整瞬态计算时间步长。如果瞬态仿真中计算时间过长，可以在计算控制选项手动设置合理的计算时间步长以加快计算速度和收敛速度。但要注意的是，不合理的时间步长设置有可能得到失真的计算结果。

6）手动停止计算。在计算监控过程中，如果我们发现目标曲线上下波动不大，可以直接手动停止计算过程，而不必完全拘泥于软件的完整计算收敛，这时得到的计算结果也具有参考价值，这种操作在瞬态分析中很常见。

第 7 章 电子设备散热仿真

【学习目标】

1）电子设备散热仿真基本知识。

2）Flow Simulation 电子散热模块。

3）电子散热元件简化模型的设置。

4）CircuitWorks 插件的使用。

7.1 行业知识

7.1.1 芯片封装类型

芯片是电子设备中常见的器件。芯片封装是把芯片制造厂商（Foundry）生产出来的集成电路裸片（Die）放到一块起承载作用的基板上，再把管脚引出来，然后固定包装成为一个整体。它可以起到保护芯片的作用，相当于是芯片的外壳，不仅能固定和密封芯片，还能增强其电热性能。因此，封装对 CPU 和其他 LSI 集成电路而言非常重要。对芯片封装类型的简单认识，有助于我们后续在 Flow Simulation 中定义双热阻组件。

在结构方面，封装从最早期的晶体管 TO（如 TO-89、TO-92）封装发展到了双列直插封装，随后由 PHILIP 公司开发出了 SOP（小外形封装），之后逐渐派生出 SOJ（J 型引脚小外形封装）、TSOP（薄小外形封装）、VSOP（甚小外形封装）、SSOP（缩小型 SOP）、TSSOP（薄的缩小型 SOP）、SOT（小外形晶体管）、SOIC（小外形集成电路）等。

在材料介质方面，封装材料包括金属、陶瓷、塑料。很多高强度工作条件需求的电路，如军工和宇航级别仍有大量的金属封装。

封装的形式有普通双列直插式、普通单列直插式、小型双列扁平、小型四列扁平、圆形金属、体积较大的厚膜电路等。

常见的芯片封装类型如下。

1. 双列直插式封装 DIP（Dual In-Line Package）

DIP 是指采用双列直插形式封装的集成电路芯片。绝大多数中小规模集成电路（IC）均采用这种封装形式，其引脚数一般不超过 100 个。采用 DIP 封装的 IC 有两排引脚，需要插入到具有 DIP 结构的芯片插座上。当然，也可以直接插在有相同焊孔数和几何排列的电路板上进行焊接。

2. 单列直插式封装 SIP（Single In-Line Package）

SIP 封装的引脚从封装的一个侧面引出，排列成一条直线。当装配到印刷基板上时，封装呈侧立状。引脚中心距通常为 2.54mm，引脚数为 2～23，多数为定制产品。

3. 小外形封装 SOP（Small Out-Line Package）

SOP 是一种很常见的表面贴装型封装，引脚从封装两侧引出呈海鸥翼状（L 形），材料有塑料和陶瓷两种。它始于 20 世纪 70 年代末期，之后逐渐派生出 SOJ（J 型引脚小外形封装）、TSOP（薄小外形封装）等。

4. 塑料方型扁平式封装 PQFP（Plastic Quad Flat Package）

PQFP 芯片引脚之间的距离很小，管脚很细，一般大规模或超大规模集成电路都采用这种封装形式，其引脚数一般在 100 个以上，适用于高频线路，一般采用 SMT 技术在 PCB 板上安装。

5. 带缓冲垫的四侧引脚扁平封装 BQFP（Quad Flat Package with Bumper）

它是 QFP 封装之一，在封装本体的四个角设置突起（缓冲垫）以防止引脚在运送过程中发生弯曲变形。

6. 四侧无引脚扁平封装 QFN（Quad Flat Non-Leaded Package）

QFN 是一种无引线四方扁平封装，是具有外设终端垫以及一个用于机械和热量完整性暴露的芯片垫的无铅封装。该封装可为正方形或长方形。封装的四侧配置有电极触点，由于无引脚，贴装占有面积比 QFP 小，高度比 QFP 低。

7. 插针网格阵列封装 PGA（Pin Grid Array Package）

它是插装型封装之一，其底面的垂直引脚呈阵列状排列，一般要通过插座与 PCB 板连接。引脚中心距通常为 2.54mm，引脚数为 64 ~ 447。

8. 球栅阵列封装 BGA（Ball Grid Array Package）

随着集成电路技术的发展，对集成电路的封装要求更加严格。这是因为封装技术关系到产品的功能性，当 IC 的频率超过 100MHz 时，传统封装方式可能会产生所谓的“CrossTalk”现象，而且当 IC 的管脚数大于 208 Pin 时，传统的封装方式比较困难。因此，除了使用 QFP 封装方式外，大多数的高脚数芯片皆转为使用 BGA 封装技术，其底面按阵列方式制作出球形凸点以代替引脚，适应频率超过 100MHz，I/O 引脚数大于 208Pin。它的电热性能好，信号传输延迟小，可靠性高。

9. 塑料有引线芯片载体 PLCC（Plastic Leaded Chip Carrier）

PLCC 是一种带引线的塑料的芯片封装载体。它是表面贴装型的封装形式，引脚从封装的四个侧面引出，呈丁字形，外形尺寸比 DIP 封装小得多。PLCC 封装适合用 SMT 表面安装技术在 PCB 板上安装布线，具有外形尺寸小、可靠性高的优点。

PLCC 为特殊引脚芯片封装，是贴片封装的一种。这种封装的引脚在芯片底部向内弯曲，因此在芯片的俯视图中是看不见芯片引脚的。这种芯片的焊接采用回流焊工艺，需要专用的焊接设备，而且在调试时要取下芯片，现在已经很少用了。

10. 陶瓷有引线芯片载体 CLCC（Ceramic Leaded Chip Carrier）

它是表面贴装型封装之一，引脚从封装的四个侧面引出，呈丁字形。带有窗口的 CLCC 用于封装紫外线擦除型 EPROM 以及带有 EPROM 的微机电路等。此封装也称为 QFJ、QFJ-G。

11. 单列存储器组件 SIMM（Single In-Line Memory Module）

通常是指插入插座的组件。SIMM 是只在印刷基板的一个侧面附近配有电极的存储器组件。

12. 扁平封装 FP（Flat Package）

它是表面贴装型封装之一，QFP 或 SOP（见 QFP 和 SOP）的别称，部分半导体厂家采用此名称。

13. 芯片级封装 CSP（Chip Scale Package）

CSP 封装是最新一代的内存芯片封装技术。CSP 封装可以让芯片面积与封装面积之比超过 1：1.14，这已经相当接近 1：1 的理想情况，绝对尺寸也仅有 32mm^2，约为普通的 BGA 的 1/3，仅仅相当于 TSOP 内存芯片面积的 1/6。与 BGA 封装相比，同等空间下 CSP 封装可以将存储容量提高三倍。

Flow Simulation 的工程数据库中自带的封装形式有 CBGAFC、ChipArray、LQFP、MQFP、PBGAFC、PLCC、QFN、SOP、SSOP、TQFP、TSOP、TSSOP 等，用户可以结合双热阻模型一起使用，也可以自定义包含热阻的双热阻模型来使用。

7.1.2　电子行业散热仿真

电子设备的散热仿真按照规模和分析关注点的不同通常分为**芯片级**、**板卡级**和**系统级**三个层面。**芯片级**涉及芯片封装的热分析（图 7-1），**板卡级**主要是对 PCB 板的热设计和散热模块的设计优化（图 7-2），**系统级**则主要包含电子设备中风扇等散热器件的选型、机箱或机柜等散热方案的选择和优化等（图 7-3）。系统级散热更偏向于宏观尺度，而板卡级和芯片级则需要包含更多局部细节，如电路板每层的走线、封装、管脚、局部热阻等。在系统级或板卡级散热仿真中，往往把单个芯片当作“黑盒”，用块或热阻模型来代替。然而实际上，芯片内部结构复杂，尤其是 MCM、SIP 等产品，各处温度及发热量差别很大。芯片级散热仿真可以利用热仿真工具对芯片内部结构详细建模，从而分析其热特性，准确了解芯片内部的温度分布。

图 7-1　芯片级

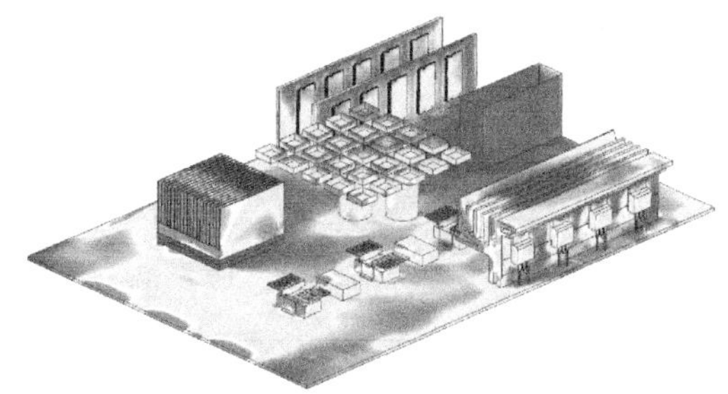

图 7-2　板卡级

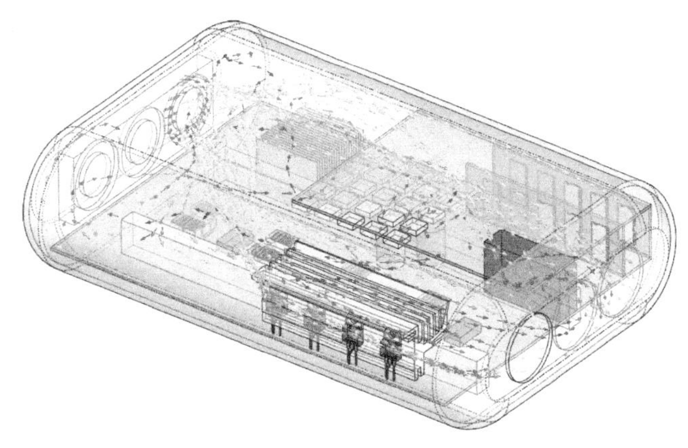

图 7-3　系统级

7.2 电子冷却模块

电子冷却（Electronic Cooling）模块是 Flow Simulation 中的一个附加模块。它基于 Flow Simulation 来使用，包含一些电子行业特有的元件简化模型和模型库，如热导管模型、双热阻模型、热电冷却器模型、印刷电路板模型、焦耳热功能和相应的电子行业工程数据库等。

在包含电子冷却模块的 Flow Simulation 的预定义的工程数据库中，会多出双热阻组件和印刷电路板两类库，固体材料中会增加层压材料、集成电路封装和陶瓷材料库，风扇中的轴流风扇的模型种类也会增加很多。此外，在电子冷却模块中的工程数据库中，热电冷却器库和接触热阻中的导热界面材料库也会增加更多的与电子设备相关的模型。关于这些模型的具体介绍，请参考第 2 章相关内容。

7.3 模型描述

图 7-4 所示是一个计算机主机模型，包含外壳、电路板、CPU、散热器、内存插槽、风扇等。散热设计技术要求为 CPU 温度不超过 80℃，北桥芯片温度不超过 85℃，南桥芯片温度不超过 95℃。

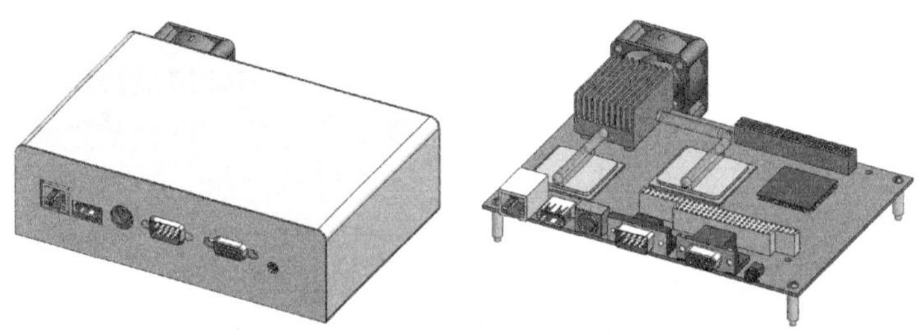

图 7-4　原始 CAD 模型（外壳与内部）

诚如第 3 章 3.5 节的探讨，原始的 CAD 模型不一定能直接拿来做 CFD 仿真，通常需要等效或者简化。为了便于仿真和减少计算量，我们做如下简化。

1）将原始 CAD 模型中的实体风扇做简化处理，用风扇模型来代替。

2）将原始 CAD 模型中的几块多孔板实体做简化处理，用多孔板模型来代替。

3）将原始 CAD 模型中的包含焊脚的芯片、包含孔洞的插槽等用块状实体来代替。

4）原始 CAD 模型中的热管、PCB、芯片封装等均用 Flow Simulation 相应的元件简化模型来代替。

简化后，我们得到如图 7-5 所示的用于 CFD 仿真的模型。

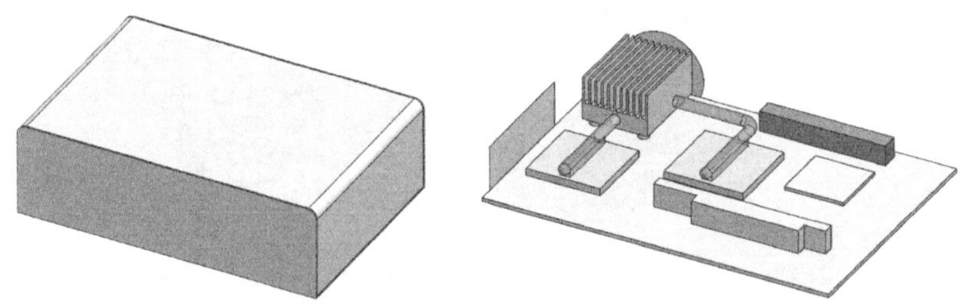

图 7-5　用于 CFD 仿真的模型（外壳与内部）

7.4　模型设置

步骤 1 向导设置

按表 7-1 中内容进行向导设置。

表 7-1　向导设置内容

设置项目	设置内容
配置名称	Simulation Model
项目名称	散热仿真
单位系统	国际单位制 SI，温度单位由 K 改为℃
分析类型	选择【内部】类型，单击【排除不具备流动条件的腔】复选框，单击【固体内热传导】复选框，单击【重力】复选框，设置 Y 方向分量为 -9.81m/s^2
默认流体	空气（气体）
默认固体	钢（软钢）（预定义 / 合金）
壁面条件	【默认壁面热条件】为【热交换系数】，数值为 5.5W/（$\text{m}^2\cdot\text{K}$）;【外部流体温度】为 20.05℃；【粗糙度】为默认的 0μm
初始条件	默认设置

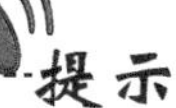

提示

作为散热仿真来讲，此模型应该设置为包含主机周围空气的外流场仿真类型，但是由于我们将模型设置为内流场，所以壁面条件处应设置主机外壳与周围空气环境的热交换系数。通常固体与空气的热交换系数（表面传热系数）为 5～50 W/（$\text{m}^2\cdot\text{K}$）。热交换系数的大小主要取决于环境空气的流动情况，在空气流动缓慢的情况下热交换系数很小。本例中采用 5.5 W/（$\text{m}^2\cdot\text{K}$）的热交换系数，意味着对此模型的 CFD 仿真来讲是比较恶劣的换热环境。

如果模型在这样的环境下能满足热设计要求，那么实际模型的最高温度应该比 CFD 计算得到的最高温度低，这是一种保守的合理设计。

步骤 2 固体材料设置

创建散热器固体材料。右击【固体材料】，选择【插入固体材料】选项，选择散热器实体【heatsink】，在【固体】栏中依次选择【金属】→【铜】选项，单击【确定】✓退出。

创建其他固体材料。按照上述方式对其他部件赋予材料属性，见表 7-2。

表 7-2　材料属性

部件名称	材料与选择路径
epic pcb-1	固体→预定义→各向异性→ PCB 8 层
sodimm connector-1 pc104 pci connector-1 pc104 isa connector-1	固体→预定义→集成电路封装→典型连接器
inlet lid-1 inlet lid 2-1 outlet lid-1	固体→预定义→玻璃和矿物质→绝缘体

步骤 3 PCB 板设置

单击命令管理器区【Flow Simulation】→【工程数据库】，单击展开【印刷电路板】左侧的⊞图标，右击【用户定义】，选择【新建项目】选项，输入如图 7-6 所示的电路板参数。单击【导电层】右侧的…图标，输入如图 7-7 所示的每层导电层厚度和每层对应的导体材料的体积百分比（覆盖百分比）。

单击命令管理器区【Flow Simulation】→【条件】→【印刷电路板】，或选择菜单中的【工具】→【Flow Simulation】→【插入】→【印刷电路板】选项，或在 Flow Simulation 分析树中右击【印刷电路板】，选择【插入印刷电路板】选项。单击选择刚才创建的名称为【4s2p PCB】的材料，单击【确定】✓退出当前对话框。

提示

如果分析树中没有显示【印刷电路板】，可以右击项目名称【Simulation Model】，选择【自定义树】→【印刷电路板】选项将它显示出来。

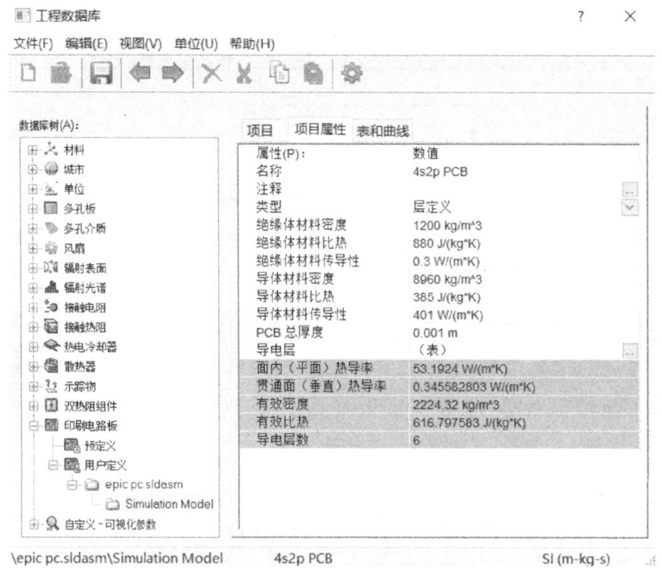

图 7-6 新建印刷电路板材料

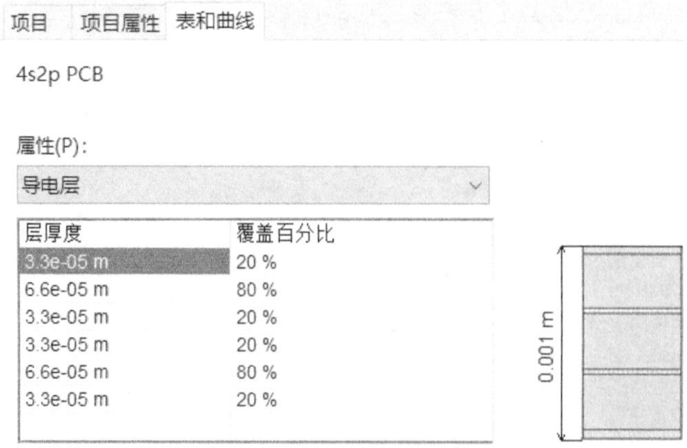

项目 项目属性 表和曲线

4s2p PCB

属性(P):

导电层

层厚度	覆盖百分比
3.3e-05 m	20 %
6.6e-05 m	80 %
3.3e-05 m	20 %
3.3e-05 m	20 %
6.6e-05 m	80 %
3.3e-05 m	20 %

0.001 m

图 7-7 导电层参数

步骤 4 边界条件设置

在侧面和底面两个多孔板处设置环境压力边界条件，接受默认的压力和温度值，如图 7-8 所示。将两个环境压力边界条件命名为【Environment Pressure 1】和【Environment Pressure 2】。

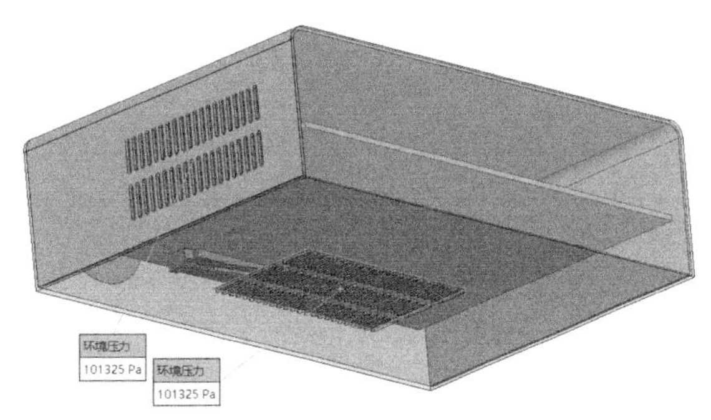

图 7-8　环境压力边界条件

步骤 5 风扇设置

右击分析树中的【风扇】，选择【插入风扇】选项，进入风扇设置对话框。在 outlet lid-1 的内侧表面定义外部出口风扇，注意【参考轴】选择【X】。在【风扇】栏中选择【预定义】→【轴流风扇】→【Papst 412】选项，如图 7-9 所示。单击【确定】✓退出当前对话框。该风扇名称改为【External Outlet Fan 1】。

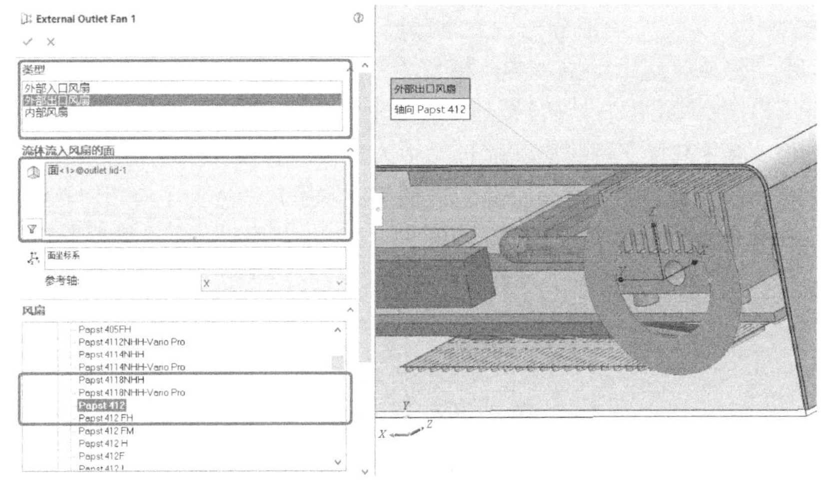

图 7-9　风扇设置

步骤 6 多孔板设置

首先创建多孔板的模型。按照步骤 3 的方式，打开【工程数据库】，右击【多孔板】下的【用户定义】，选择【新建项目】选项，创建如图 7-10 所示的两个多孔板模型，名称分别为【Tutorial rectangular holes】和【Tutorial round holes】。

单击步骤 4 创建的【Environment Pressure 1】边界条件，这时绘图区模型中对应的几何面会高亮显示。右击【多孔板】，选择【插入多孔板】选项，进入【多孔板】对话框，选择刚才创建的名称为【Tutorial rectangular holes】的多孔板模型。单击【确定】✓退出。

单击步骤 4 创建的【Environment Pressure 2】边界条件，同样应用名称为【Tutorial rectangular holes】的多孔板模型。

单击步骤 5 创建的【External Outlet Fan 1】风扇，按上述操作应用名称为【Tutorial round holes】的多孔板模型。

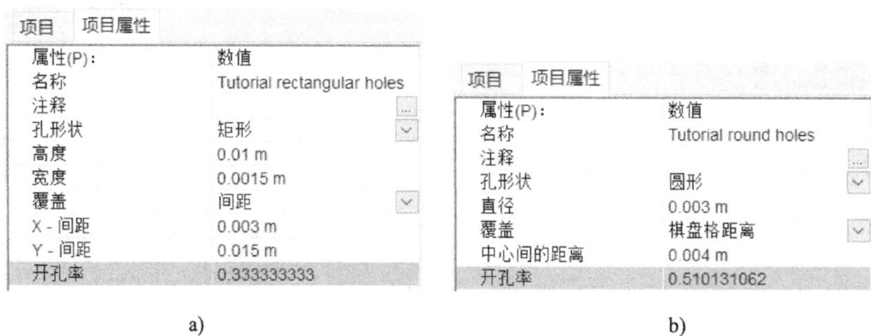

图 7-10　多孔板模型参数

> 注意：多孔板模型必须创建在有环境压力边界条件或外部风扇模型的面上，如果选择其他无关的面将无法创建多孔板模型。

步骤 7 双热阻组件设置

在这个模型中，共有 7 个部分包含 IC 封装，分别是 CPU、南桥芯片、北桥芯片和 4 个 RAM 芯片。我们将分别对它们设置双热阻模型。

首先创建 CPU 双热阻组件。从分析树中右击【双热阻组件】，选择【插入双热阻组件】选项，进入对话框。在【选择】栏的【顶面】中选择零件【cpu chip】的与空气接触的上表面，系统将选定的表面视为壳节点，并且会将对应的组件实体自动选为【应用双热阻的组件】。在【组件】栏中选择【预定义】→【PBGAFC_35 × 35mm】选项，在【热源】栏中输入热功耗【12W】，接受默认的【显示的温度】设置，如图 7-11 所示。单击【确定】退出当前对话框。

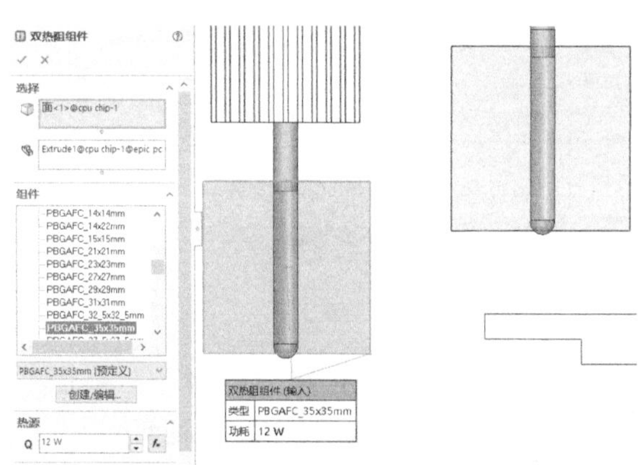

图 7-11　CPU 双热阻组件设置

> 注意：选定“顶面”作为壳节点以后，相应组件的“底面”将自动选定为板节点。需要注意的是“顶面”（上表面）与“底面”（下表面）必须平行。如果选择了多个组件，组件之间必须是连接在一起的。

按上述类似步骤完成其他 6 个双热阻组件的设置。双热阻组件实体名称、模型和热功耗见

表 7-3。RAM 芯片双热阻组件的位置如图 7-12 所示。

表 7-3　双热阻组件实体名称、模型和热功耗

实体名称	双热阻模型	热功耗 /W
northbridge chip	PBGAFC_37_5 × 37_5mm	4.3
southbridge chip	LQFP_256_28 × 28mm	2.5
Ram chip-1 Ram chip-3 Ram chip-4 Ram chip-5	TSOP_C_10_16 × 22_22	1.0

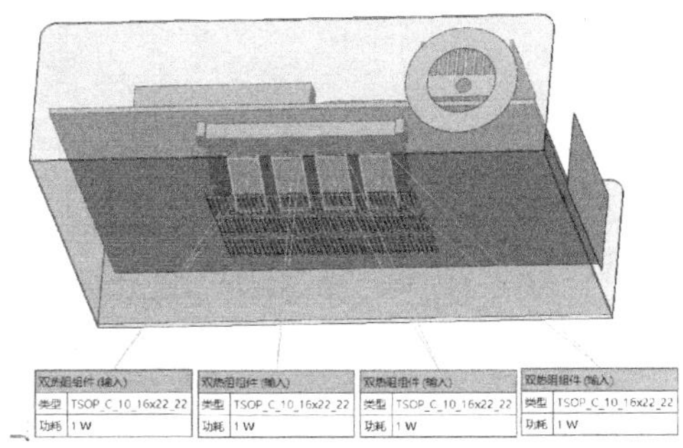

图 7-12　RAM 芯片双热阻组件的位置

步骤 8 热导管设置

模型中有两个热导管，其中一个热导管的一端与 CPU 连接，另一端接散热器；另一个热导管的一端与北桥芯片连接，另一端接散热器。显然，热量从芯片进入热导管，通过热导管传递到散热器。我们分别对这两个热导管进行热导管模型设置。

右击分析树中的【热导管】，单击【插入热导管】选项，进入【热导管】对话框，如图 7-13 所示，进行相应的组件和面的选择，【有效热阻】设为“0.3K/W”。单击【确定】✓退出对话框。

按上述操作对另一个热导管进行热导管模型设置，如图 7-14 所示，【有效热阻】也设为“0.3K/W”。

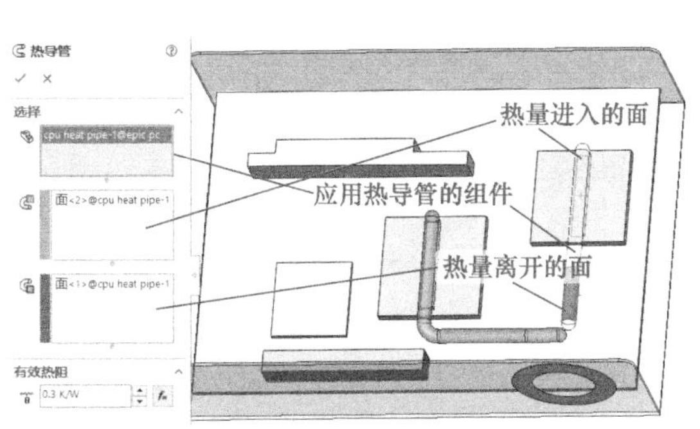

图 7-13　第 1 个热导管设置

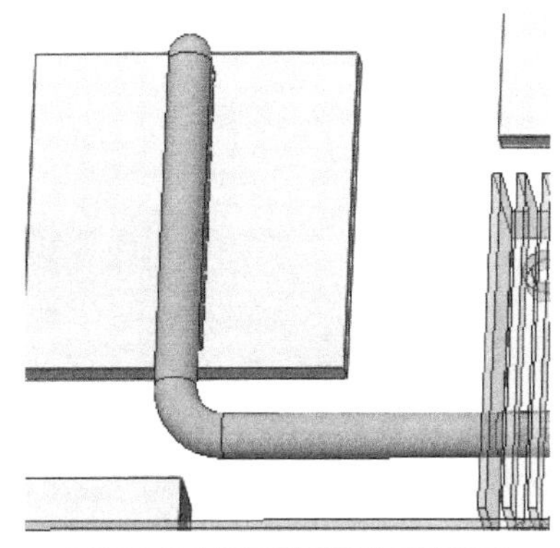

图 7-14　第 2 个热导管设置

注意：热导管模型中的有效热阻是指热导管与其中流体媒介的热阻值。热导管内部主要靠工作液体的气、液相变传热，热阻值很小，它仅应用于进入热量的面。

步骤 9 接触热阻设置

热导管与芯片之间涂有导热胶，我们首先创建两个热导管与两个芯片接触面之间的热阻。右击分析树中的【接触热阻】，选择【插入接触热阻】选项，进入对话框，如图 7-15 所示。在【选择】栏中选择应用接触热阻的面，在【类型】栏中选择【热阻】选项，在【热阻】栏中选择【预定义】→【界面材料】→【Bergquist】→【Bond-Ply】→【Bond-Ply 660@10psi】选项，这是 Bergquist 公司的一种导热胶材料。

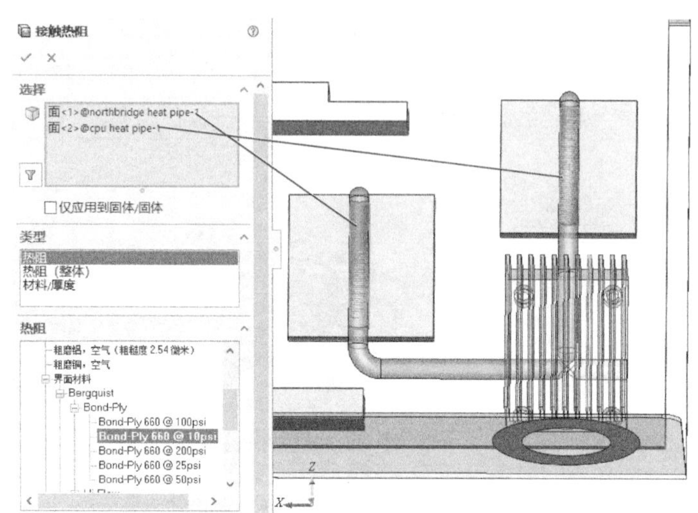

图 7-15 热导管的接触热阻设置

由于热导管的传热效率非常高，热阻值非常小，为了简化计算，我们假设热导管与周围空气之间没有换热，定义热导管与空气的接触面的热阻为无限热阻，如图 7-16 所示。

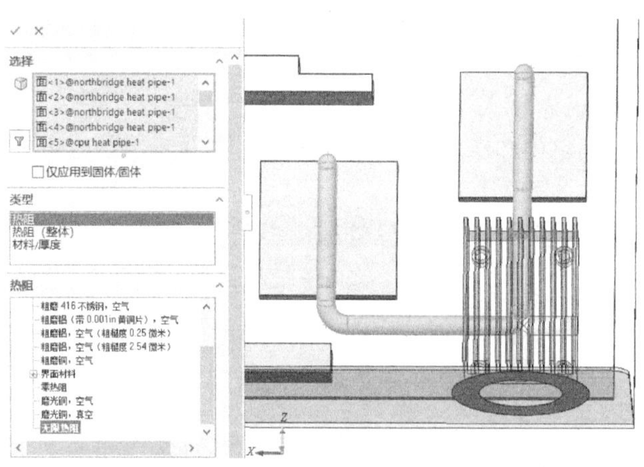

图 7-16 热导管的无限热阻设置

步骤 10 目标设置

设置我们比较关心的 CPU、南桥芯片、北桥芯片的平均温度和最大温度的体积目标。

设置多孔板平面和风扇平面的质量流量的表面目标。

设置风扇平面的静压、总压、温度、体积流量的表面目标。

设置流体的最大温度的全局目标。

步骤 11 网格设置

如图 7-17 所示，采用手动方式设置全局网格，其中 *X*、*Y*、*Z* 方向的基础网格数量分别为“40”“15”“30”，不选择【细化网格】复选框。将【通道】中的【跨通道网格特征数】设为“5”,【最大通道细化级别】设为“1”。【高级细化】按图 7-17 所示设置。

因散热器有翅片，需设置局部网格对散热器“heatsink”进行局部细化，如图 7-18 所示。将【通道】中的【跨通道网格特征数】设为“4”,【最大通道细化级别】设为“4”。

图 7-17　全局网格设置

图 7-18　局部网格设置

步骤 12 提交计算

在提交计算之前可以先对网格进行划分，查看网格划分结果是否合理。如果网格划分结果不理想，可以重新设置参数再提交计算。散热器切面整体网格和局部网格如图 7-19 和图 7-20 所示。散热器局部网格显示，散热翅片之间的通道都有 4 个以上的网格。

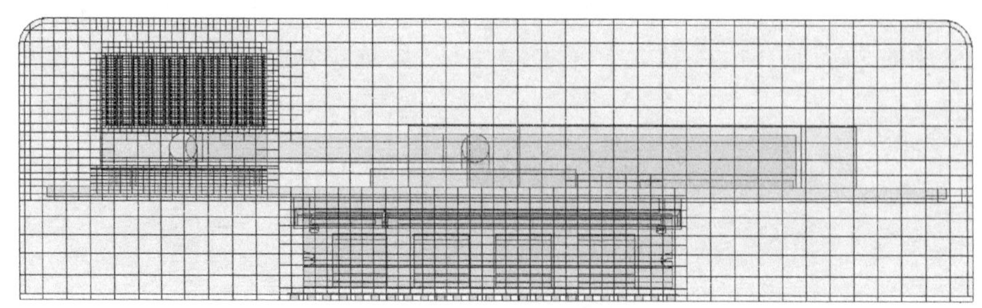

图 7-19　散热器切面整体网格

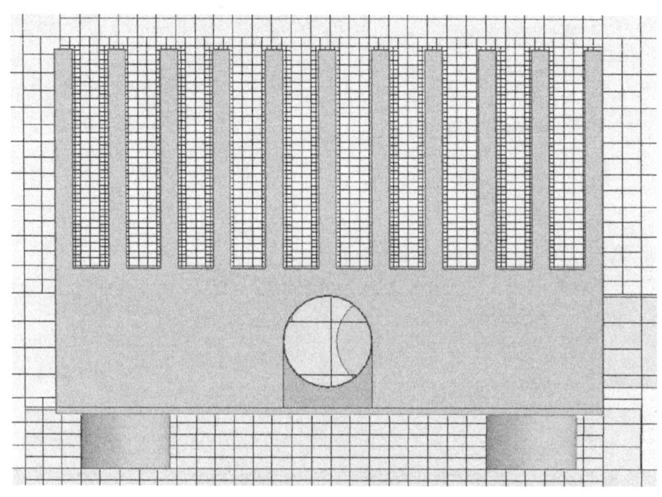

图 7-20　散热器局部网格

7.5　后处理与结果解读

首先查看芯片封装处的温度。在结果中显示【目标图】，选择 CPU 和南北桥芯片的温度目标图。如图 7-21 所示，CPU 最大温度为 80.25℃，显然已经超过允许的最高温度 80℃，应该重新对整个系统的散热进行设计调整。南桥芯片和北桥芯片的最高温度均没有超过设计允许的最大值。

摘要

目标名称	单位	数值	平均值	最小值	最大值	进度 [%]	用于收敛	增量	标准
CPU - VG Max Temperature (Solid)	[°C]	80.24	80.23	80.18	80.25	100	是	0.08	0.89
Chipset - Northbridge - VG Max Temperature (Solid)	[°C]	56.15	56.13	56.04	56.15	100	是	0.11	0.78
Chipset - Southbridge - VG Max Temperature (Solid)	[°C]	86.40	86.34	86.22	86.45	100	是	0.22	1.03
Heatsink - VG Max Temperature (Solid)	[°C]	47.75	47.73	47.63	47.75	100	是	0.12	0.83

图 7-21　芯片封装温度目标图

然后查看实体表面温度场分布。在结果中显示【表面图】，选择芯片封装、散热器、热导管等实体或部件，显示表面的温度场分布，如图 7-22 所示。

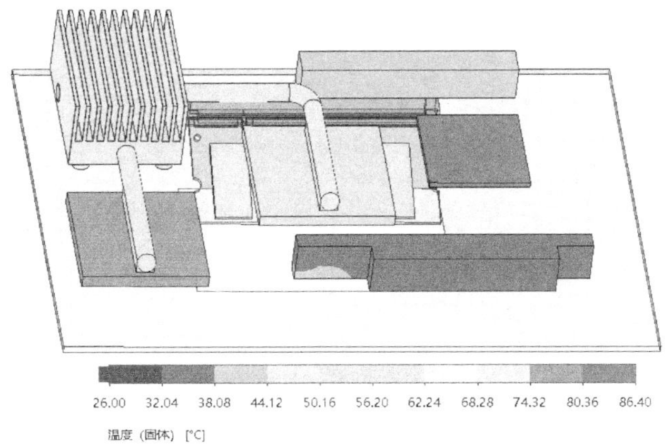

图 7-22 实体表面温度场分布

接着查看切面图并查询局部温度。在结果中显示【切面图】，如图 7-23 所示，单击选择【Front plane】并拖动绘图区中该平面的箭头进行位置放置，在【显示】栏中单击【等高线】和【矢量】，在【等高线】栏中选择【温度】选项，设置级别数为【20】。在【矢量】栏中选择【动态矢量】，这样可以随着切面图的缩放动态显示矢量。切面图显示以后，可以将鼠标放在刻度标尺上，当出现图标时右击，选择【使水平】选项，可以将刻度标尺以水平形式显示在绘图区底部，如图 7-24 所示。右击【结果】，选择【探测】选项，在切面图中单击任意位置点即可显示温度结果。温度切面图如图 7-25 和图 7-26 所示。通过矢量图，我们可以观察空气在系统中的流动方向，还可以观察在哪些部位会形成气流漩涡。

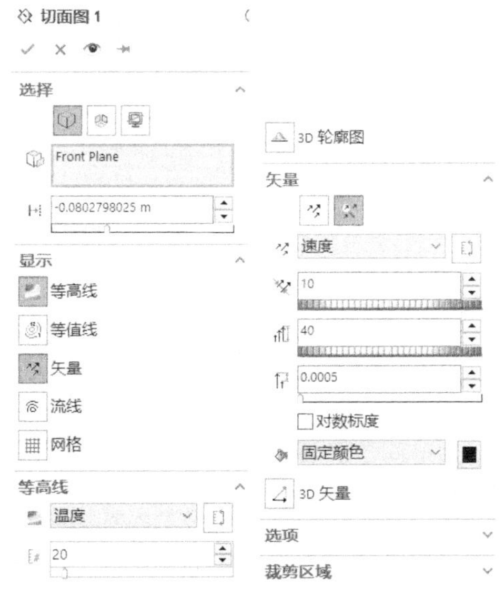

图 7-23 切面图设置

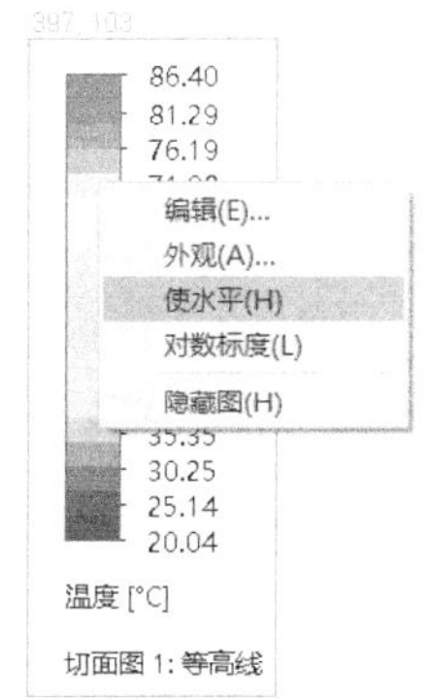

图 7-24 切面图刻度标尺位置设置

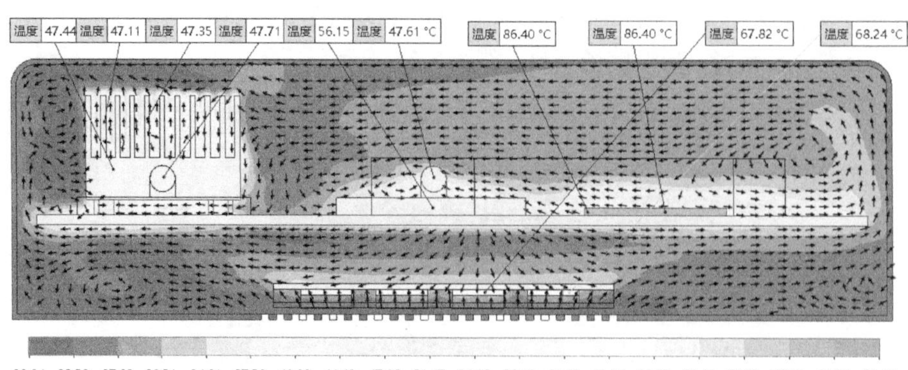

图 7-25　温度切面图 1

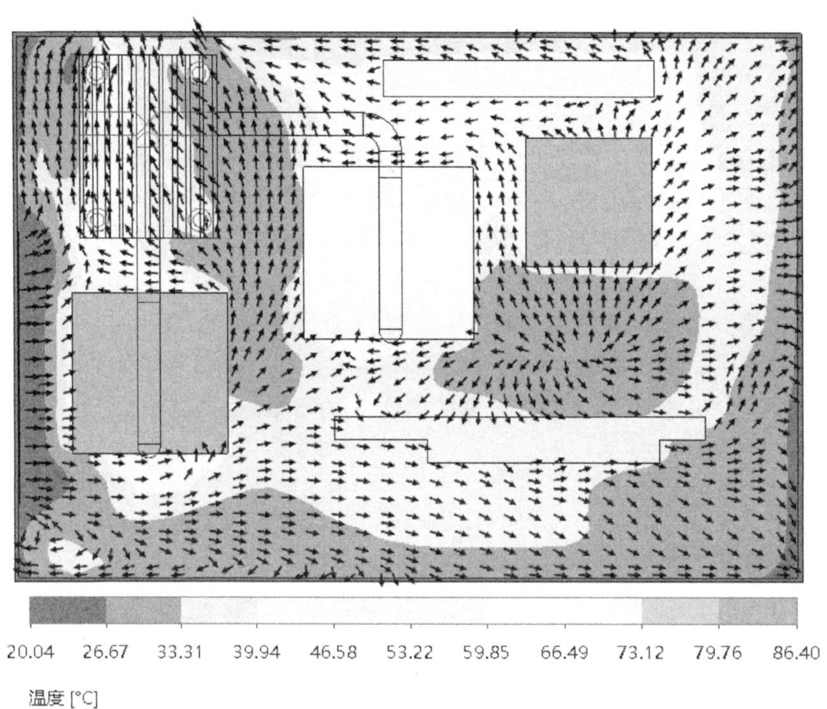

图 7-26　温度切面图 2

技巧：

用户在表面图中进行选择时，不一定要全部选择面。当需要选择一个部件或者实体的全部表面时，可以通过 SOLIDWORKS 设计树或者通过过滤器工具直接选择这个部件或者实体，从而减少选择多个表面的时间。可以右击命令管理器区，选择【工具栏】→【选择过滤器】选项，过滤器工具会自动加载到 SOLIDWORKS 界面底端。

当需要选择模型的所有表面时，可以单击【使用所有面】复选框，而不用选择任何实体或表面。

7.6　CircuitWorks

CircuitWorks 是 SOLIDWORKS Professional 或 Premium 中的一个插件，可以导入 ECAD（电子计算机辅助设计）系统的文件格式来创建 3D 实体模型，减少仿真工程师重新建立用于 CFD 仿真的三维模型的时间。利用 CircuitWorks，电子工程师和机械工程师可以合作设计适用于 SOLIDWORKS 装配体的印刷电路板（PCB）。

CircuitWorks 支持行业标准的中间数据格式 .idf，这种数据格式广泛用在 ECAD 系统中，用于 PCB 设计。CircuitWorks 还支持来自 PowerPCB 的 PADS ASCII 文件格式以及 Mentor Graphics 和 ProStep EDMD 使用的 ProStep EDMD 协作格式。

下面我们将通过一个实例来了解如何使用 CircuitWorks 插件。

步骤 1 加载 CircuitWorks 插件

如图 7-27 所示，打开任意 SOLIDWORKS 模型，在命令管理器区选择【SOLIDWORKS 插件】→【CircuitWorks】加载插件。加载后的 CircuitWorks 插件如图 7-28 所示。

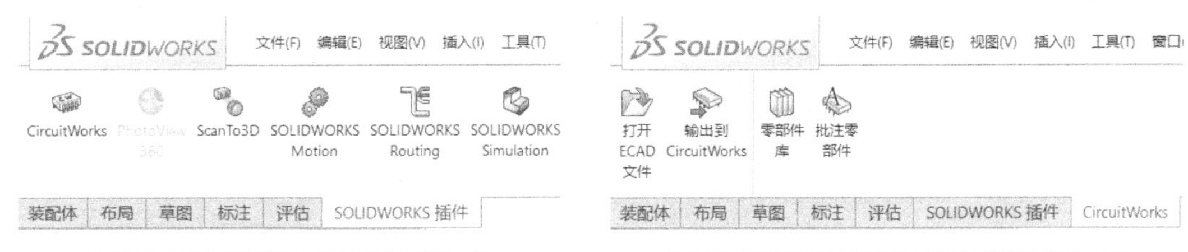

图 7-27　加载 CircuitWorks 插件　　图 7-28　加载后的 CircuitWorks 插件

步骤 2 打开 ECAD 文件

单击【打开 ECAD 文件】，如果是第一次加载 CircuitWorks 插件，系统会弹出设置向导对话框，如图 7-29 所示，单击【否】按钮。选择需要导入的“complex board.idf”文件，单击【打开】按钮。

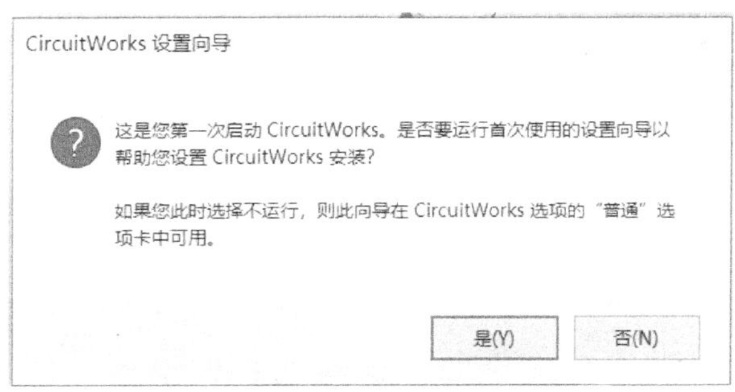

图 7-29　CircuitWorks 设置向导

步骤 3 检查 ECAD 模型

idf 文件打开以后，进入如图 7-30 所示的 CircuitWorks 操作界面。我们可以在操作界面上方的命令管理器区单击【零部件】、【电镀孔】等进行过滤操作，还可以在左侧树形菜单上单击任意特征来定位该特征在图中的位置。

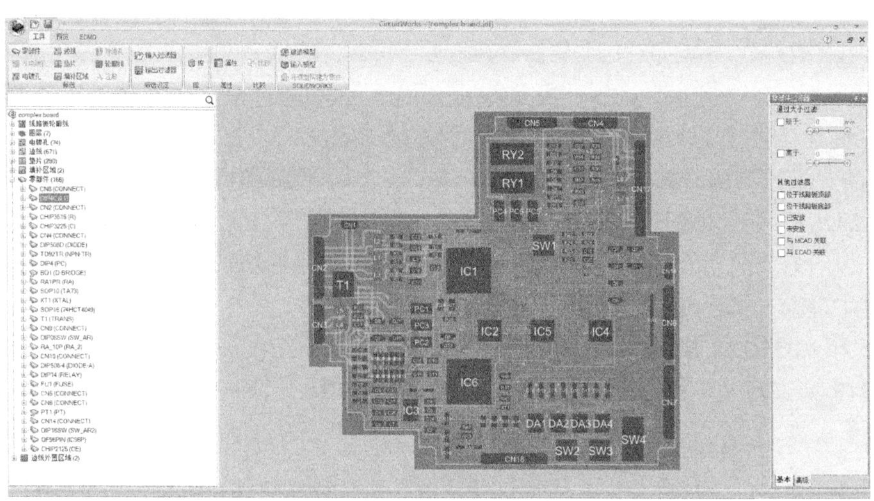

图 7-30　CircuitWorks 操作界面

步骤 4 建造 3D 模型

单击命令管理器区中的【建造模型】，弹出对话框显示“装配体在 SOLIDWORKS 中打开。您想列举装配体和当前在 CircuitWorks 中打开的 ECAD 文件之间的区别吗？”，单击【否】按钮，单击【建造】按钮，CircuitWorks 开始建造 3D 模型，这可能需要几分钟时间。

步骤 5 显示 3D 模型

建模完成以后，可以进入 SOLIDWORKS 界面查看模型，如图 7-31 所示。在左侧的设计树中，我们可以发现零部件均已按照 idf 文件的内容进行命名，并且包含 SOLIDWORKS 的建模特征。观察该 3D 模型可以发现，电路板中进行了分层实体建模，并且包含了详细的 Trace 走线。其他 IC 封装等基本以从草图拉伸的方式建模得到块状实体。基于此实体，我们可以进行后续 CFD 仿真模拟。

如果对当前 3D 模型进行了局部修改，还可以单击【输出到 CircuitWorks】，将修改后的 3D 模型导回 CircuitWorks。

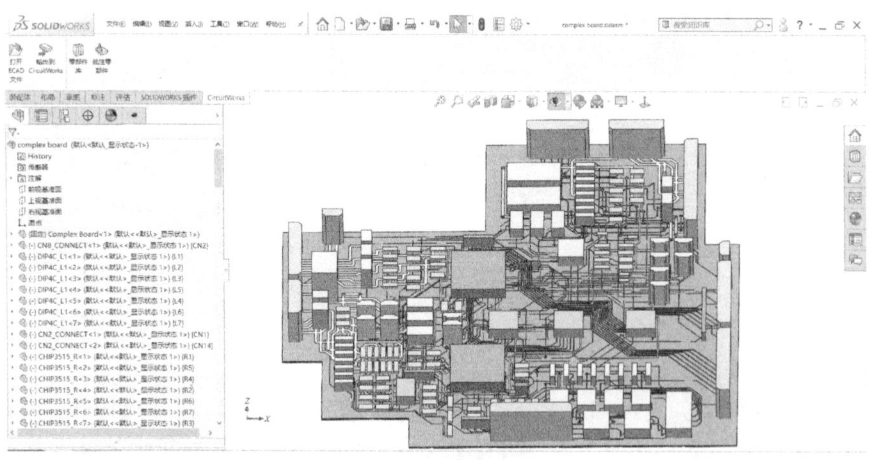

图 7-31　3D 模型结果

7.7　小结与讨论：内流场与外流场的选择

笼统来说，任何一个模型都可以用外流场来进行仿真，因为基本上任何一个物体的周围都会有空气等流体存在。为了减少计算量，很多模型可以很直接地用内流场来模拟。对于第 3 章阀门或第 4 章汽车的仿真问题，我们很容易选择流场类型，但对于那些既可以用内流场也可以用外流场的 CFD 仿真问题，我们有时候似乎需要做出必要的选择。我们做如下讨论。

1）包含电子设备外壳的散热仿真问题，常规情况下应该用包含周围环境流体的外流场仿真，尤其是在自然对流情况下。

2）在强制对流散热的情况下，对于包含电子设备外壳的散热仿真问题，由于强制对流散热占绝大多数，因此可以用设置壁面换热参数的内流场模型进行仿真，以减少计算量。

3）有些很明显的内流场仿真问题，可能存在与周围环境的换热，这时候应该采用外流场仿真，如内部流通液体的阀门在一个高温的环境中使用，考虑阀门的整体温度的问题。

4）有些应该采用内流场仿真的模型，可能无法确定出口环境压力等参数，可以尝试采用外流场仿真。

第 8 章

8

电感线圈焦耳热仿真

【学习目标】

1）焦耳热的含义与使用。
2）离散传递模型。
3）辐射表面的设置。
4）等值面的使用。

8.1 模型描述

图 8-1 所示为电感线圈模型，内部是绝缘体，外部是缠绕的铜材质线圈，线圈表面经过绝缘处理。电感线圈利用电磁感应的原理进行工作。当有电流流过缠绕的导线时，就会在导线的周围产生一定的电磁场，而这个电磁场本身又会对处在这个电磁场范围内的导线产生感应作用。本实例主要考虑由于导线电阻的存在，在额定工作电流的作用下线圈的发热情况。如果温度过高会使电感器性能参数发生改变，甚至还会因过电流而烧毁。

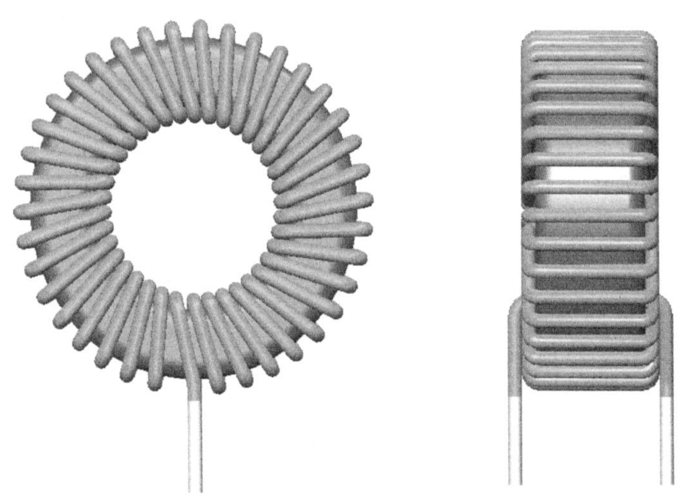

图 8-1 电感线圈模型

8.2 模型设置

步骤 1 向导设置

该 CFD 仿真模型是一个外流场问题，按表 8-1 中内容进行向导设置。

表 8-1　向导设置内容

设置项目	设置内容
配置名称	电感线圈
项目名称	焦耳热仿真
单位系统	国际单位制 SI，温度单位由 K 改为℃
分析类型	选择【外部】类型，单击【固体内热传导】复选框，单击【辐射】复选框，【辐射模型】为【离散传递】，【环境温度】为 20℃。单击【重力】复选框，设置 Y 方向分量为 -9.81m/s^2
默认流体	空气（气体）
默认固体	尼龙 -6（预定义 \ 聚合物）
壁面条件	【默认壁面辐射表面】为【无辐射表面】，【粗糙度】为默认的 0μm
初始条件	【压力】默认设置，【温度】为 20℃，【初始固体温度】为 20℃

知识点：

离散传递模型起源于通量模型，但也表现出霍特尔区和蒙特卡罗技术的特征。在特定立体角范围内，离开表面元素的辐射可以近似地用单一射线来表示。辐射热量仅沿着从辐射表面发散出来的一系列射线传递。先在参与热辐射的表面上建立节点，再分析以此节点为中心的半球，将半球分成规定数量的立体角，然后当光线穿过流体和透明固体时，便沿此方向对其进行跟踪，直到它投射到另一个辐射表面上为止。这种方法通常称为光线跟踪，可以采用此方法计算定义某个辐射表面所发出总辐射能量中被其他辐射表面截取的辐射能量所占比例的交换系数（此数量是角系数的离散模拟量）。此类计算在求解器的初始阶段进行，以便为每次迭代时求解的线性方程组构成系数矩阵。所跟踪光线的数量和排列决定了计算从一个辐射表面到另一个辐射表面的辐射热的精确度。

在以下情况下建议使用此模型：高温梯度或辐射源集中的产品（即高功率热源，如白炽灯、火炉、烤箱或其他温度高于 1000K 的热源）、聚焦灯等。该模型不允许模拟吸收或波谱相关性。

步骤 2 调整计算域

默认的流体计算域如图 8-2 所示，显然考虑重力方向以后，竖直方向流体计算域长度不够，我们将计算域进行调整，如图 8-3 所示。

提示

可以按照图 2-10 所示的建议范围调整计算域大小。

步骤 3 设置固体材料

在向导设置的默认固体设置中，我们已经设置了内部骨架的材料为“尼龙 -6”聚合物材料，这种材料是绝缘体，其材料参数如图 8-4 所示，包含换热计算所需要的密度、比热、热导率等参数。我们将对线圈设置固体材料。

右击【固体材料】，选择【插入固体材料】选项，进入【固体材料】对话框。在【选择】栏中选择【SW34F1_spule-1】部件实体，在【固体】栏中选择【预定义】→【金属】→【铜】选项，【辐射透明度】栏中接受默认的【不透明】选项，如图 8-5 所示。

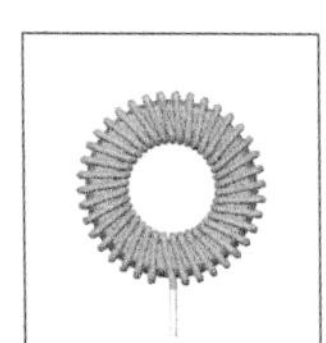

图 8-2　默认的流体计算域

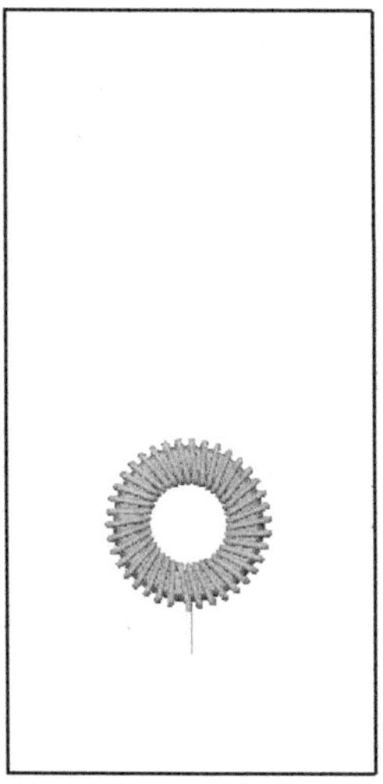

图 8-3　调整的流体计算域

项目　项目属性　表和曲线

属性(P)：	数值
名称	尼龙-6
注释	
密度	1120 kg/m^3
比热	1620 J/(kg*K)
传导类型	各向同性
热导率	0.286 W/(m*K)
电导率	绝缘体
辐射属性	☐
熔点温度	☑
温度	492.15 K

图 8-4　骨架材料参数

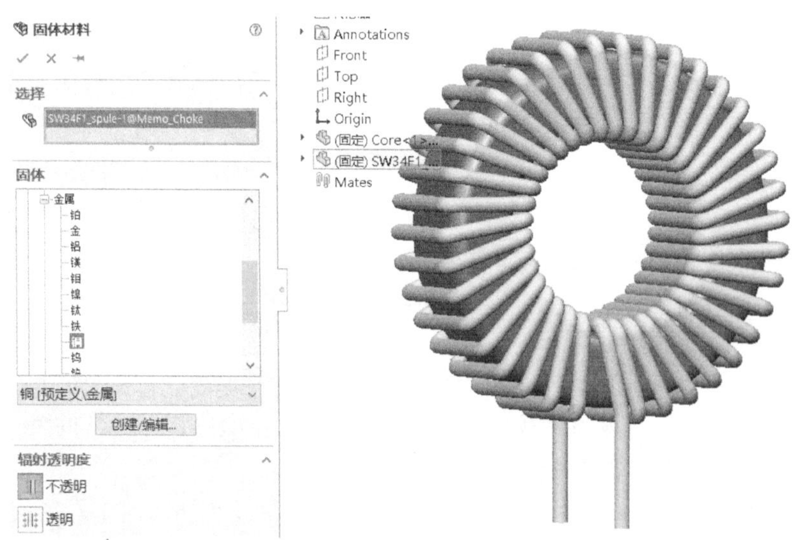

图 8-5　线圈固体材料

步骤 4 设置辐射表面

本模型中内部骨架为黑色尼龙聚合物材料，考虑到线圈整体温度可能会较高，因此我们需要设置骨架和线圈的辐射表面。

右击【辐射表面】，选择【插入辐射表面】选项，进入【辐射表面】对话框。在【选择】栏中选择 SOLIDWORKS 设计树中骨架零部件【Core】，在【类型】栏中选择【预定义】→【黑体壁面】选项，单击【确定】✓退出对话框。

按上述相同操作，在【辐射表面】对话框的【选择】栏中选择线圈零部件【SW34F1_spule-1】，在【类型】栏中选择【预定义】→【真正的表面】→【氧化铜】选项，单击【确定】✓退出对话框。

步骤 5 设置电气条件

电气条件是指条件电流的流入和流出的边界条件，这与流体的入口和出口边界条件非常类似，我们可以选择相应的几何表面设置电流流入端和流出端的电压、电流值，同时可以对相应的表面设置接触电阻。

如图 8-6 所示，电流电气条件设置时需要在【选择】栏中单独选择电流流入或流出的表面，然后在【数值】栏中设置电流是流入还是流出，并输入对应的电流值。

如图 8-7 所示，电压电气条件的设置比较简单，不需要设置是流入端或流出端的电压，选择相应的几何表面并设置电压值即可。

> 注意：电流流入端和流出端的电气条件组合可以采用电压 - 电压、电压 - 电流、电流 - 电压、电流 - 电流，这与流体的入口和出口边界条件相似但又略有不同。

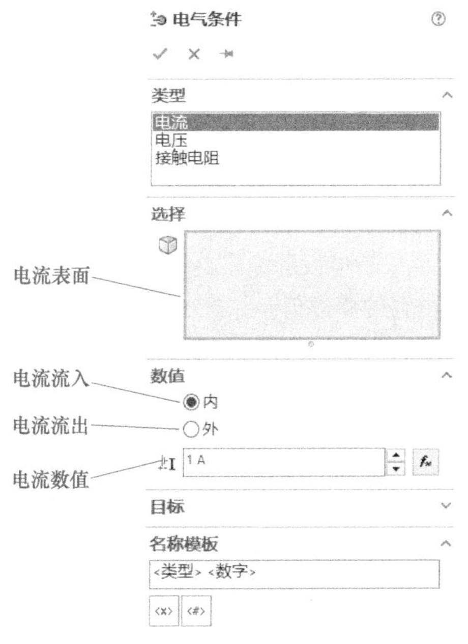

图 8-6　电气条件—电流

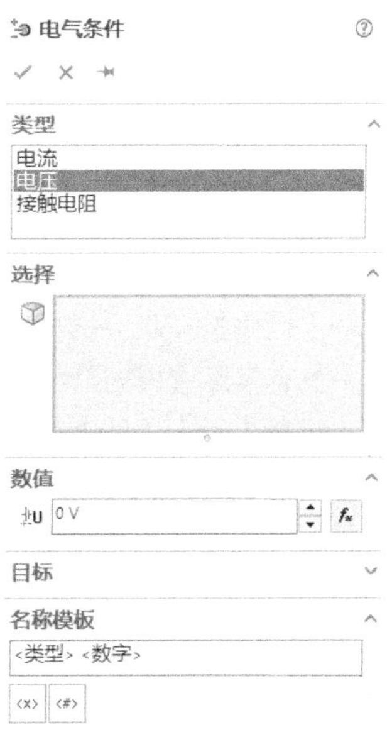

图 8-7　电气条件—电压

如图 8-8 所示，当我们需要在某个表面设置接触电阻时，可以选择使用【电阻】或【材料/厚度】两种方式。当【数值】栏中设置为【电阻】时，工程数据库中已经预定义有【零电阻】和【无限电阻】两种类型。如果需要设置这两种类型以外的电阻值，需要用户自定义来设置电阻值。单击【电气条件】对话框下面的【创建/编辑】，进入【工程数据库】对话框，在【工程数据库】对话框左侧数据库树中单击【接触电阻】→【用户定义】，在右侧【项目】选项卡中右击并选择【新建项目】选项，在【项目属性】选项卡中的【电阻】栏中输入电阻值（单位为欧姆），在【名称】栏中命名，如图 8-9 所示。单击【保存】并退出，这时在【电气条件】对话框中的【用户定义】下会显示刚才自定义的电阻值名称。

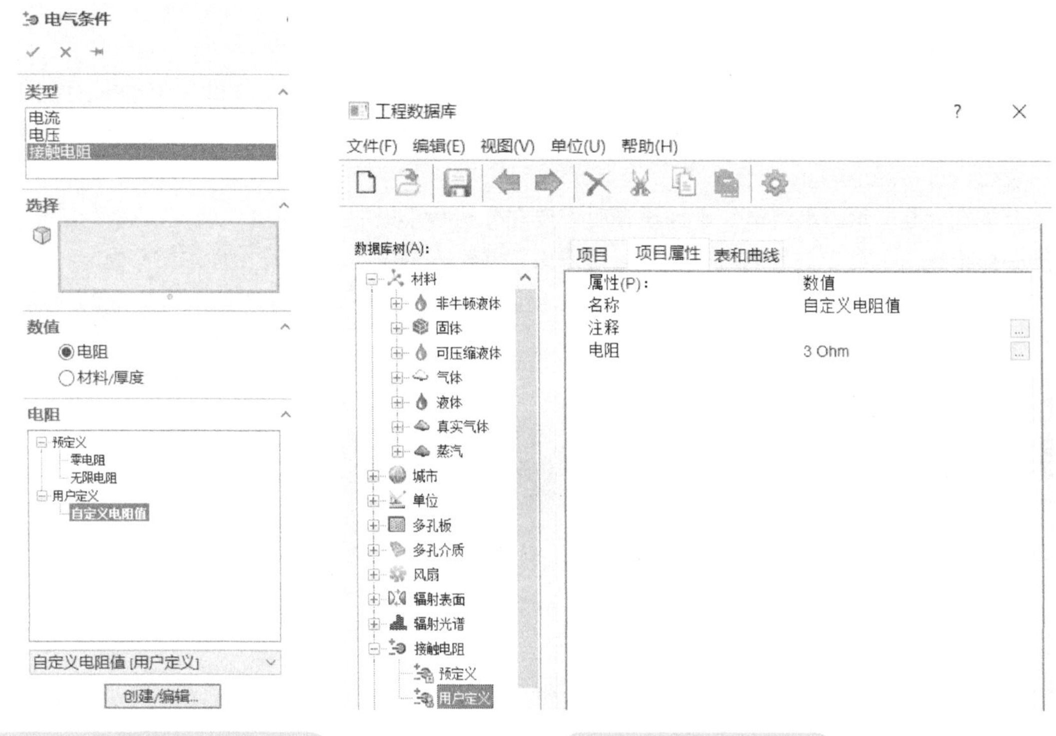

图 8-8 接触电阻—电阻设置

图 8-9 自定义电阻值

如图 8-10 所示，当【电气条件】对话框中的【数值】栏中设置为【材料/厚度】时，需要在【固体材料】栏中选择相应的材料类型，并设置该材料的厚度值。如果工程数据库中预定义的固体材料中没有实际应用的材料类型可供选择，可以单击【创建/编辑】进入【工程数据库】对话框，在【材料】→【固体】→【用户定义】→【项目属性】选项卡中，设置【电导率】为【导体】，在【电阻率】栏中设置该材料的电阻值（单位为欧姆·米），如图 8-11 所示。单击【保存】并退出，这时在【电气条件】对话框中的【用户定义】下会显示刚才自定义的包含电阻率的固体材料名称。

对该模型，我们将设置线圈两个端面的电压值。在分析树中右击【电气条件】，选择【插入电气条件】选项，在【类型】栏中选择【电压】选项，在【选择】栏中选择线圈的电流流出表面，在【数值】栏中设置电压值为“0 V”，如图 8-12 所示。单击【确定】✓退出。

按同样步骤，在线圈的电流流入表面，设置电压值为“0.25V”。

图 8-10　接触电阻—材料 / 厚度设置　　图 8-11　自定义电阻率

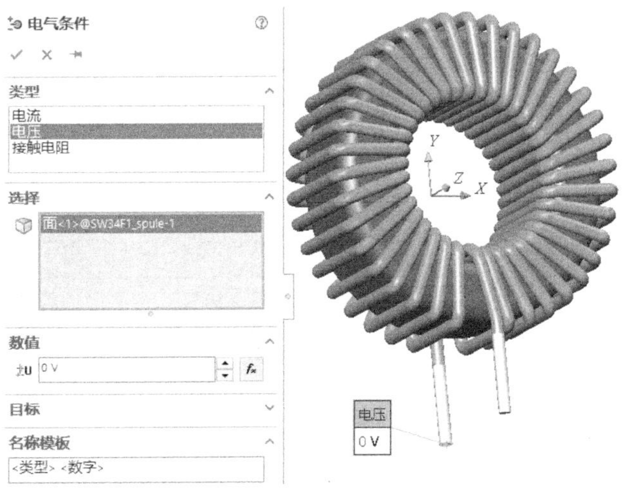

图 8-12　电气条件设置

步骤 6 目标设置

右击【目标】，选择【插入全局目标】选项，在【参数】栏中依次单击选择【电压：最小值和最大值】、【静压：平均值和最大值】、【速度（*Y*）：平均值和最大值】、【温度（固体）：平均值和最大值】、【焦耳热】，单击【确定】✓退出当前对话框。其中，通过【焦耳热】全局目标，我们可以得到由于电流和电阻作用产生的热量数值。

步骤 7 网格设置

如图 8-13 所示，手动设置全局网格，单击【确定】✓退出当前对话框。

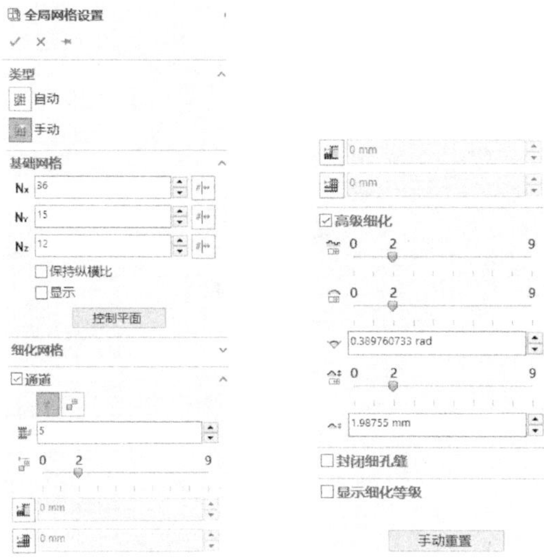

图 8-13 全局网格设置

步骤 8 提交计算

单击命令管理器区【Flow Simulation】→【运行】，提交计算。

8.3 后处理与结果解读

首先查看以“Front”平面作为剖切平面的切面图，同时显示切面网格，可以看到切面整体的温度场分布，如图 8-14 所示，最高温度为 103.6℃，高温区域出现在电感线圈中上部，符合自然对流下的温度预期。

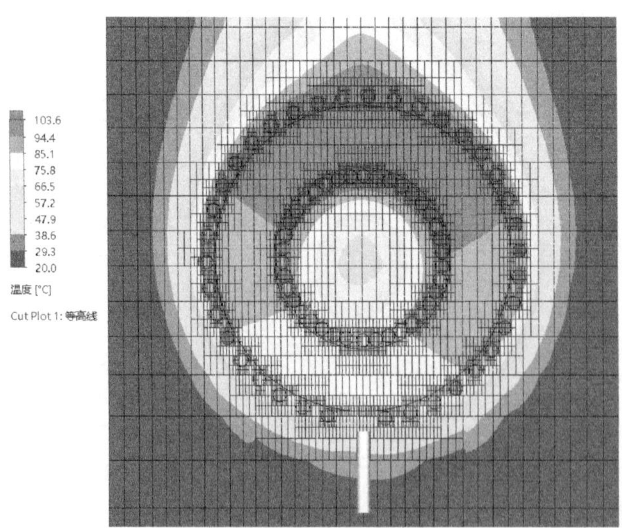

图 8-14 温度切面图

然后查看电流密度切面图，如图 8-15 所示，以“Right”平面作为剖切平面，可以查看切面上固体部件上的电流密度分布，显然在线圈拐角的内圆弧处电流密度较高，在线圈拐角的外圆弧处电流密度较低。我们也可以在切面中显示电流的矢量方向图标，如图 8-16 所示，可以看到电流的流动方向。另外，也可以显示电压切面图，如图 8-17 所示。

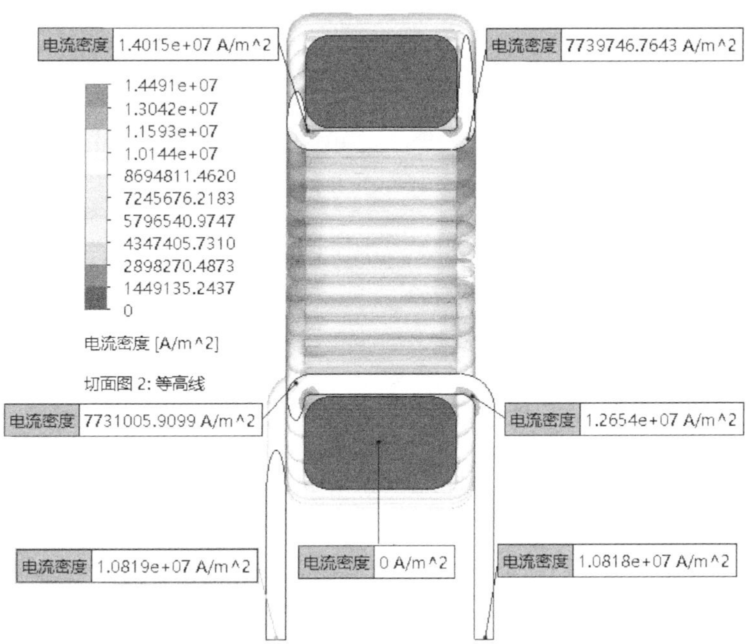

图 8-15　电流密度切面图

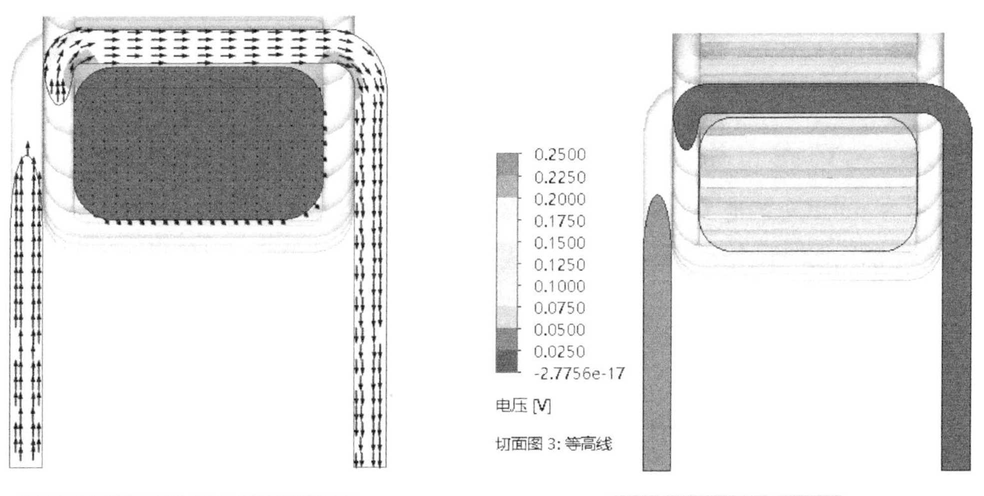

图 8-16　电流密度方向切面图　　图 8-17　电压切面图

接下来，我们查看电感线圈所有固体表面的固体温度，如图 8-18 所示。通过探测操作，可以得到电流流入端和流出端附近表面的温度场，其中高电压端面（0.25V）附近表面温度为 74.1℃，低电压端面（0V）附近表面温度为 77.4℃。

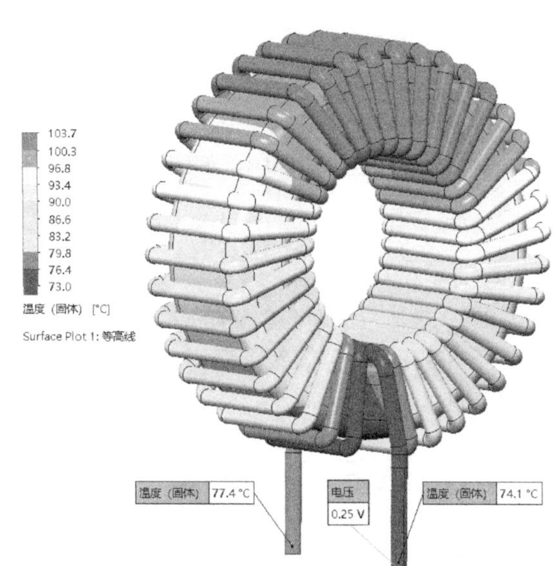

图 8-18 温度表面图

最后我们显示焦耳热和温度的目标图，如图 8-19 所示。该铜质线圈的焦耳热功率为 2.1W，全局最高温度为 103.7℃。

摘要 ▾

目标名称	单位	数值	平均值	最小值	最大值	进度 [%]	用于收敛	增量	标准
GG Av Temperature of Solid 1	[°C]	91.4	91.4	91.4	91.4	100	是	6.0e-02	2.1
GG Max Temperature of Solid	[°C]	103.7	103.7	103.6	103.7	100	是	8.3e-02	2.5
GG Joule Heat 1	[W]	2.1	2.1	2.1	2.1	100	是	6.5e-04	2.4e-02

图 8-19 目标图

8.4 小结与讨论：电场相关问题

在 Flow Simulation 的电子冷却模块中，可以处理电流相关的热场问题，但由于交变电流产生磁场再产生温度的问题无法模拟，对于电场焦耳热相关问题的仿真，可以与流体的流动问题进行类比。

1）电流的流入端与流出端的参数设置与流体的入口和出口边界条件可以类比，电压类比为压力，电流类比为流量。

2）接触电阻的设置与电阻热值的设置比较类似，其本质也是由于接触间隙或者表面材料的阻隔造成电阻或热阻。

3）电流在固体内部有密度差异，通常固体断面小、电流密度高的区域会产生高温。在电子连接器的接触端处，由于接触面积小且存在接触电阻，通常会出现高温。

第 9 章 LED 照明灯具仿真

9

【学习目标】

1）接触热阻的设置。

2）自定义双热阻组件。

3）参数研究之假设分析。

4）模型参数的显示和获取。

9.1 模型描述

图 9-1 和图 9-2 所示为 LED 照明灯具模型。LED 是英文 Light Emitting Diode 的缩写，意为发光二极管。发光二极管是一种常用的发光器件，通过电子与空穴复合释放能量发光，在照明领域应用广泛。如图 9-1 和图 9-2 所示，该 LED 灯具包含 12 颗 LED 芯片，在外壳内部有铜质材料的散热片，通过自然对流散热。

我们首先对一种结构形状的散热片的灯具进行散热仿真，然后对散热片进行多种结构形状的参数研究，从设计方案选型的角度通过 Flow Simulation 选择散热较优的结构方案。

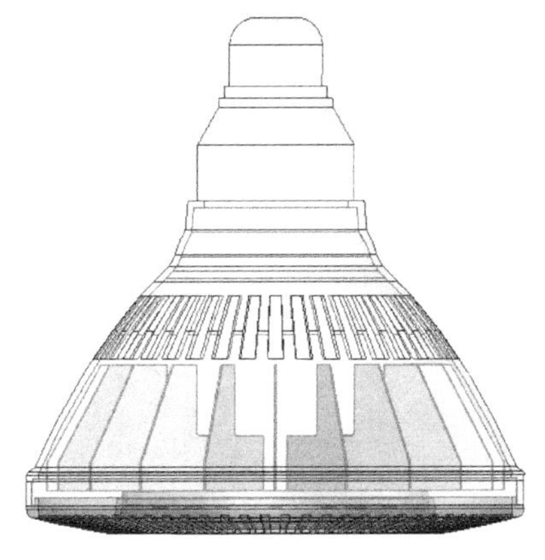

图 9-1　LED 照明灯具模型（主视图）

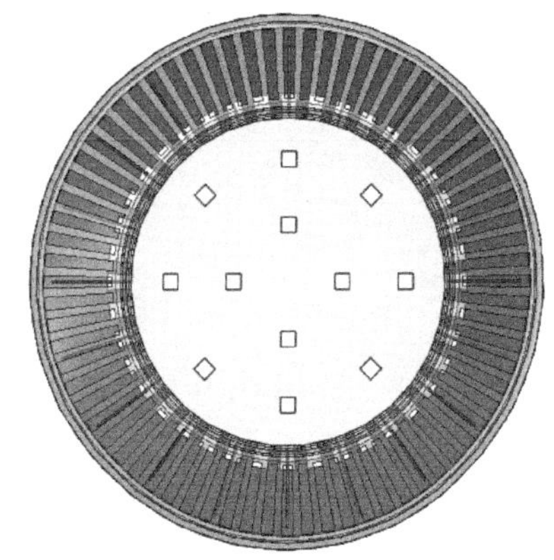

图 9-2　LED 照明灯具模型（仰视图）

9.2 模型设置

步骤 1 向导设置

该 CFD 仿真模型是一个外流场问题，按表 9-1 中内容进行向导设置。

表 9-1　向导设置内容

设置项目	设置内容
配置名称	Geometry_Variation_1
项目名称	Geometry_Variation_1
单位系统	国际单位制 SI，温度单位由 K 改为℃
分析类型	选择【外部】类型，单击【固体内热传导】复选框，单击【辐射】复选框，【辐射模型】为【离散传递】，【环境温度】为 35℃。单击【重力】复选框，设置 *Y* 方向分量为 −9.81m/s^2
默认流体	空气（气体）
默认固体	铜（预定义\金属）
壁面条件	【默认壁面辐射表面】为【黑体壁面】，【粗糙度】为默认的 0μm
初始条件	【压力】默认设置，【温度】为 35℃，【初始固体温度】为 35℃

步骤 2 调整计算域

该模型是自然对流条件下的散热仿真，我们对默认的计算域区域做适当调整。

右击【计算域】，选择【编辑定义】选项，进入【计算域】对话框，如图 9-3 所示，设置计算域范围尺寸。调整后的计算域范围如图 9-4 所示。

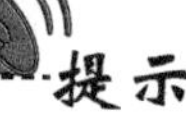

提示

可以按照图 2-10 所示的建议范围调整计算域大小。

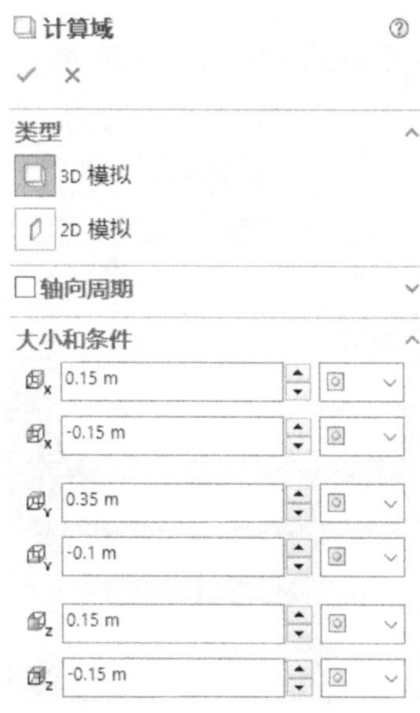

图 9-3　计算域参数设置

图 9-4　调整后的计算域范围

步骤 3 设置固体材料

本实例中，LED 灯外壳材料是塑料，与 LED 接触的是 FR4 层压板绝缘层，铝基板位于绝缘层上方。散热翅片等其他部分的材料是铜，在向导设置的默认固体中已经做了设置。

自定义 ABS 塑料材料参数并设置外壳材料为 ABS 塑料。在分析树中右击【固体材料】，选择【插入固体材料】选项，进入【固体材料】对话框。在【选择】栏中选择【Lamp Body】和【Lamp Body Bottom】部件。在【固体】栏中自定义 ABS 塑料材料。单击【创建 / 编辑】，进入【工程数据库】对话框。单击【材料】→【固体】→【用户定义】，在对话框中右击选择【新建项目】选项，设置如图 9-5 所示的名称、密度、比热、热导率等数据。单击【保存】退出【工程数据库】对话框。在【固体】栏中选择刚才定义的【ABS Polymer】材料，【辐射透明度】栏中选择【不透明】选项，单击【确定】✓退出。

定义铝基板固体材料。在分析树中右击【固体材料】，选择【插入固体材料】选项，进入【固体材料】对话框。在【选择】栏中选择部件【MCPCB】下的实体【Split2】，在【固体】栏中选择【预定义】→【合金】下的【铝 6061】材料，在【辐射透明度】栏中选择【不透明】选项，单击【确定】✓退出。

图 9-5　自定义材料参数

以同样的方式设置【MCPCB】部件下的实体【Split1】的材料为【预定义】→【层压材料】下的【FR4】材料。

步骤 4　设置接触热阻

LED 芯片与 FR4 层压板绝缘层之间、铝基板与散热翅片之间存在接触热阻，我们进行相关设置。

右击【接触热阻】，单击【插入接触热阻】选项，进入【接触热阻】对话框。如图 9-6 所示，在【选择】栏中单击选择 12 颗 LED 芯片的上表面（与层压板的接触面），在【类型】栏中选择【材料 / 厚度】选项，在【固体材料】栏中选择【预定义】→【合金】下的【焊料（金 80%/ 锡 20%）】选项，在【厚度】栏中设置焊料厚度为“0.00015m”，单击【确定】✓退出当前对话框。

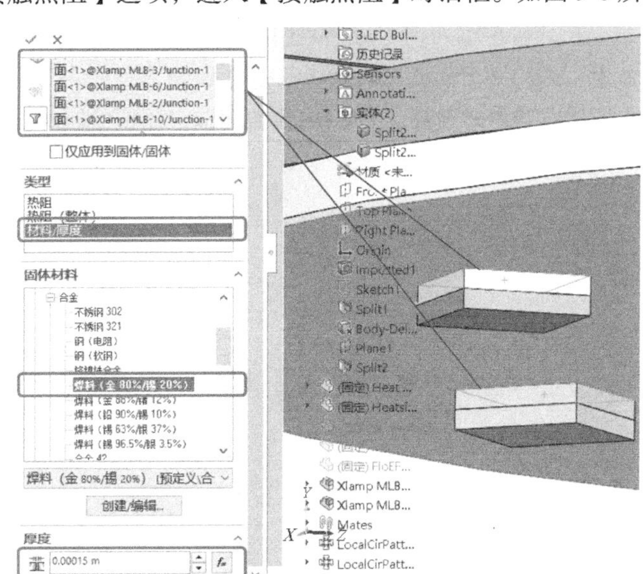

图 9-6　接触热阻设置 1

按上述相同操作，如图 9-7 所示，在【接触热阻】对话框中的【选择】栏中选择铝基板与散热片的接触面。在【类型】栏中选择【热阻】选项，在【热阻】栏中选择【预定义】→【界面材料】→【Bergquist】→【Poly-Pad】→【K】下的【Poly-Pad K-10 @ 25psi（0.152mm）】选项。这种界面材料参数中包含具体的热阻数值，单击【确定】✓退出对话框。

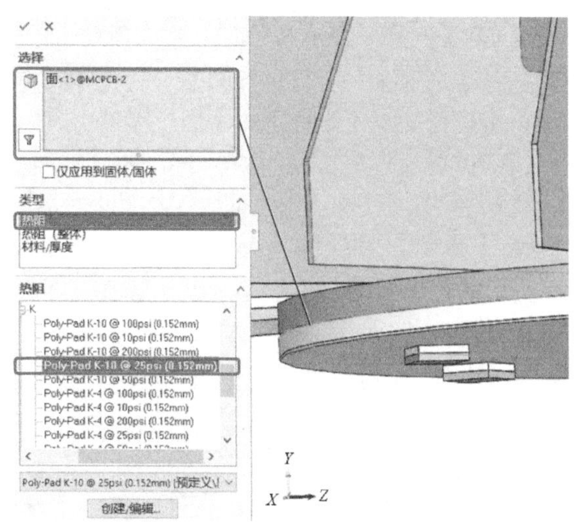

图 9-7　接触热阻设置 2

步骤 5 设置双热阻组件

我们需要将 12 颗 LED 芯片封装设置为双热阻组件，首先我们自定义一种双热阻组件类型，该双热阻中会包含连接 - 壳和连接 - 板热阻值。

单击命令管理器区【Flow Simulation】→【工程数据库】，在【工程数据库】对话框的数据树中右击【双热阻组件】→【用户定义】，选择【新建项目】选项。如图 9-8 所示，在【名称】栏中双击设置名称为“Cree ML-B”，【连接 - 壳】中双击设置热阻为“2500K/W”，【连接 - 板】中双击设置热阻为“25K/W”。单击【保存】退出。

在分析树中右击【双热阻组件】，选择【插入双热阻组件】选项，进入【双热阻组件】对话框，如图 9-9 所示。选择其中一个 LED 芯片的顶面（与空气接触的表面），这时在下面【用于应用双热阻的组件】栏中会自动选中该顶面所属的实体【Boss-Extrude1】。

项目　项目属性

属性(P)：	数值
名称	Cree ML-B
注释	
连接 - 壳	2500 K/W
连接 - 板	25 K/W

图 9-8　自定义双热阻参数

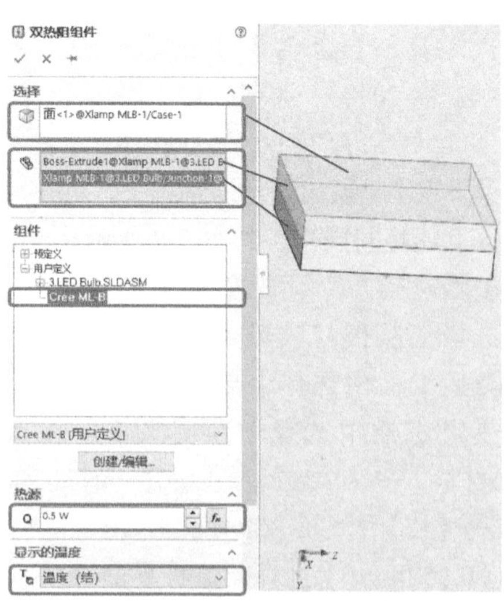

图 9-9　双热阻组件设置

单击【用于应用双热阻的组件】栏，使该选择栏处于选中状态。单击该 LED 芯片的另外半部分实体的任一面，这时【Xlamp MLB-1】实体被选中。

在【组件】栏中选择我们创建的【Cree ML-B】双热阻材料，在【热源】中设置热功耗为“0.5W”,【显示的温度】中接受默认的【温度（结）】。单击【确定】退出对话框。

按以上步骤对其他 11 颗 LED 芯片进行双热阻设置。

注意：在 Flow Simulation 2016 及以后的版本中，双热阻组件的实体模型可以直接用一个实体来定义，而在 Flow Simulation 2015 及以前的版本中，需要将封装实体分割为上下两个实体来定义双热阻组件，否则将无法设置双热阻模型。

如果模型是 Flow Simulation 2015 及以前的版本创建并包含有双热阻模型，当用 Flow Simulation 2016 及以后的版本打开时，软件会提示“将会转换为新的双热阻模型”。

步骤 6 目标设置

我们关注 LED 芯片局部和灯具整体的温度场，因此将 LED 芯片和散热翅片等的温度设置为体积目标。

右击【目标】，选择【插入体积目标】选项。如图 9-10 所示，在【选择】栏中通过 SOLIDWORKS 设计树将 12 颗 LED 芯片、散热翅片和 PCB 板组件选中。单击【为各个组件创建目标】复选框，该选项将为上述选中的实体创建多个独立的体积目标。在【参数】栏中选择【温度（固体）：最大值】，单击【确定】退出当前对话框。

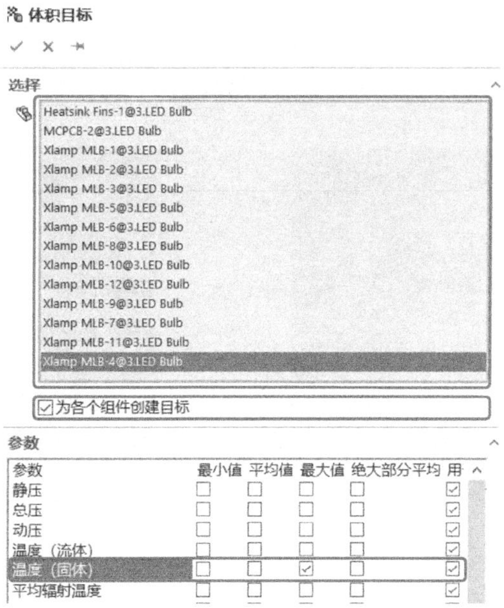

图 9-10　目标设置

步骤 7 网格设置

如图 9-11 所示，手动设置全局网格，并显示基础网格。单击【确定】退出当前对话框。

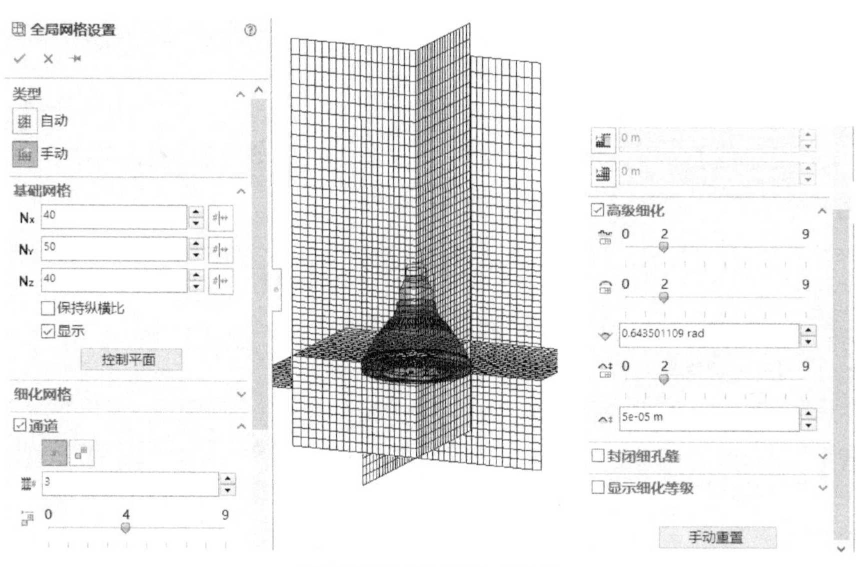

图 9-11 全局网格设置

步骤 8 提交计算

单击命令管理器区【Flow Simulation】→【运行】，提交计算。

9.3 后处理与结果解读

首先查看温度切面图，如图 9-12 所示，单击刻度标尺最上方，然后单击【重置为显示最大值】，显示最高温度为 91.1℃。将刻度标尺最大值设置为 60℃，如图 9-13 所示，最高温度位置出现在 LED 芯片处。LED 芯片节点温度对灯具的寿命影响很大，必须重点关注。

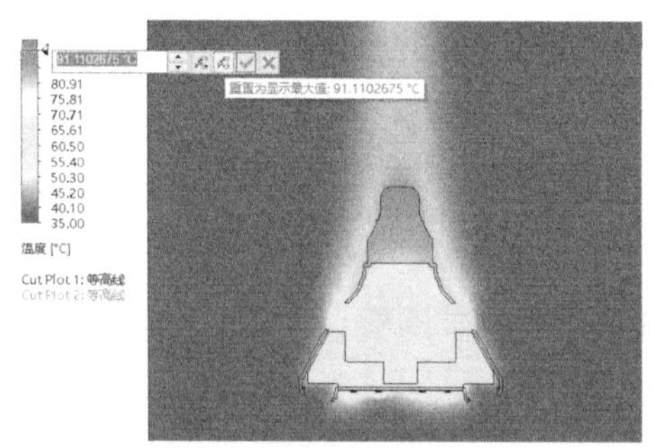

图 9-12 温度切面图 1

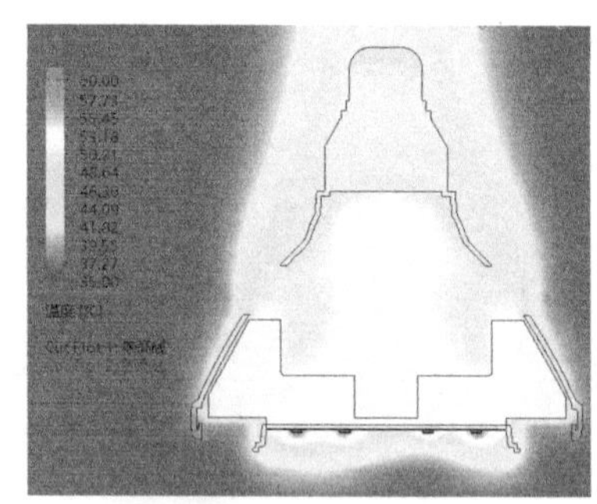

图 9-13 温度切面图 2

在模型设置中我们已经设置了 12 颗 LED 芯片的体积目标，因此在结果后处理中，可以直接查看这些目标的结果数值来得到 LED 芯片的温度。

右击【目标图】，选择【插入】选项，进入【目标图】对话框。在【目标】栏中选择全部，其他采用默认设置，单击【显示】，如图 9-14 所示。在界面下端显示 LED 芯片的温度目标数值表，如图 9-15 所示。

从温度目标数值表中可以看到，温度较高的 LED 芯片是 LED 1、LED 2、LED 3 和 LED 4，

温度都高于 91℃。由于这 4 颗 LED 位于基板的中心处，所以温度较高是合理的。接下来我们从散热的角度进一步优化散热翅片结构，从而优化温度分布。

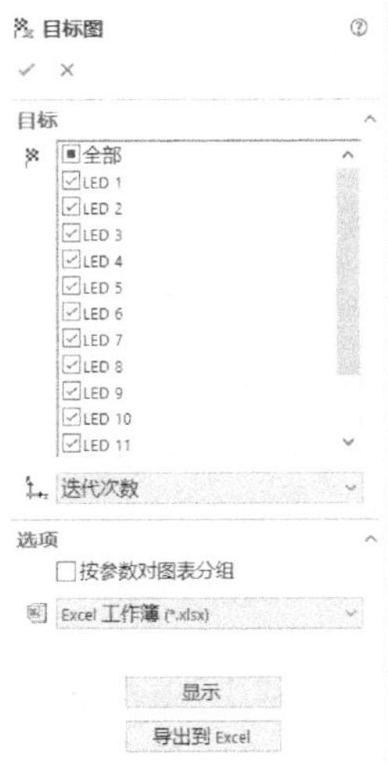

图 9-14　目标图设置

目标名称	单位	数值	平均值	最小值	最大值	进度 [%]	用于收敛	增量	标准
LED 1	[°C]	91.06	91.04	90.85	91.12	100	是	0.27	1.67
LED 2	[°C]	91.05	91.03	90.86	91.11	100	是	0.25	1.67
LED 3	[°C]	91.11	91.03	90.87	91.12	100	是	0.25	1.67
LED 4	[°C]	91.07	91.02	90.84	91.09	100	是	0.24	1.67
LED 5	[°C]	90.93	90.88	90.71	90.94	100	是	0.24	1.67
LED 6	[°C]	89.73	89.68	89.50	89.74	100	是	0.24	1.63
LED 7	[°C]	90.90	90.86	90.69	90.92	100	是	0.23	1.67
LED 8	[°C]	89.71	89.66	89.50	89.72	100	是	0.23	1.63
LED 9	[°C]	90.90	90.84	90.67	90.90	100	是	0.23	1.67
LED 10	[°C]	89.73	89.67	89.49	89.74	100	是	0.25	1.63
LED 11	[°C]	90.92	90.86	90.68	90.93	100	是	0.25	1.67
LED 12	[°C]	89.72	89.67	89.50	89.74	100	是	0.25	1.63

图 9-15　LED 芯片的温度目标数值表

9.4　参数研究

在前面的仿真模型中，金属散热器的散热翅片数量是 20 片，如果增加散热翅片的数量，散热效果是否更好？我们可以使用 Flow Simulation 中的参数研究功能进行计算和比较。参数研究本质上是将一系列可能需要调整试算的模拟参数、尺寸参数和方程参数用自动化的方式实现，可供调整或优化的参数可以是 Flow Simulation 中的分析树中的如边界条件的压力数值、SOLIDWORKS 模型中的特征尺寸等。本例中我们将对散热翅片的数量进行参数研究计算，模拟计算 20 片、40 片、60 片、80 片和 100 片散热翅片模型的温度场结果。

首先显示散热器的特征尺寸。在 SOLIDWORKS 设计树中找到散热器部件【Heatsink Fins】，展开其下方的设计树菜单，右击【Annotations】，选择【显示特征尺寸】选项，绘图区模型中会显示散热器部件阵列特征的“20”和“360°”参数，如图 9-16 所示。

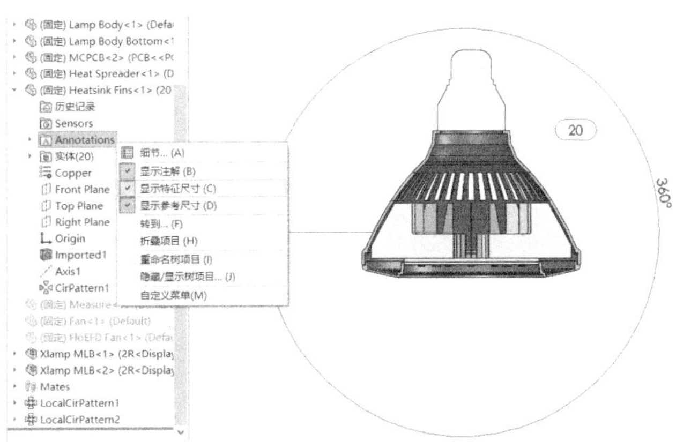

图 9-16　显示特征尺寸

在下拉菜单中依次选择【工具】→【Flow Simulation】→【求解】→【新建参数研究】选项，进入【参数研究】对话框。在对话框的参数研究类型中选择【假设分析】选项，选择【输入变量】选项卡，单击【添加参数】，如图 9-17 所示。

如图 9-18 所示，在【添加参数】对话框中单击图 9-16 所示绘图区显示的“20”数值，该参数将会添加到【添加参数】对话框，单击【确定】退出当前对话框。

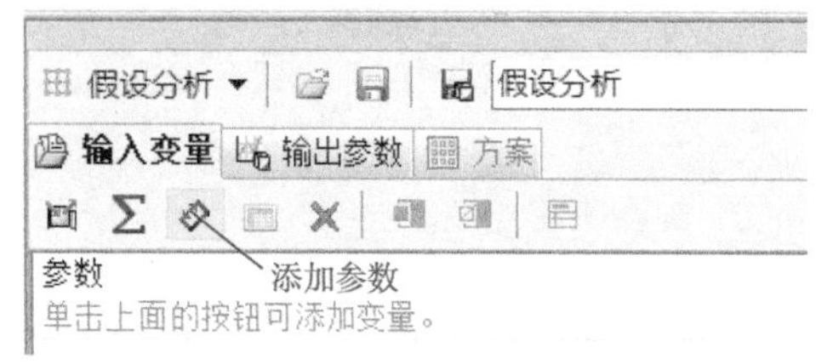

图 9-17 添加参数

添加参数
D1@CirPattern1@Heatsink Fins.Part

图 9-18 添加参数的选择

如图 9-19 所示，在【参数研究】对话框中接受变量类型为【离散值】，单击【编辑变体】，进入离散值设置对话框。如图 9-20 所示，选择【单击以添加】选项，输入数值 40，按 <Enter> 键。按上述步骤依次再输入数值 60、80、100，单击【确定】退出当前对话框。

图 9-19 编辑变体

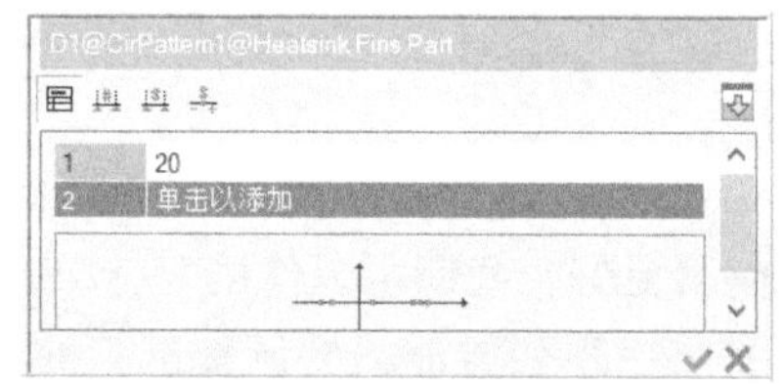

图 9-20 离散值设置

在【参数研究】对话框中选择【输出参数】选项卡，单击【添加目标】，选择我们重点关注的【LED 1】、【LED 2】、【LED 3】和【LED 4】温度目标，单击【确定】退出对话框。

在【参数研究】对话框中选择【方案】选项卡，如图 9-21 所示。单击【运行】，5 个不同散热翅片数量的 CFD 模型依次开始运行，我们可以在该对话框中观察整个计算进度是否完成。

如图 9-22 所示，计算完成以后，可以看到每个设计点相应的 LED 芯片的温度数值，其中设计点 2 也即散热翅片数量为 40 的模型的 LED 温度数值较低。这也说明，散热翅片的数量并不一定是越多越好。

图 9-21 运行参数研究

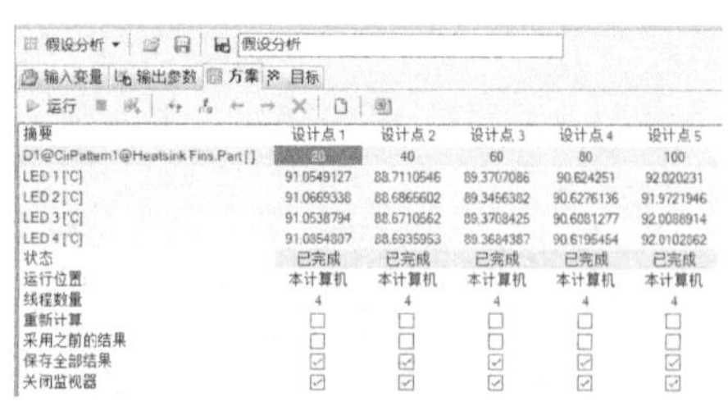

摘要	设计点 1	设计点 2	设计点 3	设计点 4	设计点 5
D1@CirPattern1@Heatsink Fins.Part []	20	40	60	80	100
LED 1 [°C]	91.0549127	88.7110546	89.3707086	90.624251	92.020231
LED 2 [°C]	91.0669338	88.6865602	89.3456382	90.6276136	91.9721946
LED 3 [°C]	91.0538794	88.6710562	89.3708425	90.6081277	92.0088914
LED 4 [°C]	91.0854807	88.6935953	89.3684387	90.6195454	92.0102062
状态	已完成	已完成	已完成	已完成	已完成
运行位置	本计算机	本计算机	本计算机	本计算机	本计算机
线程数量	4	4	4	4	4
重新计算	☐	☐	☐	☐	☐
采用之前的结果	☐	☐	☐	☐	☐
保存全部结果	☑	☑	☑	☑	☑
关闭监视器	☑	☑	☑	☑	☑

图 9-22 参数研究计算结果

9.5　小结与讨论：传热模式的选择

制造业设备中的产品可能涉及多种传热模式，在 CFD 仿真中如何考虑最主要和最重要的传热模式以加快计算速度并得到相对准确的结果呢？建议从以下角度着手。

1）包含风扇和风机等强制对流为主的设备模型中，自然对流产生的温度影响可能比较小，可以适当采用内流场仿真以减少计算量。

2）最大温度较低（如低于 100℃）的模型中，辐射产生的温度影响比较小，可以不考虑辐射的计算，而仅采用对流或热传导的传热形式。当然，如果在不考虑辐射的情况下仿真结果有较大偏差，可以考虑设置环境辐射温度重新计算并做比较。

3）包含较高温度（几百摄氏度或几千摄氏度）的部件的模型，辐射换热的影响非常大，应将辐射考虑在 CFD 计算模型中。

4）表面传热系数通常不是一个均匀的数值，环境和材料以及制造工艺都会影响表面传热系数，因此精确的温度场仿真需要准确的表面传热系数，建议采用 CFD 仿真而不是 FEA 有限元软件中的温度场仿真。

5）在大规模模型中，为了减少计算量并关注用户关心的局部，可将较复杂的多孔板、多孔介质、电子元器件、发热部件等部件采用等效的数值模型来代替，即将这些复杂的部件作为一个黑匣子来考虑，我们只关心它与外部的换热而不关心它内部的换热细节。

6）在复杂的传热模型中，对于我们关心的局部温度，也可以采用 EFD 缩放的方式进行两次计算来处理，先进行较粗网格的第一次温度场计算，再将局部网格细化做第二次计算以得到准确温度场分布。

7）相变潜热也会影响温度场分布，目前在 Flow Simulation 中无法考虑相变问题，也即无法考虑潜热的影响。

第 10 章 医疗器械仿真

10

【学习目标】

1）外流场模型入口设置。

2）虚拟实体局部网格细化。

3）气体混合模型体积分量的显示。

10.1 模型描述

医用供氧装置不直接插入鼻腔而是佩戴在头部，与面部之间有一定的距离，可以方便鼻子和口部同时呼吸，如图 10-1 和图 10-2 所示。为了保证健康，供人体呼吸的氧气浓度应控制在 50% 以下，该供氧装置输送的氧气与空气应能混合成一定比例以便人体呼吸。我们将用 CFD 仿真来研究该供氧装置的气体混合问题，如果氧气混合效果不符合要求，可以通过更改供氧口的结构来调整气流混合效果。

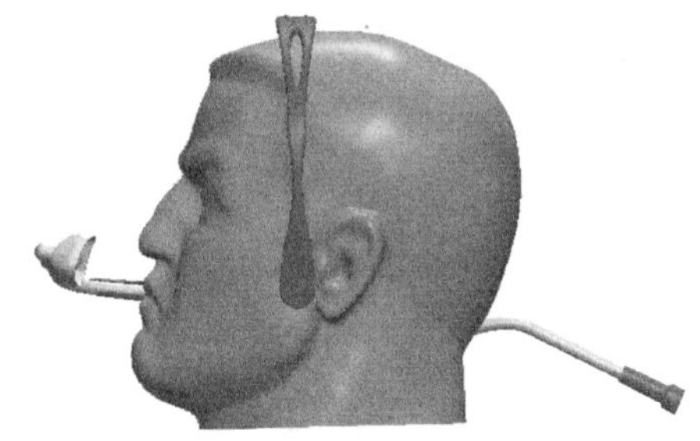

图 10-1 供氧装置模型

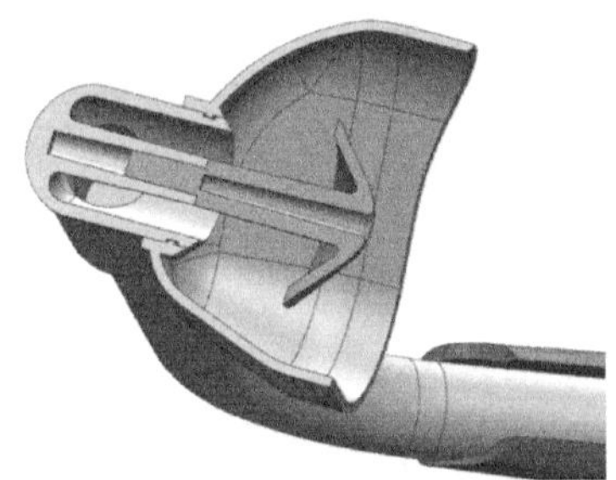

图 10-2 供氧口剖视图

10.2 模型设置

步骤 1 创建虚拟实体

为了捕捉空间中的某个区域，在 Flow Simulation 中我们可以设置虚拟实体（DummyBody）。虚拟实体只是在前后处理的设置中起作用，对实际的几何模型空间没有影响，因为我们可以在组件控制中将虚拟实体禁用。在本例的外流场仿真中，供氧口到人体面部的区域是我们重点关注区域，需要做网格细化，因此我们在此区域创建虚拟实体用作局部网格细化。

选择 SOLIDWORKS 菜单【插入】→【零件】→【新零件】选项，左下角提示区显示“请选择放置新零件的面或基准面”，在 SOLIDWORKS 设计树中选择“Right”平面，进入草图建模界面。

为了方便草图绘制，设置视图方向垂直于“Right”平面。选择菜单【视图】→【工具栏】→【标准视图】选项，CommandManager 中显示标准视图工具。单击【垂直于】（或 <Ctrl+8> 键），显示如图 10-3 所示的视图。

在 CommandManager 中单击【草图】→【边角矩形】，绘制如图 10-13 所示的矩形。矩形大小基本覆盖供氧装置和人的口鼻即可。

单击【特征】→【拉伸凸台 / 基体】，进入【凸台 - 拉伸】对话框，如图 10-4 所示。在【方向】栏中选择【两侧对称】选项，拉伸深度设置为“65.00mm”。单击【确定】退出当前对话框。

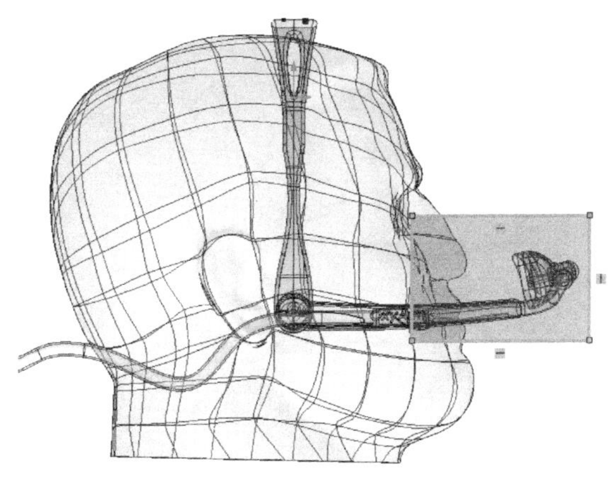

图 10-3　创建虚拟实体

图 10-4　凸台 - 拉伸设置

> 注意：此处虚拟实体的大小尺寸不用十分精确，拉伸以后的实体能基本包裹人体面部口鼻处和供氧口即可。

步骤 2　向导设置

该 CFD 仿真模型是一个外流场问题，按表 10-1 中内容进行向导设置。

表 10-1　向导设置内容

设置项目	设置内容
配置名称	Default
项目名称	Air mix
单位系统	国际单位制 SI，流量单位为 l/min
分析类型	选择【外部】类型，单击【排除不具备流动条件的腔】复选框，单击【排除内部空间】复选框
默认流体	两种流体：空气（气体）和氧气（气体）
壁面条件	绝热壁面，【粗糙度】为默认的 0μm
初始条件	【浓度】中类型为【质量分量】，空气为 1，氧气为 0，其他默认设置

步骤 3 调整计算域

该模型是自然对流条件下的散热仿真，我们对默认的计算域做适当调整。

右击【计算域】，选择【编辑定义】选项，进入【计算域】对话框，如图 10-5 所示，设置计算域范围尺寸。调整后的计算域范围如图 10-6 所示。

图 10-5 计算域参数设置

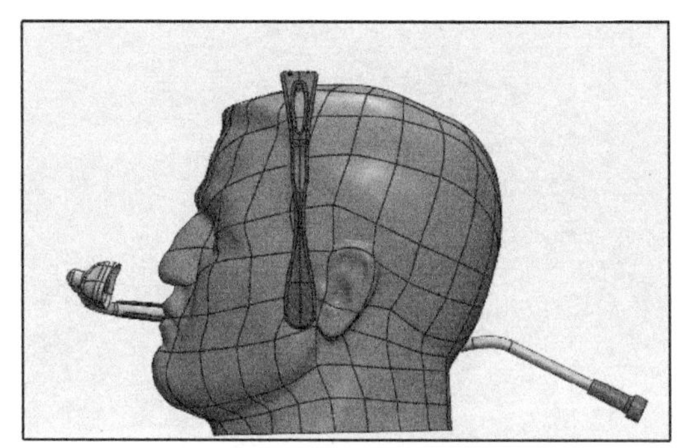

图 10-6 调整后的计算域范围

步骤 4 入口体积流量设置

虽然此模型是外流场问题，但是我们还是可以设置入口边界条件。

右击【边界条件】，选择【插入边界条件】选项，进入【边界条件】对话框。在【选择】栏中单击部件【inlet-1】的内表面，如图 10-7 所示，在【类型】栏中选择【入口体积流量】选项，设置该入口体积流量为 30l/min。如图 10-8 所示，在【物质浓度】栏中单击【质量分量】，设置空气质量分量为“0”，氧气质量分量为“1”，即该入口流入的气体为氧气。单击【确定】✓退出当前对话框。

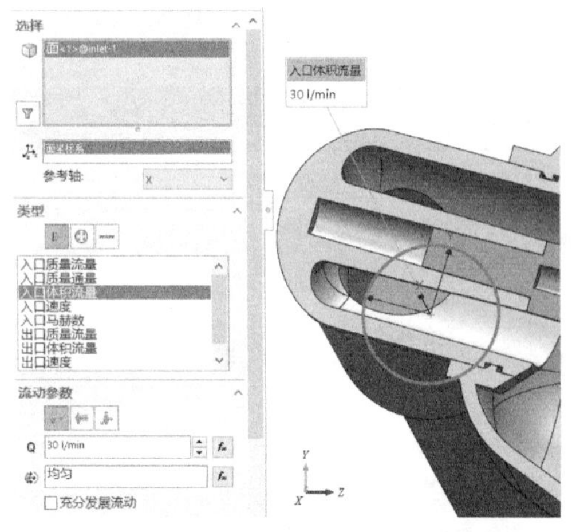

图 10-7 入口体积流量设置

图 10-8 物质浓度设置

步骤 5　目标设置

在本模型中，显然我们关注流场中空气和氧气的分布，显然应将空气和氧气的质量分量设为目标参数，并用于控制目标收敛。同时速度和压力也是控制计算收敛的参数，我们也将整体气体流速、表面压力设为目标。

右击【目标】，选择【插入全局目标】选项，进入【全局目标】对话框，在【参数】栏中依次选择【速度：平均值】、【质量分量 空气：平均值】、【质量分量 氧气：平均值】，单击【确定】✓退出当前对话框。

按上述相同操作，如图 10-9 所示，在【选择】栏中选择氧气入口端的 14 个几何表面，在【参数】栏中选择【总压：平均值】，单击【确定】✓退出当前对话框。

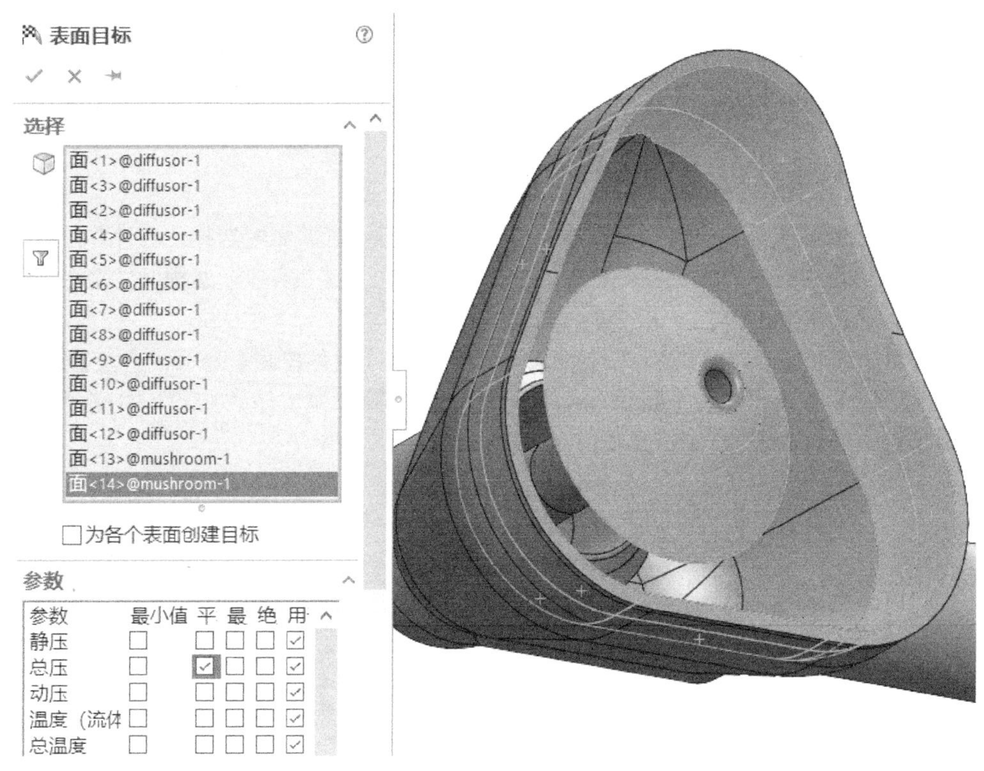

图 10-9　表面压力目标设置

步骤 6　网格设置

氧气出口区域的流场结果是需要重点关注的，因此我们将此区域网格做细化处理，利用步骤 1 创建的虚拟实体做局部网格设置。

设置全局网格类型为【自动】，初始网格级别为“4”，其他采用默认设置，如图 10-10 所示。

右击【网格】，选择【插入局部网格】选项，在【选择】栏中选中步骤 1 创建的虚拟实体（名称为“Part2”），在【通道】栏中设置【跨通道网格特征数】为“14”，【最大通道细化级别】设为“4”，在【高级细化】栏中设置【细小固体特征细化级别】为“4”，如图 10-11 所示。单击【确定】✓退出。

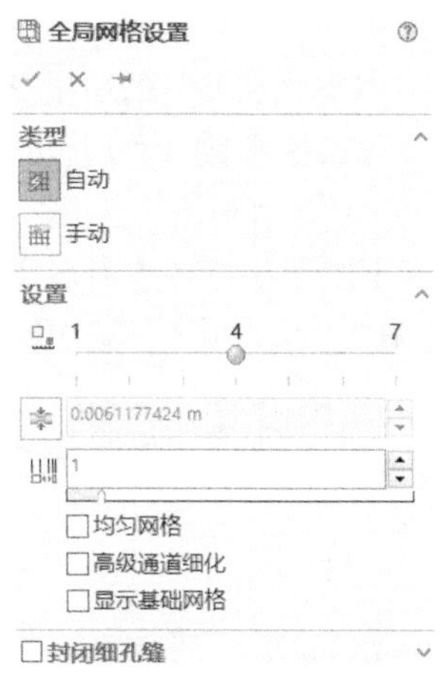

图 10-10　全局网格设置

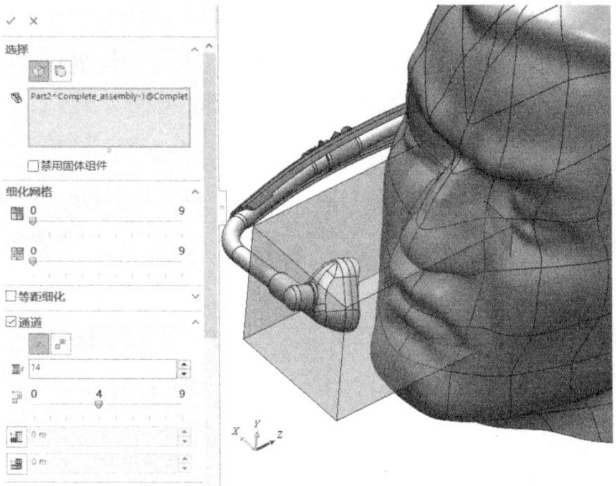

图 10-11　局部网格设置

步骤 7　组件控制

步骤 1 创建的虚拟实体仅仅用于步骤 6 中的局部网格设置的区域选择，在计算过程中这部分实体部件不应该存在，因此我们需要在组件控制中将这个虚拟实体“禁用”。“禁用”即表示该部件被排除在计算中。

右击 Flow Simulation 分析树中的【输入数据】，选择【组件控制】选项，进入【组件控制】对话框，如图 10-12 所示。在【组件控制】对话框中去掉虚拟实体“Part2”右侧的选择，如图 10-13 所示。单击【确定】✓退出当前对话框。

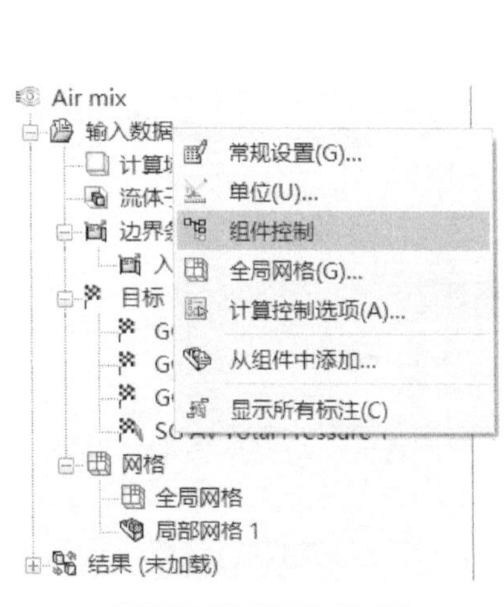

图 10-12　组件控制 1

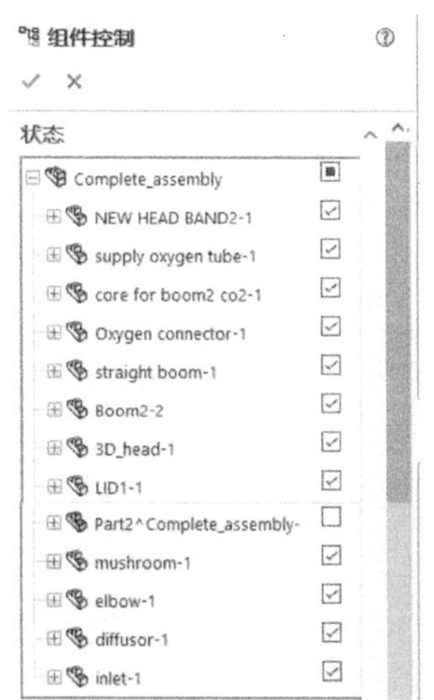

图 10-13　组件控制 2

步骤 8　提交计算

单击命令管理器区【Flow Simulation】→【运行】，提交计算。

10.3 后处理与结果解读

首先查看氧气的体积分量。在结果图中可以单独查看网格分布，如图 10-14 所示。在喷嘴和口鼻附近，流体网格明显加密。然后显示氧气体积分量的切面图，剖切平面选择“Right”平面，并适当调整该平面的位置以使其处于头部中间处，显示最大值设置为 0.5，即体积分量最大值为 50%。如图 10-15 所示，可以发现口鼻处的氧气体积分量都高于 50%，这说明该设备在 30l/min 的流量下，氧气浓度过高。在产品参数标定中可以调整最大流量参数或优化喷嘴的内部结构，来降低氧气浓度和优化分布。

查看目标图。如图 10-16 所示，在整个流体空间中，氧气的平均质量分量仅占到 3%，而在选择为压力目标的面上，由于流体没有直接正面冲击这些平面，平均空气总压仅为 101332Pa。

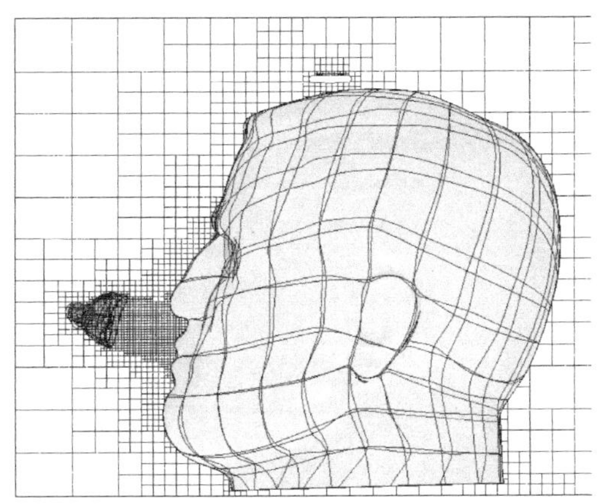

图 10-14 网格切面图

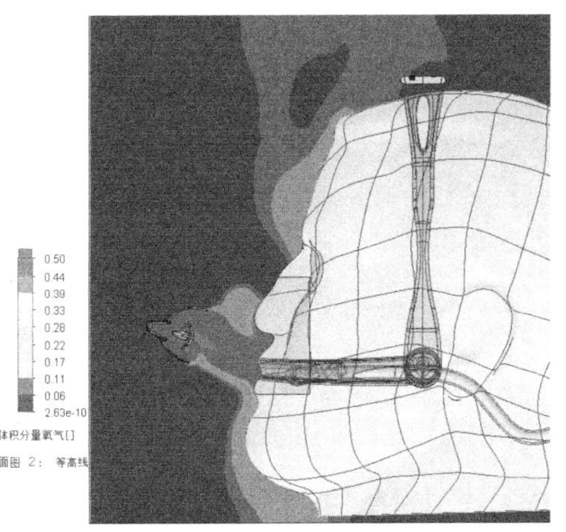

图 10-15 氧气体积分量切面图

摘要 ▾

目标名称	单位	数值	平均值	最小值	最大值	进度 [%]	用于收敛	增量	标准
GG Av Velocity 1	[m/s]	7.3e-02	7.3e-02	7.3e-02	7.4e-02	100	是	6.3e-04	1.7e-03
GG Av Mass Fraction of Air 1	[]	0.97	0.97	0.97	0.97	49	是	6.85e-04	3.32e-04
GG Av Mass Fraction of Oxygen 1	[]	0.03	0.03	0.03	0.03	49	是	6.85e-04	3.32e-04
SG Av Total Pressure 1	[Pa]	101332	101332	101332	101332	100	是	3.365543e-02	3.203840e-01

图 10-16 目标图

10.4 流体混合与自由液面

SOLIDWORKS Flow Simulation 中能处理气体 - 气体、液体 - 液体和液体 - 气体的混合问题，在液体 - 气体的混合问题中，需要使用自由液面（Free Surface）功能，如果在向导中激活自由液面，那么瞬态分析就自动激活，此时需要设置真实的物理时间，如图 10-17 所示[㊀]。通常情况下，对相同模型而言，瞬态分析的计算时间会更长。

不论何种类型的流体混合仿真，通常在结果后处理中我们都会以体积分量或质量分量的形

㊀ 软件中翻译不规范，时变分析就是瞬态分析，自由面就是自由液面。

式查看各种流体在空间中的分布或比例。

> 注意：如果模型中的液体与气体没有接触，即它们之间通过固体部件分隔开，那么可以使用流体子域的方式来设置多种流体，如图 10-18 所示。读者也可参考第 5 章相关内容。

图 10-17　自由面设置

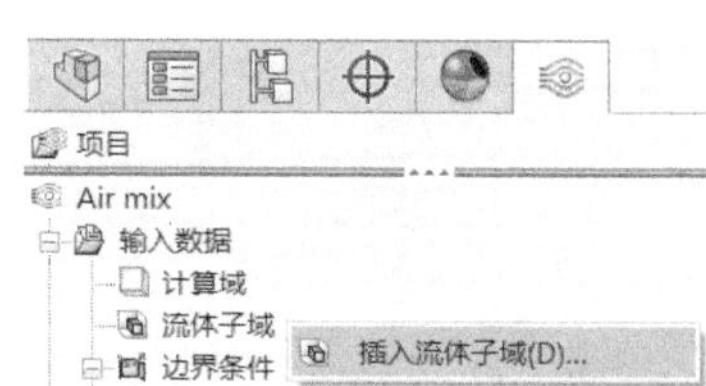

图 10-18　流体子域

10.5　小结与讨论：初始条件

在流体混合计算的模型中，通常会考虑流体空间区域中分布有不同类型的流体。如一个水杯的下半部分是液体，上半部分是气体，如何设置这样的模型呢？我们可以在向导中单击【自由面】复选框，并在初始条件中设置浓度的相关性，如图 10-19 所示。然后按重力方向相关的高度坐标数值进行初始流体的设置，如图 10-20 所示。

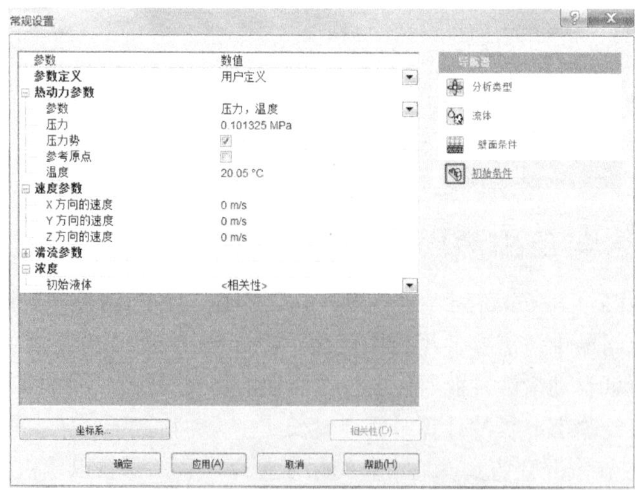

图 10-19　初始条件—浓度相关性

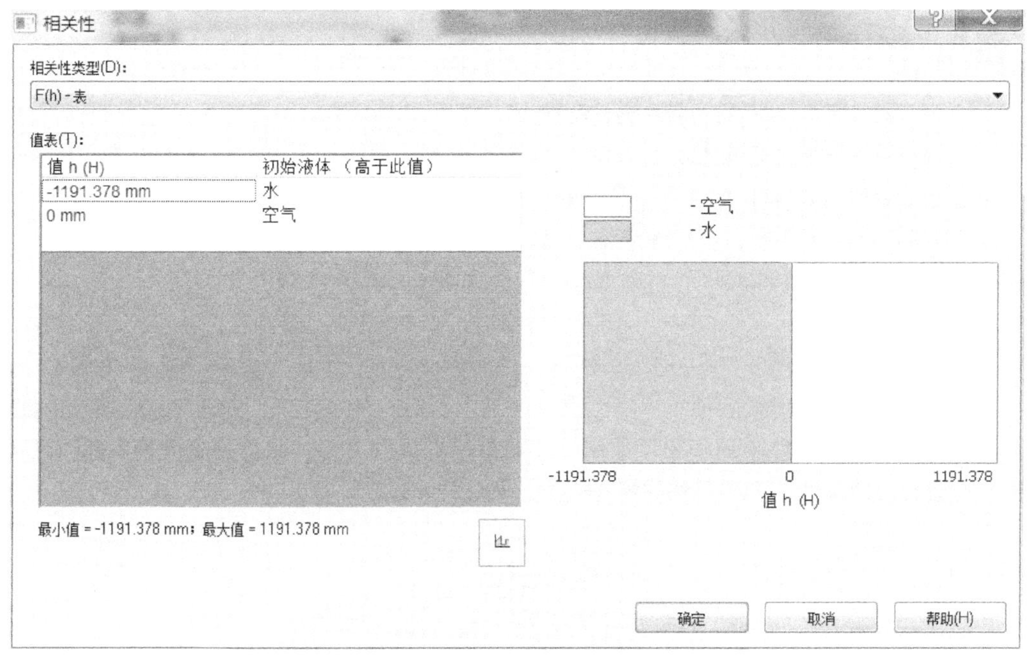

图 10-20　浓度相关性

除此之外，我们还可以在分析树中使用初始条件来设置空间区域中不同的初始流体，这种方法也可以用来设置空间区域中的初始温度。

注意：初始条件在 Flow Simulation 默认的分析树中是不显示的，我们可以右击项目名称，选择【自定义树】→【初始条件】选项，初始条件会在分析树中显示。

下面我们用水箱模型来讲解如何设置初始条件。如图 10-21 所示，该模型是一个水箱模型，水箱下部是水，上部是空气。该模型实际上有两个部件，如图 10-22 所示，除了中间包含两个挡板的水箱模型，还有一个用来表示水体积的虚拟实体。

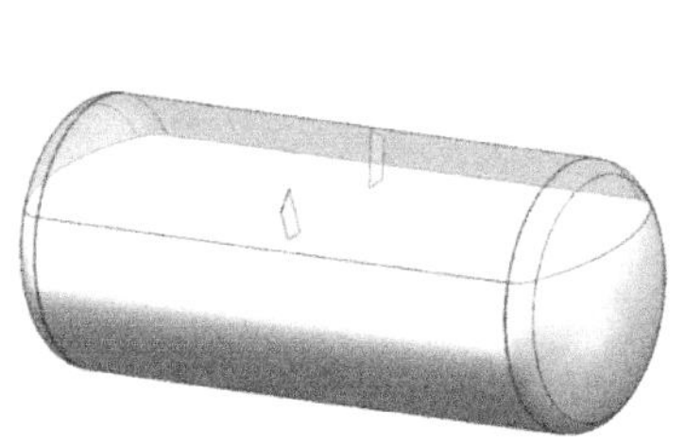

图 10-21　水箱模型

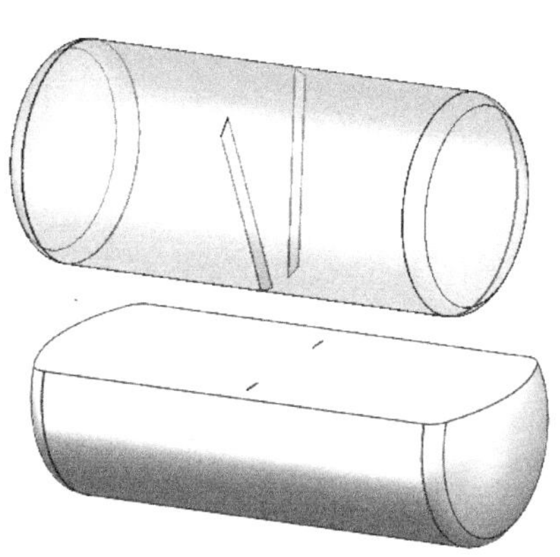

图 10-22　水箱爆炸视图

提示

为了去掉水的实体中间的挡板体积，可以用两种建模方式。

1）在零部件模型建模时，用拉伸方式生成水的实体。如图 10-23 所示，在【方向】栏中选择【成形到实体】选项，在【实体 / 曲面实体】栏中选择水箱实体。

2）在装配体建模时，可以编辑水的实体零件，依次选择菜单【插入】→【模具】→【型腔】选项。如图 10-24 所示，在【设计零部件】栏中选中与编辑中的实体存在相交的部件。

我们需要在向导中设置两种流体类型，一种是水，另一种是空气，如图 10-25 所示。此外，还需要在向导的初始条件中的【浓度】栏中设置初始流体的类型，此初始流体表示除了后续分析树中指定的初始条件的区域以外的流体类型，如图 10-26 所示。

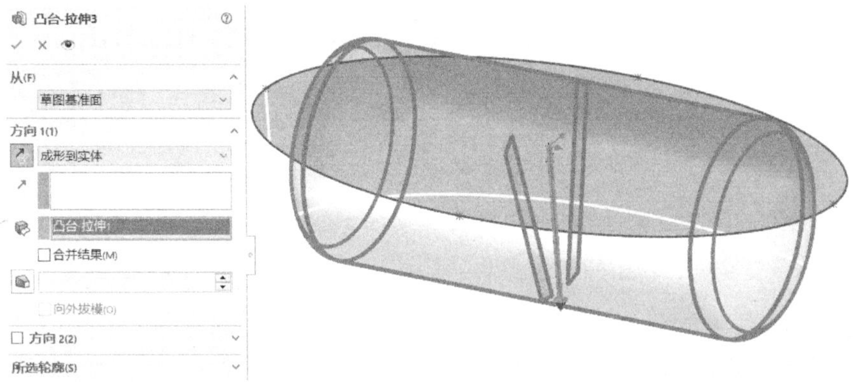

图 10-23　零件中拉伸建模

图 10-24　装配体中的型腔

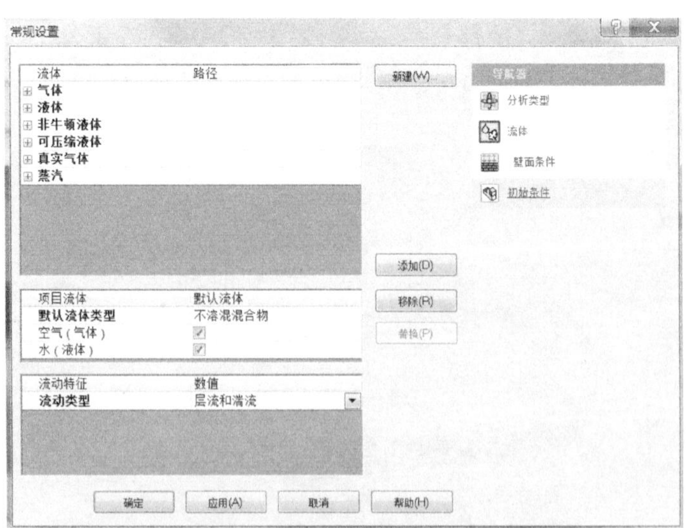

图 10-25　流体类型的设置

图 10-26　向导中的初始条件设置

接下来，在分析树中右击【初始条件】，选择【插入初始条件】选项。如图 10-27 所示，在【初始条件】对话框中，设置【物质浓度】为【水】，此外还可以设置包含速度的【流动参数】和包含压力和温度的【热动力参数】。单击【确定】✓退出对话框，初始条件设置完成。

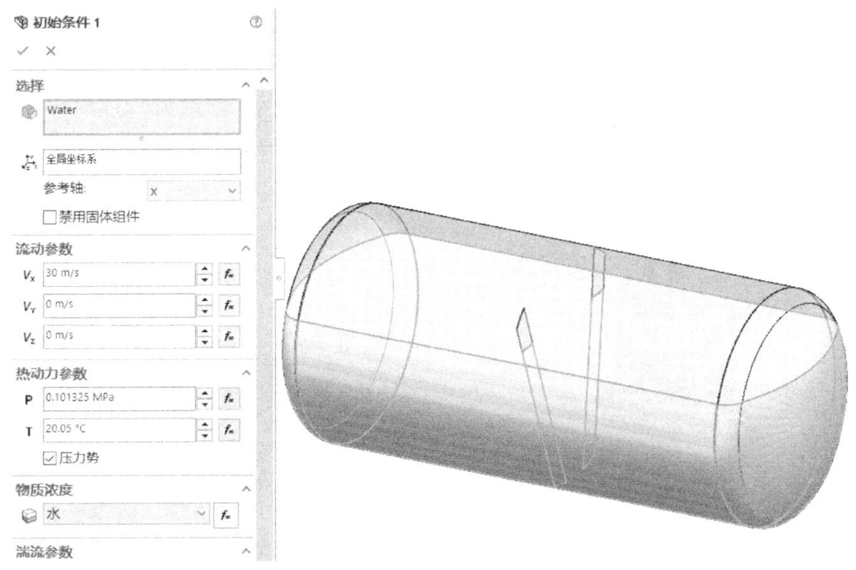

图 10-27　分析树中的初始条件设置

第 11 章 粒子分离设备仿真

11

【学习目标】

1）粒子研究的设置与注意事项。

2）粒子研究结果的输出。

3）粒子冲蚀模拟的设置。

4）示踪物研究与粒子研究的差异。

11.1 行业知识

旋风分离器和水力旋流器都是用于分离流体中固体或液体颗粒的设备。**旋风分离器**是利用惯性离心力的作用从气流中分离出固体颗粒的设备，其工作原理为利用气流切向引入造成的旋转运动，使具有较大惯性离心力的固体颗粒或液滴甩向外壁面分开。旋风分离器通常用于捕集直径 5μm 以上的粉尘，广泛用于工业中的除尘或除雾，特别适合粉尘颗粒较粗、含尘浓度较大、高温、高压的环境条件，也常作为流化床反应器的内分离装置，或作为制药行业的捕集和分离器使用，是工业上应用很广的一种分离设备。

水力旋流器一般用于分离污水中较重的粗颗粒泥砂等物质，有时也用于泥浆脱水，在选矿工业中主要用于分级、分选、浓缩和脱泥，如图 11-1 所示。它的流体运动形式主要是外旋流和内旋流。外旋流和内旋流的旋转方向相同，但其运动方向相反。外旋流携带粗而重的固体物料由底流口排出，为沉砂产物；内旋流携带细而轻的固体物料由上溢流口排出，为溢流产物，如图 11-2 所示。

图 11-1　水力旋流器

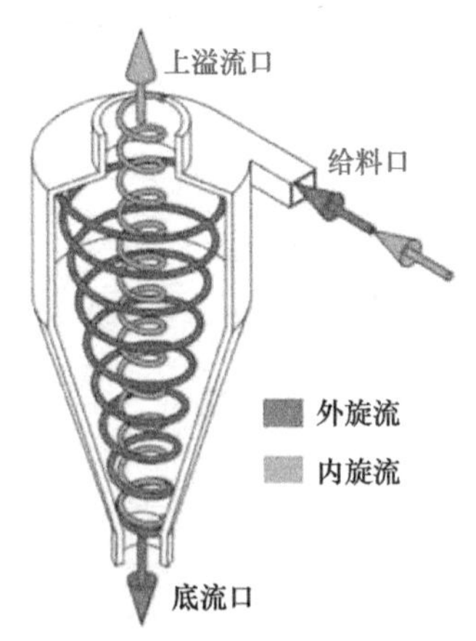

图 11-2　水力旋流器结构

水力旋流器的结构形式通常是一个带有圆柱部分的锥形容器，锥体上部内圆锥部分称为液腔。圆锥体外侧有一进液管，以切线方向和液腔连通。容器的顶部是上溢流口，底部是底流口（也称为排料口）。旋流器的尺寸由锥体的内径决定，它的工作原理是离心沉降。由于流体中的粗颗粒与细颗粒之间存在着粒度差（或密度差），其受到的离心力、向心浮力、流体曳力等大小不同，受离心沉降作用，锥体中间产生一个低压区，形成一个气柱从而起抽吸作用，大部分细颗粒在旋流的作用下由上溢流口排出，重颗粒甩向桶壁并沿桶壁下滑，从底流口排出。

11.2　模型描述

该模型是一个典型的水力旋流器，用于分离流体中的固体颗粒，整体结构如图 11-3 所示，通过给料口的旋转形状使流体切向流入。模型包含四个主要的零部件，正视局部剖视图如图 11-4 所示，给料口处俯视剖视图如图 11-5 所示。

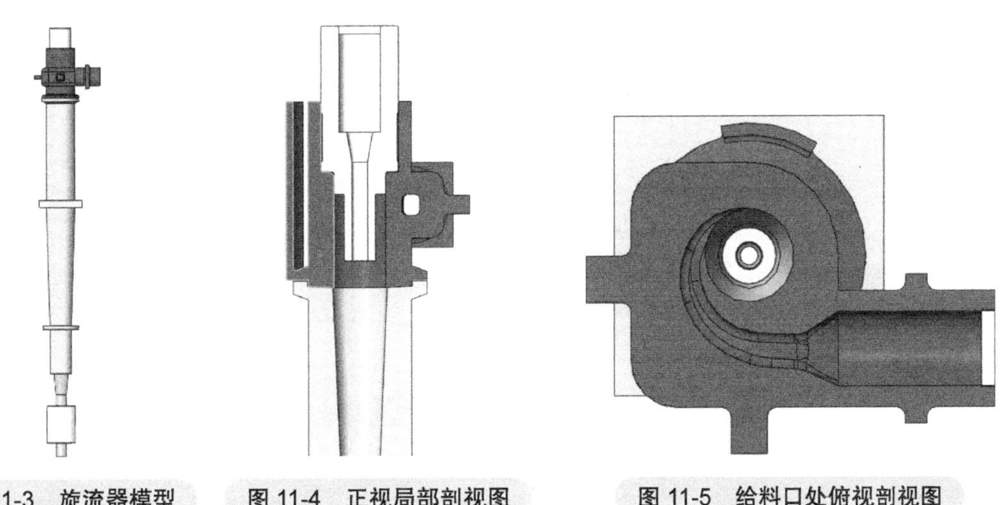

图 11-3　旋流器模型　　图 11-4　正视局部剖视图　　图 11-5　给料口处俯视剖视图

11.3　模型设置

步骤 1　创建封盖

为了后续 CFD 流场仿真，我们需要在原始模型的给料口、上溢流口和底流口做封盖处理，来形成封闭的流体空间以用于内流场仿真。

单击 Flow Simulation 插件的工具，再单击【创建封盖】，选择给料口处的平面，软件会在给料口处自动创建一个封盖。

按上述步骤依次在上溢流口和底流口创建封盖。

> **注意：**
>
> 1）创建封盖时只能选择平面，如果需要建立封盖处没有平面，用户可以用拉伸建模的方式手动创建几何部件以形成封盖。
>
> 2）创建的封盖应有一定厚度，尽量与原始几何模型有干涉，避免形成线或面接触。线或面接触在后续的计算中有可能由于数值识别的原因导致计算无法完成。

步骤 2 向导设置

该 CFD 仿真模型是一个内流场问题，按表 11-1 中内容进行向导设置。

表 11-1 向导设置内容

设置项目	设置内容
配置名称	Default
项目名称	Default
单位系统	国际单位制 SI，温度为℃，体积流量单位为 m^3/s，质量流量单位为 kg/s
分析类型	选择【内部】类型，单击【排除不具备流动条件的腔】复选框，单击【重力】复选框并设置【Z 方向分量】为 $-9.8m/s^2$
默认流体	水（液体）
壁面条件	默认设置，绝热壁面，【粗糙度】为默认的 0μm
初始条件	默认设置

注意：此模型的分析类型中如果不单击【排除不具备流动条件的腔】复选框，计算结果中会发现存在一些小的独立的流体体积，这是由于部件之间倒圆角之后形成的局部空隙被软件识别为流体区域，而实际上这些区域既不流动也不对计算起作用。

步骤 3 边界条件设置

该模型的入口边界条件为体积流量，出口边界条件为环境大气压力。

右击【边界条件】，选择【插入边界条件】选项，进入【边界条件】对话框。设置【入口体积流量】为 1 m^3/h，单击【充分发展流动】复选框。单击【确定】✓退出当前对话框。

按上述步骤分别设置上溢流口和底流口为环境压力边界条件，压力为默认的数值 101325Pa。单击【确定】✓退出对话框。

注意：虽然上溢流口和底流口都是一样的环境压力边界条件，但是还是建议用户创建两个独立的边界条件，便于后续定义目标或其他条件时进行表面选择等操作。

步骤 4 目标设置

流体速度和压力是我们关注的量，设置了环境压力边界条件的两个出口处的流体流量应作为计算稳定的监测量。

右击【目标】，选择【插入全局目标】选项，进入目标设置对话框，选择【速度：平均值、最大值】、【静压：平均值、最大值】。单击【确定】✓退出对话框。

右击【目标】，选择【插入表面目标】选项，进入目标设置对话框，选择上溢流口封盖的内表面，选择【体积流量】。单击【确定】✓退出对话框。

按上述步骤设置底流口封盖内表面的【体积流量】目标。

步骤 5　网格设置

该模型中没有特别细小的特征，因为我们直接采用全局网格设置。

设置全局网格类型为【自动】，初始网格级别为“5”，单击【高级通道细化】复选框，其他采用默认设置，如图 11-6 所示。

步骤 6　提交计算

单击命令管理器区【Flow Simulation】→【运行】，提交计算，弹出【运行】对话框，如图 11-7 所示。

图 11-6　全局网格设置

图 11-7　提交计算

步骤 7　加载结果

计算完成后会自动加载。如果没有加载结果，可以手动加载 .fld 结果文件。

右击【结果】，选择【加载】选项可以自动加载结果文件，或者单击【从文件加载】选择对应的 .fld 结果文件。

步骤 8　设置粒子研究

SOLIDWORKS Flow Simulation 中的粒子运动模型假设粒子的质量和体积远小于流体的数值，粒子的运动对流体运动的影响基本可以忽略不计，所以是流体的流动影响粒子的运动，因此粒子研究的设置是在已有流体流动结果的基础上进行操作的。

在分析树中右击【粒子研究】，选择【向导】选项，进入粒子研究向导，如图 11-8 所示。单击右上角的【下一步】，进入【注入】对话框，如图 11-9 所示。在【起始点】栏中单击【模式】，在【平面】栏中选择给料口封盖的内表面，在【点数】栏中设置粒子点数为“100”。

如图 11-9 所示，在【粒子属性】栏中设置粒子直径为“5e-07m”（0.5μm），材料类型为【固体】，材料为【预定义】→【聚合物】→【聚氨酯】，粒子的【质量流量】为 8 kg/h，【初始粒子速度】和【初始粒子温度】保持默认设置。单击右上角的【下一步】，进入【物理设置】对话框。

如图 11-10 所示，在【物理设置】对话框，单击【侵蚀】复选框。此处重力已经默认选择，方向为 Flow Simulation 项目向导中设置的重力方向。单击右上角的【下一步】，进入【默认壁面条件】对话框。

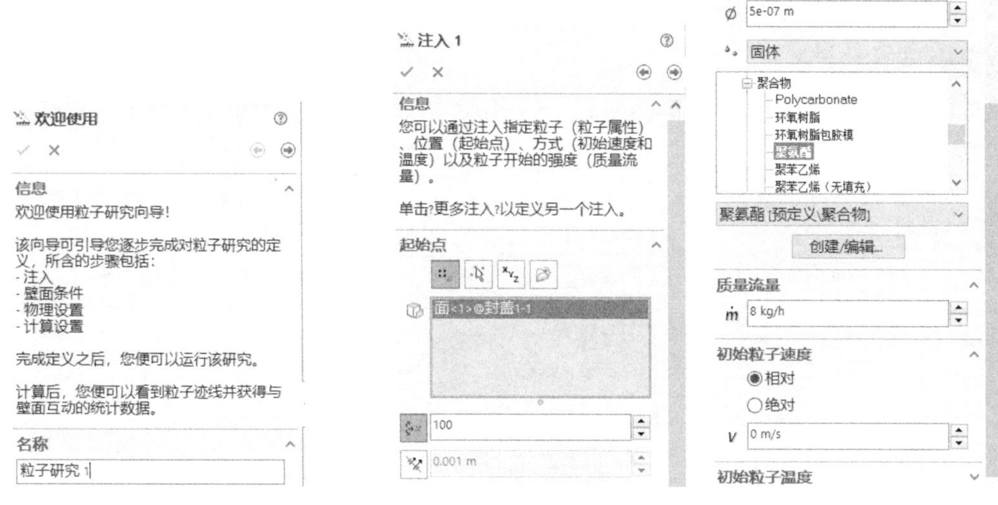

图 11-8 粒子研究向导 1　　图 11-9 粒子研究向导 2

如图 11-11 所示，在【默认壁面条件】对话框中单击【理想反射】。单击右上角的【下一步】，进入【计算设置】对话框。

如图 11-12 所示，在【结果保存】栏中单击【迹线和统计数据】，在【默认外观】栏中的【将迹线画为】中选择【球】选项，其他采用默认设置，单击右上角的【下一步】，进入【运行】对话框。

图 11-10 物理设置　　图 11-11 默认壁面条件设置　　图 11-12 计算设置

如图 11-13 所示，在【运行】对话框单击【运行】，粒子研究开始运行。

如图 11-14 所示，右击结果树中的【粒子研究】下的【注入 1】，选择【属性】选项，修改该注入名称为“0.5μm”。

右击【注入】下的“0.5μm”，选择【克隆】选项，如图 11-15 所示。在注入下会增加一个名为“0.5μm（1）”的注入。

右击【注入】下的“0.5μm（1）”，选择【编辑定义】选项，进入【注入】对话框，修改【粒子属性】中的粒子直径为“2e-06 m”，其他设置保持不变，如图 11-16 所示。单击【确定】✓退出对话框。

修改注入“0.5μm（1）”的属性名称为“2μm”。

按上述步骤克隆创建一个粒子直径为“5e-06 m”的注入，并修改该注入的属性名称为“5μm”。

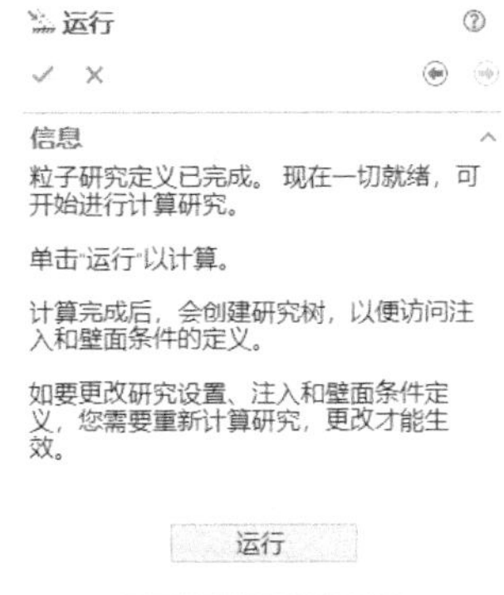

图 11-13　运行

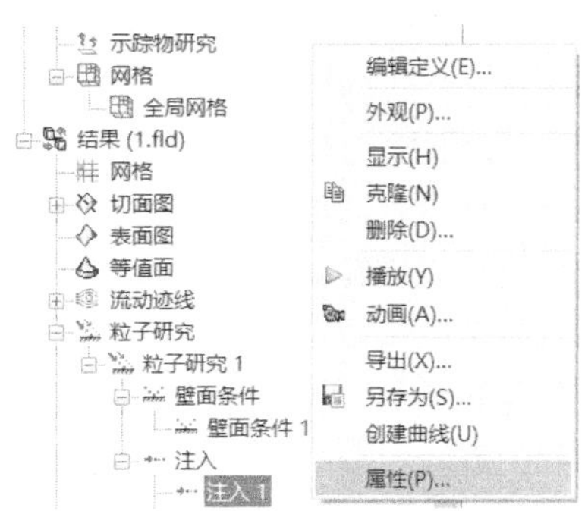

图 11-14　修改注入名称

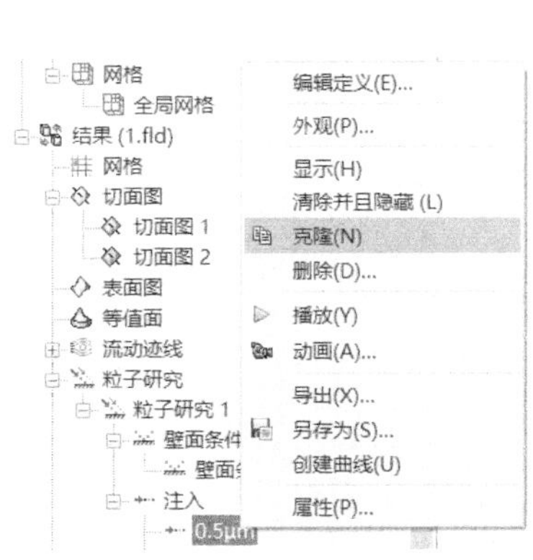

图 11-15　克隆注入

图 11-16　修改注入属性

粒子研究设置完成后最终视图如图 11-17 所示。

右击【粒子研究 1】，选择【运行】选项，如图 11-18 所示，该粒子研究将开始运行。

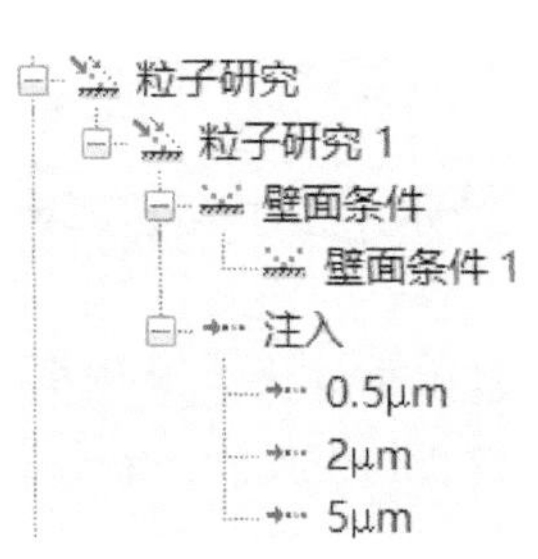

图 11-17　粒子研究设置完成

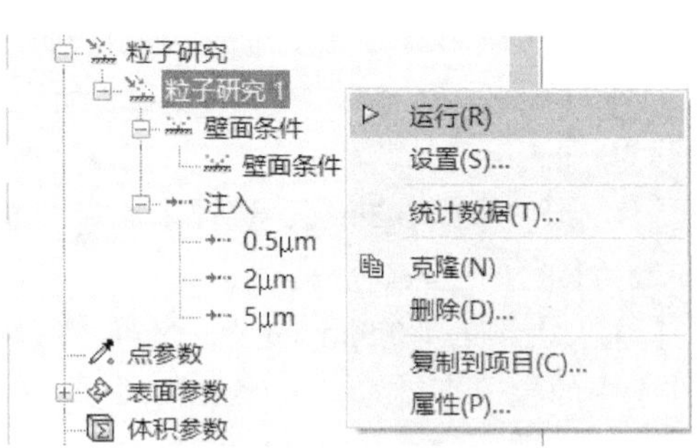

图 11-18　运行粒子研究

11.4　后处理与结果解读

首先查看速度与压力的结果，观察流动迹线是否形成外旋流和内旋流。

以“右视”平面为剖切平面显示速度的切面图，如图 11-19 所示。在该切面下，最大流体速度为 14.74m/s，速度较高的部位位于流体旋转的入口靠近壁面处。如图 11-20 所示，显示流体的矢量箭头，可以发现在锥体部位流体靠近壁面的流动速度向下，而在中间部位流体运动速度向上，逐渐流向上溢流口。

以“右视”平面为剖切平面显示静压的切面图，如图 11-21 所示，靠近锥体壁面处静压力较大，而中间部位静压力较小，上溢流口附近的静压力明显小于锥体处。

以给料口封盖内表面为起始面创建流动迹线图，如图 11-22 所示，发现确实形成了外旋流动和内旋流动，它们的旋转方向相同，都是沿顺时针旋转；所不同的是，外旋流流动速度大，而内旋流流动速度较小。

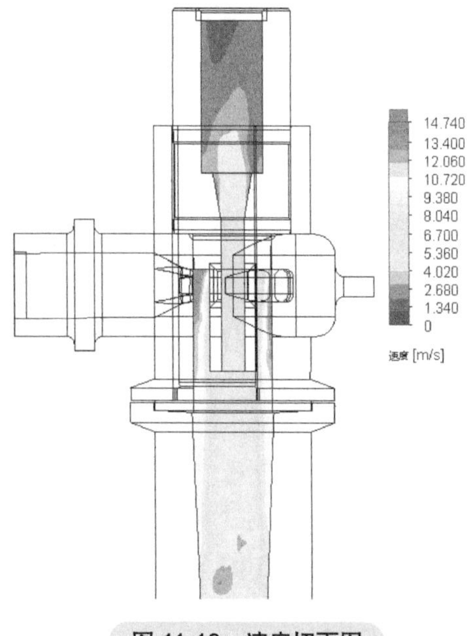

图 11-19　速度切面图

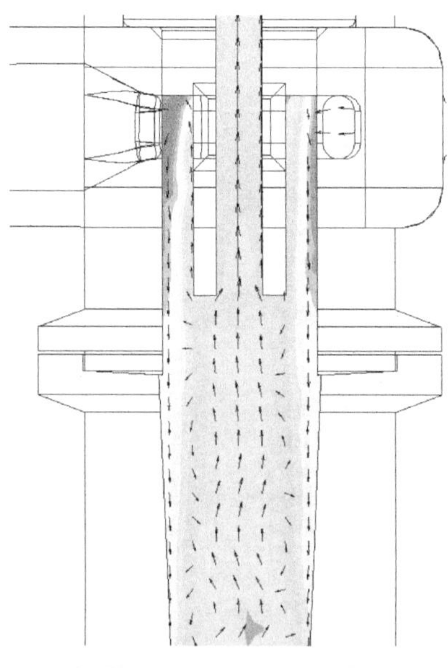
图 11-20　速度切面矢量图

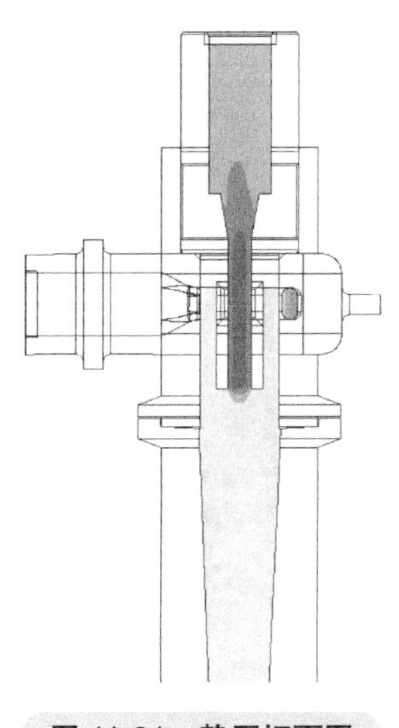

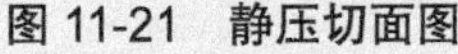

图 11-21　静压切面图

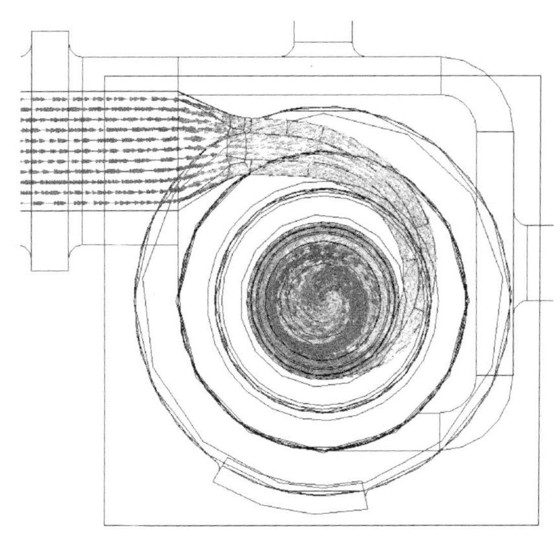

图 11-22　流动迹线图

显示粒子流动结果。右击【注入】，选择【显示全部】选项，如图 11-23 所示，粒子流动轨迹可以显示出来。选择【注入】→【显示全部】→【播放全部】选项，可以以动画的形式显示粒子的运动。也可以单独针对每个粒子注入进行右键操作显示或播放粒子运动轨迹。

显示上溢流口的粒子数量。右击【表面参数】，选择【插入】选项，进入【表面参数】对话框，在【选择】栏中选择上溢流口封盖的内表面，在【参数】栏中单击【粒子数】复选框，单击【显示】，如图 11-24 所示。三种不同直径的粒子通过上溢流口的数量，如图 11-25 所示。我们也可以在模型图上显示结果，如图 11-26 所示。该粒子数值表示统计量，即直径为 0.5μm 的粒子有 30% 从上溢流口流出，直径为 2μm 的粒子有 27% 从上溢流口流出，直径为 5μm 的粒子有 23% 从上溢流口流出。

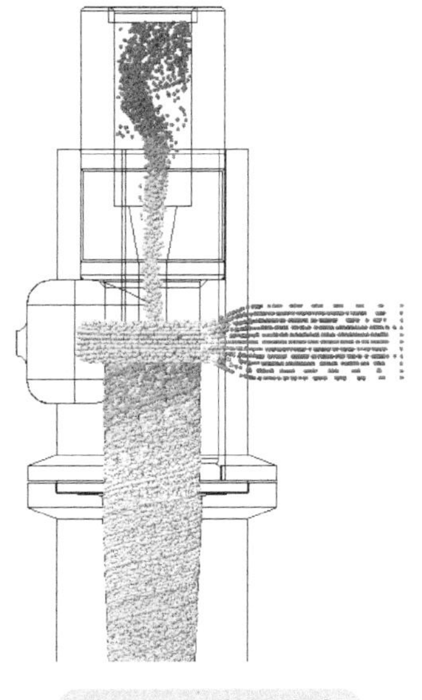

图 11-23　粒子流动

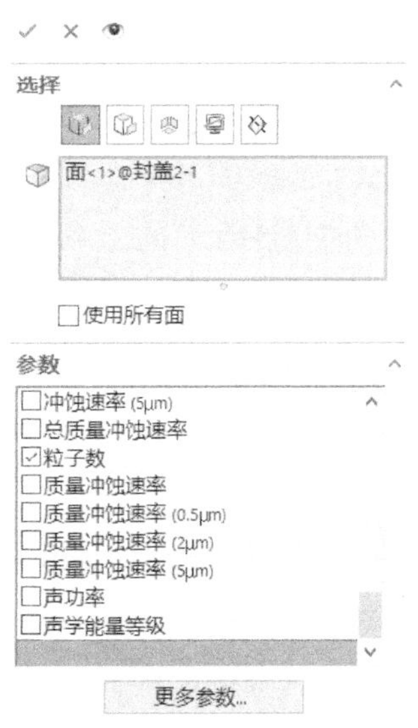

图 11-24　粒子数

整体参数	数值	X方向分量	Y方向分量	Z方向分量	表面面积 [m^2]
粒子数 [ ]	80.000				0.0002
粒子数 (5μm) [ ]	23.000				0.0002
粒子数 (0.5μm) [ ]	30.000				0.0002
粒子数 (2μm) [ ]	27.000				0.0002

图 11-25　表面参数显示 1

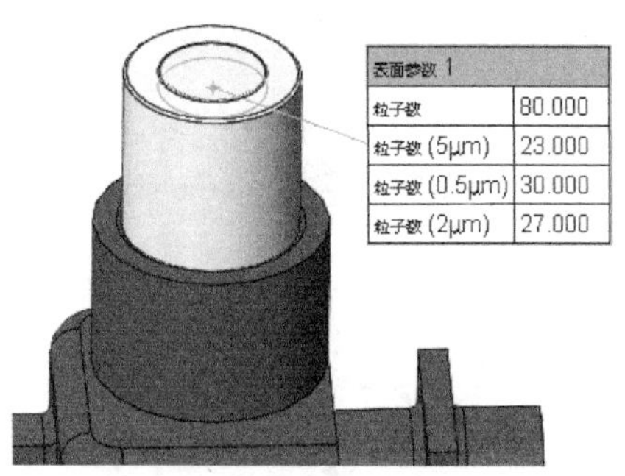

图 11-26　表面参数显示 2

显示冲蚀速率结果。右击【表面图】，选择【插入】选项，进入【表面图】对话框。在【选择】栏中单击【使用所有面】复选框，在【等高线】栏中选择【冲蚀速率】选项，单击【确定】✓退出对话框，即可显示冲蚀速率表面图，如图 11-27 所示。

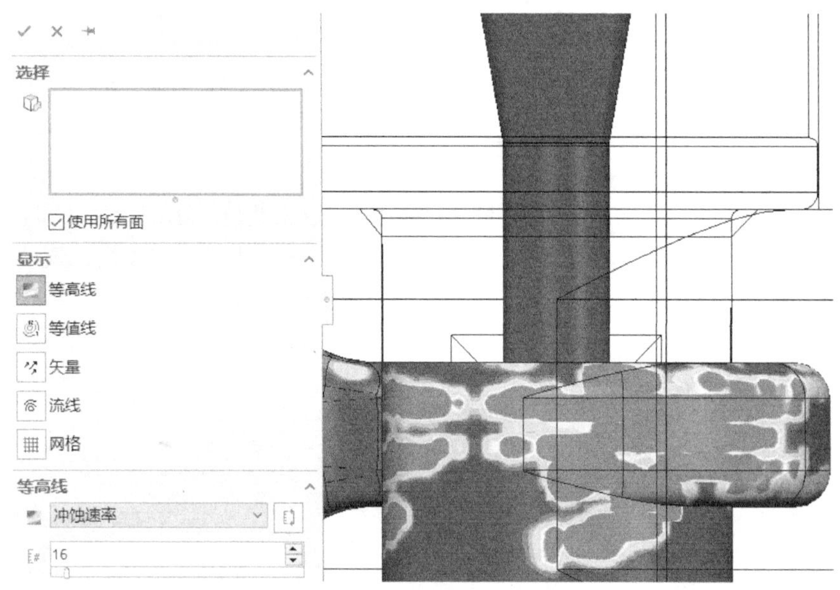

图 11-27　冲蚀速率表面图

11.5　粒子研究与示踪物研究

前面我们讨论了粒子研究（Particle Study）的应用场景与具体操作，Flow Simulation 中的示踪物研究（Tracer Study）与粒子研究有相似之处，我们做简单对比说明。

示踪物研究模拟现有气体（如空气）中某些添加剂（示踪物）的流动，如局部有少量挥发性气体产生，它的前提是假设添加剂对气体流动的影响可忽略。如果添加剂的浓度（质量分量）

非常低，此假设是合理的。这与粒子研究的基本假设非常相似。它们的向导式设置过程也很相似。

它们之间的不同之处在于：

1）粒子研究在结果树中设置，而示踪物研究在输入数据树中设置，即示踪物研究需要在提交计算前设置完成，而粒子研究可以在初始流场计算完成后设置。

2）粒子研究可以用于气体或液体流场中，而示踪物研究只能用于气体流场中。

3）粒子研究中粒子的材料可以是固体或液体，而示踪物中的示踪物材料只能是气体。

4）粒子研究包含在 Flow Simulation 的基本模块中，而示踪物研究功能存在于 HVAC 模块中。

5）粒子研究可用于粒子对表面侵蚀仿真，示踪物研究可用于气体的冷凝仿真。

示踪物研究的介绍和基本使用可以参考 12.1.4 节，读者可按向导操作体会。

注意：软件许可证中需要包含 HVAC 模块，才能设置示踪物研究。

11.6　小结与讨论：实时耦合与顺序耦合

粒子研究模型中存在流体和固体颗粒，笼统来讲它是一种流固耦合计算，但是 Flow Simulation 中的粒子研究没有考虑粒子对流体流动的影响、粒子与粒子之间碰撞接触的影响、大量粒子聚集对流场的影响、大直径粒子对流场和结构的影响，因此不是严格意义上的流固耦合。

流固耦合和热固耦合通常分为实时耦合与顺序耦合。实时耦合是在仿真模型中同时考虑两种或两种以上物理场的计算，如流体流动、固体结构变形、温度场、电磁场等，它的计算量通常较大，同时对软件功能和性能要求较高。

顺序耦合是首先进行一种物理场的计算，然后将该物理场的计算结果作为初始条件或边界条件导入到下一个模型中计算，前提条件是这两种或两种以上物理场是可以解耦的，即它们可以分开计算求解然后进行组合叠加而对最终结果没有影响。例如：常见的温度场引起的热应力问题，通常就可以采用顺序耦合进行计算。而有些问题则无法采用顺序耦合的方式，如机械运动摩擦产生热量导致温度传递引起热应力，无法采用顺序耦合方式来计算。此外流体运动冲击引起固体结构的大位移变形或结构部件运动进而影响流场的改变，也无法采用顺序耦合来计算。

SOLIDWORKS Flow Simulation 支持流动运动与传热的共轭计算，与 SOLIDWORKS Simulation 结构仿真模块结合起来可以做顺序流固耦合和热固耦合分析，Flow Simulation 的压力、温度等结果可以作为初始条件导入到 SOLIDWORKS Simulation 中计算结构应力和热应力。根据经验，强烈建议用户在 Flow Simulation 中先做【将结果导出到 Simulation】的导出操作（图 11-28），然后再到 SOLIDWORKS Simulation 中做导入，以消除可能出现数据没有写入的问题。

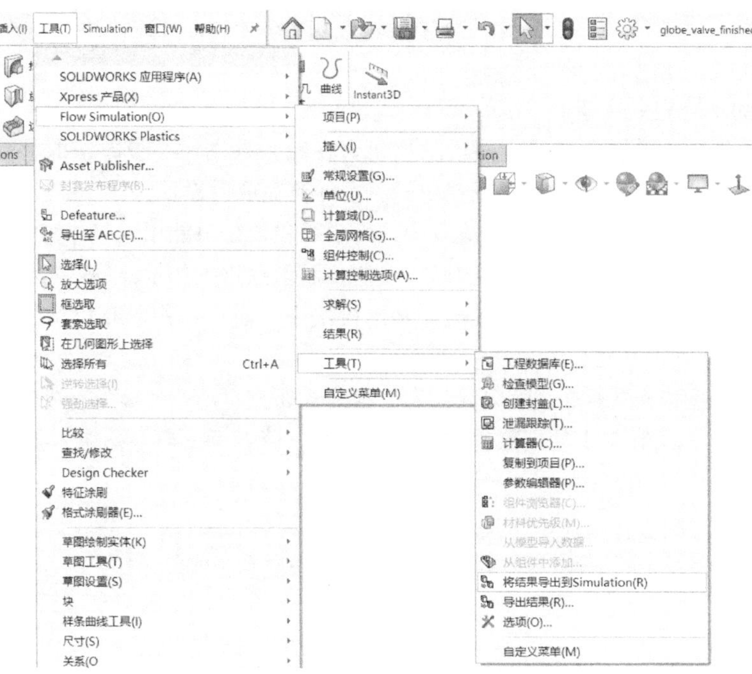

图 11-28 将结果导出到 Simulation

第 12 章 室内空间流场仿真

12

【学习目标】

1）HVAC 模块功能。

2）高级辐射模型。

3）人体舒适度因子。

4）示踪物研究。

5）计算中警告信息的理解与处理。

12.1 HVAC 模块

HVAC 模块是 SOLIDWORKS Flow Simulation 中的附加模块，HVAC 是 Heating，Ventilation and Air Conditioning 的英文缩写，意为供热、通风与空气调节。HVAC 也是一门应用学科，应用在建筑设计与工程设备制造等领域。HVAC 仿真通常会涉及温度、湿度、污染物排放、空气清洁度和人体舒适度等内容。

Flow Simulation 中的 HVAC 模块包含高级辐射模型、示踪物研究、人体舒适度参数和附加的建筑材料数据库等功能。

12.1.1 高级辐射模型

在第 8 章电感线圈焦耳热仿真中我们已经应用过离散传递模型和辐射表面边界条件，这些最基本的辐射相关设置存在于 Flow Simulation 的基本模块中，而 HVAC 模块还包含一些高级辐射模型。

1. 离散坐标辐射模型

离散坐标辐射模型可以为有限数量的离散立体角求解辐射传热方程，每个立体角都有一个矢量方向。此方法可用于求解吸收（半透明）介质中的辐射，并作为波谱相关性建模，求解的精确度与所使用的离散方向数量相关。

建议将此模型用于具有低温变化或没有集中辐射源（如电子冷却、温室效应和驾驶室舒适度分析）的模型中。同时，在大多数低温情况下，不必考虑波谱相关性（即可以将条带数设置为 0）。也可以将离散化级别设置为 2 或 3，从而获得可接受的结果精确度。如果阴影的几何光学效应很显著，则建议提高离散化级别以提高几何光学建模的精确度。如果这还不够，建议使用离散传递模型。

离散坐标辐射模型的优点是可以考虑半透明固体（如玻璃）中的辐射吸收，并能考虑辐射折射，辐射可以跨越光学厚度的整个范围。它的缺点是无法考虑散热和气体辐射，即所有流体被认为对热辐射是透明的，热辐射通过气体传播没有任何相互作用。

离散坐标的设置如图 12-1 所示，选择【离散坐标】选项以后还可以设置【环境温度】、【太阳辐射】、【固体内吸收】、【波谱特性】等选项，其中【环境温度】和【太阳辐射】选项也存在于 Flow Simulation 的基本模块中，而【固体内吸收】和【波谱特性】选项存在于 HVAC 模块中。

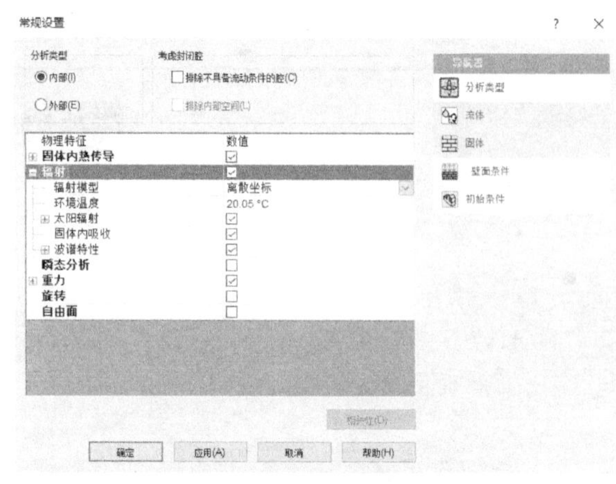

图 12-1　离散坐标的设置

2. 固体内吸收

此选项表示在计算模型中考虑固体中的辐射吸收，如果要考虑对任何类型的辐射（热辐射或太阳辐射）均具有完全透明度的固体，则不需要选择此选项。当单击【固体内吸收】复选框时，相较于未单击该复选框，在【固体材料】对话框中会出现【吸收性】选项，如图 12-2 和图 12-3 所示。

【吸收性】表示固体材料对辐射是部分透明的，即它按照指定的吸收系数吸收辐射。如果选择【吸收性】选项，那么在工程数据库中，固体材料需要定义吸收系数数值，吸收系数可以指定为常数或者与波长相关，如图 12-4 所示。固体的吸收系数和几何体参数确定了它吸收的辐射热量。

【不透明】表示对于任何辐射类型，固体材料被认为是不透明的。

【透明】表示固体材料被认为对辐射是完全透明的，即它不吸收或反射任何辐射。在【透明】选项下，可以选择默认的固体材料为仅对热辐射透明、仅对太阳辐射透明或者对热辐射和太阳辐射透明，如图 12-5 所示。

图 12-2　未单击【固体内吸收】复选框

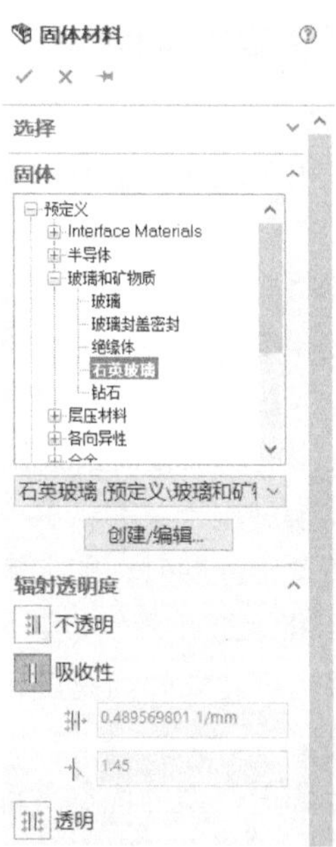

图 12-3　单击【固体内吸收】复选框

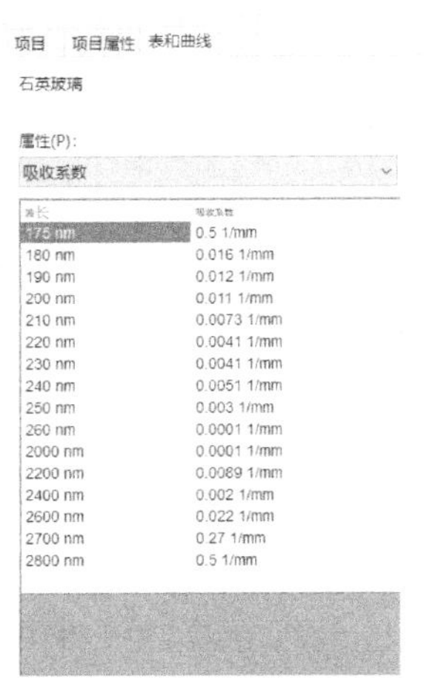

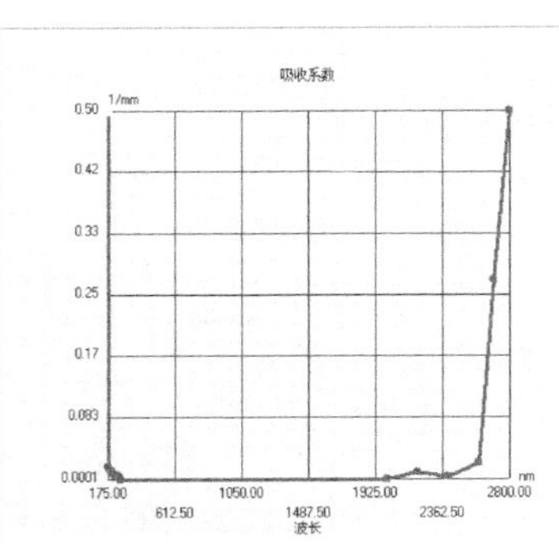

图 12-4　吸收系数与波长相关

图 12-5 【透明】选项

3. 波谱特性

此选项表示在模型中考虑辐射波谱（光谱），即可以设置固体材料对于不同波长的光谱的辐射特性。我们知道，所有物体通过电磁辐射持续辐射放出能量，不同类型的电磁波波长见表 12-1。热辐射主要覆盖 0.1 ~ 1000μm 的波长，所以紫外线、可见光、近红外和远红外都具有热辐射能力。从辐射能力上来讲，可见光的热辐射能力最强。

表 12-1　不同类型的电磁波波长

电磁波类型	波长
伽马射线	0.1×10^{-6}mm
X 射线	（0.001 ~ 10）$\times10^{-6}$mm
紫外线	（10 ~ 400）$\times10^{-6}$mm
可见光	（0.4 ~ 0.76）$\times10^{-3}$mm
近红外	（0.78 ~ 3）$\times10^{-3}$mm
远红外	（6 ~ 15）$\times10^{-3}$mm
微波	1 ~ 1000mm

4. 条带数

当选择离散坐标辐射模型时，需要指定条带数，条带数的范围是 2 ~ 10 个。计算时间、CPU 时间和内存资源将与条带数线性相关，因此建议使用小于 5 的值。对于常见的玻璃材料，2 个或 3 个条带往往就够了。条带数的含义是，光谱的吸收系数（相对强度）随着光谱条带逐步变化，而在条带内是光滑变化的，如图 12-6 所示。

如果分析中定义了光谱条带，需要选择【环境辐射】下的光谱类型，可以选择的类型为【黑体光谱】、【外星太阳光谱】和【日光光谱】。

5. 条带边缘

条带边缘是指条带数频带之间边界的波长值。如果设置条带数为 2，则设置 1 个条带边缘波长值；如果设置条带数为 3，则设置 2 个条带边缘波长值，依此类推。

6. 环境辐射

环境辐射选项中可以从工程数据库中可用的预定义和用户定义光谱列表中选择周围环境的

辐射源的光谱特性。

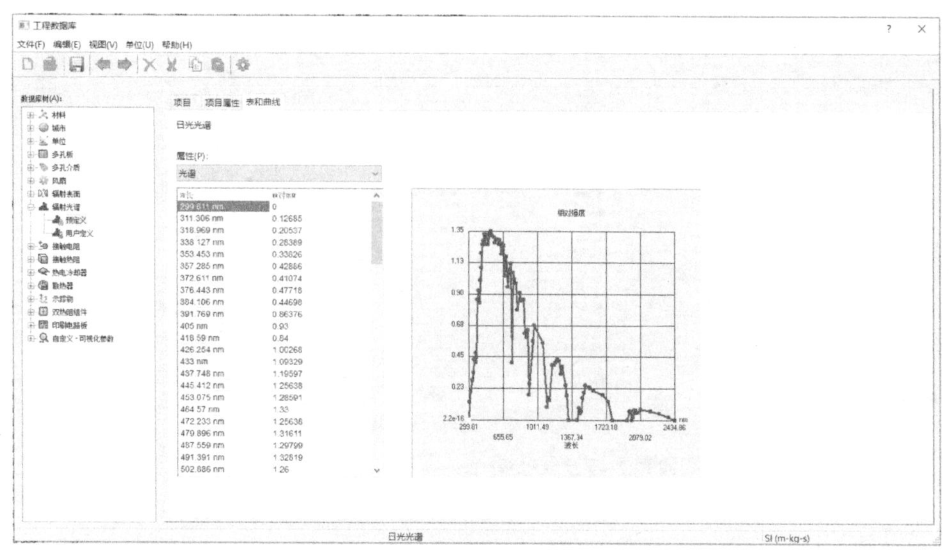

图 12-6　工程数据库—辐射光谱

当我们在向导中设置了光谱特性相关参数以后，在分析树的【辐射源】设置中可以选择相应的光谱特性，如图 12-7 所示。需要注意的是，即使没有 HVAC 模块，用户也可以设置辐射源，只是没有【光谱】相关的选项可供选择设置。

工业设备中的红外线加热器是一种典型的利用辐射加热的装置。它的效率取决于加热灯的发射波长与被加热材料的吸收光谱的匹配。例如：水的吸收峰值在 3000nm 附近，中波红外线加热器最适合用于加热水和干燥水性涂料，这些红外线加热器的发射峰值与水的吸收峰值范围相同。

加热类型之间另一个差别是强度，通常用 W/cm 或 W/cm^2 表示。由于较高的灯丝温度，短波和卤素加热器的辐射强度会高于中波红外线加热器的辐射强度。当为工业系统选择红外线加热器或红外加热系统时，波长和辐射强度是其中要考虑的关键因素。

图 12-7　辐射源—光谱

12.1.2　人体舒适度因子

Flow Simulation 通过计算舒适性标准，可以预测人们暴露在热环境中的一般热感觉和不舒适度（热不满意度）以及评估空气质量。当设计空间和 HVAC 系统时，使用这些标准来确定总体热舒适性和空气质量，或者用来表示环境条件的舒适性是否可以接受。舒适性标准的计算假设流体是空气。

人体舒适度因子包含以下参数。

1）平均辐射温度（MRT）。平均辐射温度（MRT）是一个假想黑色外壳的均匀表面温度，在其中物体交换与实际非均匀空间相同的辐射热量。为计算平均辐射温度，假设所有计算区域表面的发射率是相同的。

2）操作温度（Operative Temperature）。操作温度一个假想黑色外壳的均匀表面温度，在其中物体交换与实际非均匀空间相同的辐射热加对流换热。ISO 7726《热环境的人类工效学　测量物理量仪器》中有对操作温度更详细的描述。

3）预测平均热感觉指标（PMV）。预测平均热感觉指标（PMV）是一个基于人体热平衡，预测大量人群对 7 个级别的冷热感觉尺度投票的平均值指标，见表 12-2。人的冷热感觉主要与其整个身体的热平衡有关，这种平衡受物理活动和服装以及空气温度、平均辐射温度、相对气流速度和空气湿度等因素的影响。当这些因素已知时，整个身体的冷热感觉可通过计算预测平均热感觉指标（PMV）来预测。

当人体内部导热等于向环境散热时，达到热平衡。在温和的环境中，人体体温调节系统会自动尝试修正皮肤温度和汗液分泌，以维持热量平衡。

ISO 7730《热环境的人类工效学　计算 PMV 和 PPD 指数和局部热舒适性标准》中分析确定和解释说明了热舒适性。

表 12-2　预测平均热感觉指标（PMV）表

人体感觉	冷	凉	微凉	中性	微暖	暖	热
PMV 数值	−3	−2	−1	0	+1	+2	+3

4）预测不满意百分比（PPD）。预测不满意百分比（PPD）是一个通过预测给定环境中，人们可能感觉太热或太冷的百分比数值，来提供有关热不满意度信息的参数。该参数可以由预测平均热感觉指标（PMV）计算得到。显然 PPD 值越小，环境中人们的满意度越高，也即 PMV 值越接近 0，环境中人们的不满意度越低。

5）通风量（DR）。通风量（DR）是指预计受到通风干扰的人员百分比，它的计算模型应用于从事以久坐为主的轻体力活动且全身的热感觉接近中性的人，并且适用于预测颈部通风。在手臂和脚部水平，该模型可能会高估预测的通风量。对于高于久坐的活动水平以及热感觉高于中性的人，通风感觉较低。

6）拉伸温度（Draft Temperature）。拉伸温度是指所占区域中任意点与控制条件的温度差值。拉伸的定义是考虑湿度和辐射为常数的条件下，由于空气的运动和温度，身体任何部位对冷暖的局部感觉。

7）空气扩散性能指数（ADPI）。空气扩散性能指数（ADPI）是指控制空间中空气速度小于 0.35m/s 且拉伸温度处在 −1.7 ～ 1.1℃之间的空间区域所占的百分比。如果拉伸温度和 ADPI 是体积参数计算的，“控制空间”将会对应指定的体积区域。在其他情况下，“控制空间”对应整个计算区域。

8）污染物去除效率（CRE）。污染物去除效率（CRE）是一个提供从全部空间去除污染空气的效率的参数。只有在控制空间中不止一种流体时，这个参数才可用。对于一个完美的混合系统，CRE 应为 1。大于 1 的数值表明污染空气去除效率好，小于 1 的数值表明效率差。

9）局部空气质量指数（LAQI）。局部空气质量指数（LAQI）是一个提供有关从通风系统的一个点去除污染空气的效率的指数，同污染物去除效率（CRE）参数一样，只有在控制空间中不止一种流体时，这个参数才可用。对于一个完美的混合系统，LAQI 等于 1。空间中某个点的 LAQI 值越高，通风系统从这个点上去除污染空气的性能越好。

10）流动角度（Flow Angle）。流动角度的计算通常用于评估层流流动的性能。考虑选择坐标系统的一个轴作为设计的流向，流动角度结果可看作是偏离设计。在通常情况下，小于 15°

的流动角度可认为是好的。

需要注意的是，默认情况下Flow Simulation中的人体舒适度因子是禁用的，为确保计算这些参数并从计算结果中查看，需要在计算控制选项中选择计算这些舒适性参数，如图12-8所示。

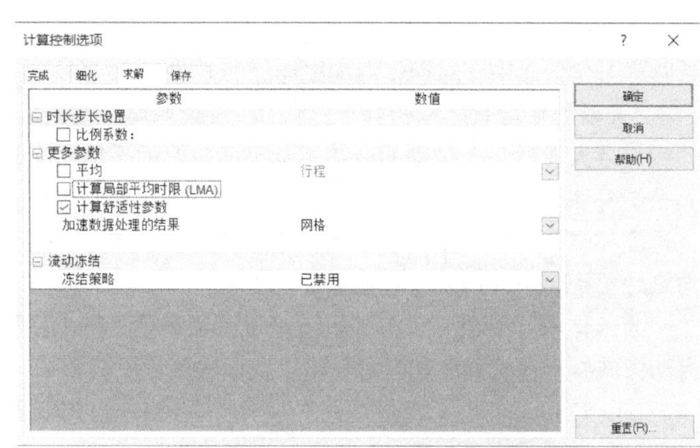

图 12-8 计算舒适性参数设置

此外还应在【工具】→【Flow Simulation】→【结果】→【默认参考参数】设置与舒适性参数相关的默认参考参数，如图12-9所示。默认参考参数用于手动指定默认参考流体温度、用于计算预测平均热感觉指标（PMV）和预测不满意百分比（PPD）的相关参数、参考压力、参考速度和参考密度的值。其中【舒适性参数】栏中依次指定人体代谢率M、外功W、服装热阻Icl和相对湿度φ_{ref}。其中人体代谢率M是指一个有机体内，化学能通过代谢活动转化为热和机械功的速率。服装热阻Icl是指整套服装的换热热阻，它的定义与来自整个身体的热交换有关，因此也包括服装未覆盖的头部和双手等部分。

图 12-9 默认参考参数

12.1.3 扩展的工程数据库

HVAC模块的工程数据库中还包含很多建筑材料的模型，如装饰相关的板材、地毯、砖和砌块等，如图12-10所示。此外在风扇模型中也会包含更多风扇厂商的风扇型号和相应参数，

如图 12-11 所示。

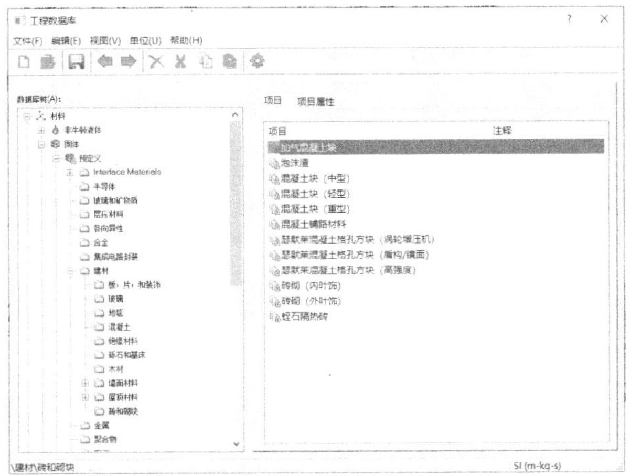

图 12-10 工程数据库—建筑材料

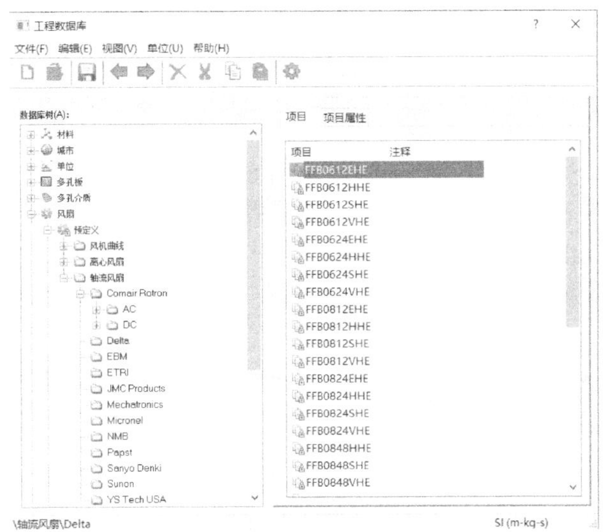

图 12-11 工程数据库—风扇

12.1.4 示踪物研究

示踪物研究功能用于研究现有流体中某些添加剂（示踪物）的流动，前提是假设添加剂对于主流体流动的影响可忽略。如果添加剂的浓度（质量分量）非常低，此假设是合理的。示踪物研究可以用来模拟污染物分布，以帮助优化环境系统，此外还可以用来计算水蒸气的冷凝。

当用示踪物研究来计算凝结速度时，可以在 Flow Simulation 的结果中输出示踪物质量流量的表面参数，将入口和出口的表面参数做比较即可得到凝结速度。

设置示踪物研究，需要选择一种示踪物，指定其初始分布、示踪物源和（可选）壁面条件（可用于计算固体壁面上的冷凝）。还可以考虑随时间变化分析，以观察示踪物随时间变化的分布情况。

在 Flow Simulation 的分析树中右击【示踪物研究】，选择【向导】选项或【新建】选项，按提示步骤即可完成设置，如图 12-12 和图 12-13 所示。在【向导】中我们可以依次指定示踪物材料、定义物理设置、指定初始示踪物分布、指定壁面条件、指定示踪物源、定义计算设置等。

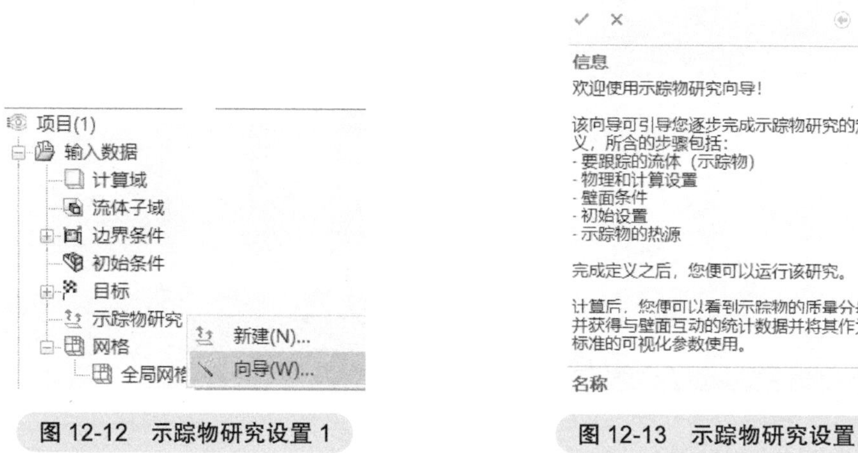

图 12-12　示踪物研究设置 1

图 12-13　示踪物研究设置 2

12.2　模型描述

这是一个医院隔离病房模型，由于开展医疗活动和医疗标准的要求，需要评估房间通风系统排出污染物的效率和人体的热满意度。这个典型病房包含一些基本特征，如病床、污染气体、灯光、设备等，通风系统包含头顶天花板的新鲜空气入口、空气排出出口和洗手间通风格栅，如图 12-14 所示。污染源假设来自病人呼出的气体，热源有两个顶灯、医疗器械、电视机和照顾者。

我们使用 Flow Simulation 进行 CFD 模拟，预测建筑物通风系统的性能，同时通过计算舒适度标准，评估空气质量和热感觉。

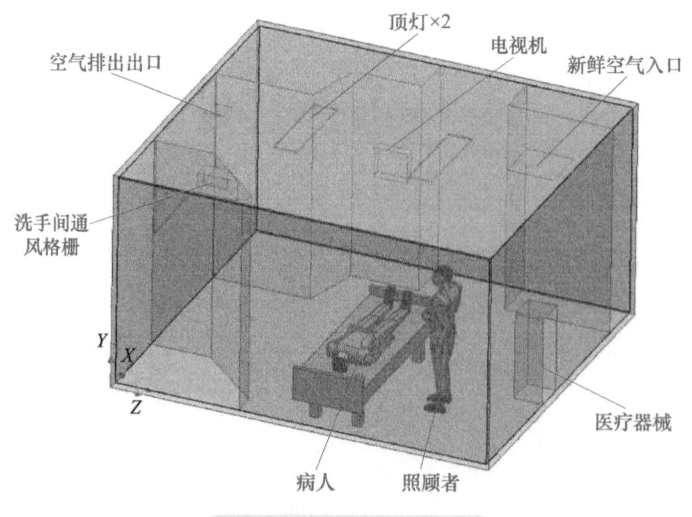

图 12-14　隔离病房模型

12.3 模型设置

步骤 1 向导设置

该模型应该是一个内流场仿真，通过查看或检查模型可以知道模型已经完全封闭，可以进行项目向导设置，按表 12-3 中的内容进行设置。

表 12-3　向导设置内容

设置项目	设置内容
配置名称	病房
项目名称	项目（1）
单位系统	国际单位制 SI，温度单位为℃，体积流量单位为 m^3/s，质量流量单位为 kg/s
分析类型	选择【内部】类型，单击【排除不具备流动条件的腔】复选框，单击【重力】复选框并设置【*Y* 方向分量】为 $-9.8m/s^2$
默认流体	该模型中存在两种气体，默认环境气体是“空气（气体）”。单击【新建】进入工程数据库，在【材料】→【气体】→【预定义】中的材料列表中右击【空气】，选择【复制】选项。右击【用户定义】，选择【新建文件夹】选项创建一个文件夹，选中【新建文件夹】，在右侧项目框中右击并选择【粘贴】选项，将空气材料复制到该新建文件夹中，并将复制的“空气”材料重命名为“Expired Air”，该气体将用于模拟病人呼出的气体
壁面条件	默认设置，绝热壁面，【粗糙度】为默认的 0μm
初始条件	【热动力参数】下的【温度】设置为 19.5℃，【浓度】下的【类型】设为质量分量，空气浓度为 1，Expired Air 浓度为 0

步骤 2 边界条件设置

如图 12-15 所示，在新鲜空气入口面上添加空气入口体积流量为 $0.08m^3/s$。

> 注意：需要在边界条件对话框中设置【物质浓度】→【质量分量】，空气的浓度为 1，Expired Air 的浓度为 0。

如图 12-16 所示，在空气排出出口表面上添加空气出口体积流量为 $0.0433m^3/s$。

如图 12-17 所示，在洗手间通风格栅面上添加 1 个大气压的环境压力。

如图 12-18 所示，在模拟病人的口腔面上添加 Expired Air 气体入口来模拟病人呼出的气体，入口体积流量为 $0.0002m^3/s$。在【物质浓度】中设置空气的浓度为 0，Expired Air 的浓度为 1。

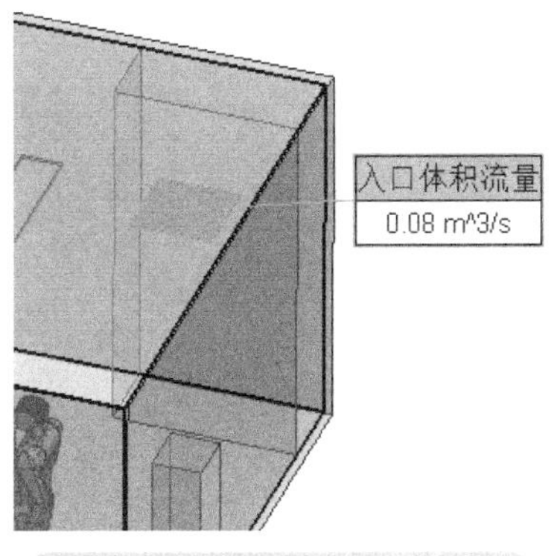

图 12-15　空气入口体积流量

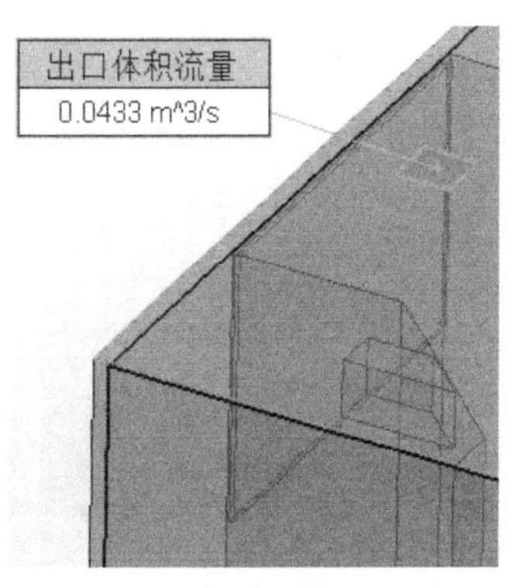

图 12-16　空气出口体积流量

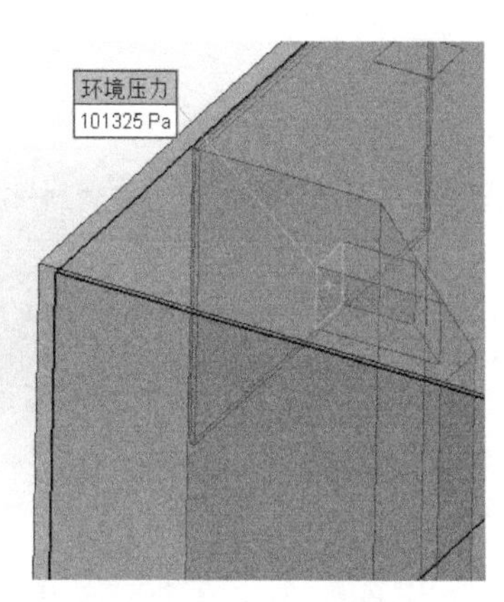

图 12-17 空气环境压力

图 12-18 人体入口体积流量

在分析树的【热源】下，设置病人热源的换热量为 81W，注意在【选择】栏中选择病人的整个装配体模型，如图 12-19 所示。

同样按上述步骤设置照顾者热源的换热量为 144W。

如图 12-20 ~ 图 12-22 所示，分别设置顶灯热源的换热量为 120W（两顶灯面总热源），电视机热源的换热量为 50W，医疗器械设备热源的换热量为 50W。

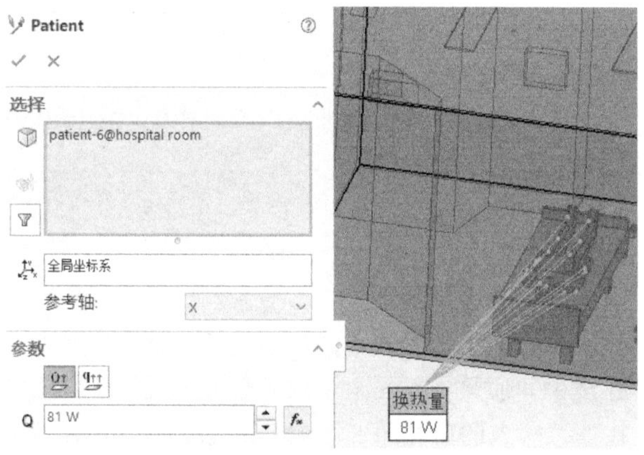

图 12-19 人体热源

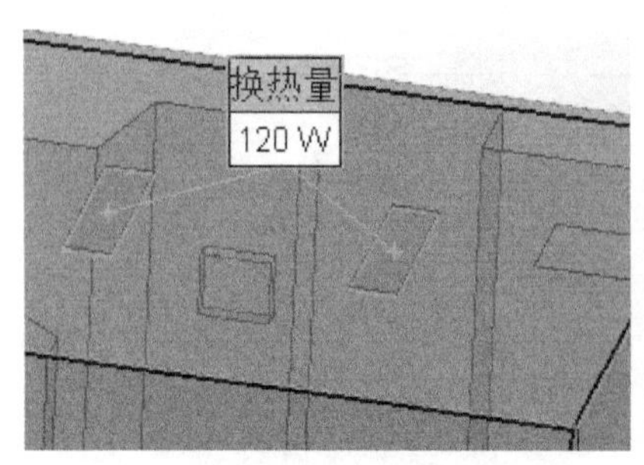

图 12-20 顶灯热源

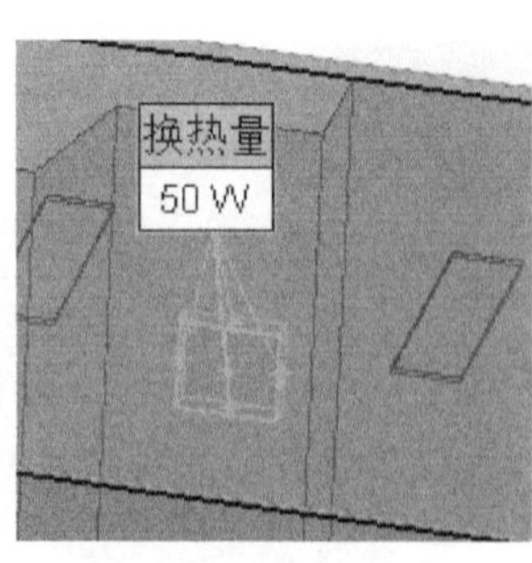

图 12-21 电视机热源

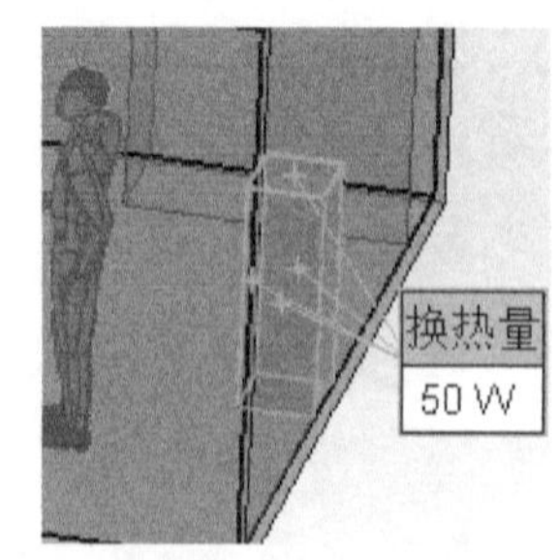

图 12-22 医疗器械设备热源

步骤 3　目标设置

设置平均辐射温度（平均值）、操作温度（平均值）、速度（平均值）、体积分量 Expired Air（平均值）的全局目标，并保持默认的选项【用于控制目标收敛】。

步骤 4　网格设置

在【全局网格设置】对话框中设置初始网格的级别为“3”。由于此模型中我们关注的最小几何特征为人体口腔面，它的宽度为 12mm，所以我们设置最小缝隙尺寸为“0.012m”，如图 12-23 所示。

在分析树的【网格】中插入局部网格，选择病人和照顾者装配体作为要应用局部网格设置的组件，如图 12-24 和图 12-25 所示设置【细化网格】、【通道】和【高级细化】选项。

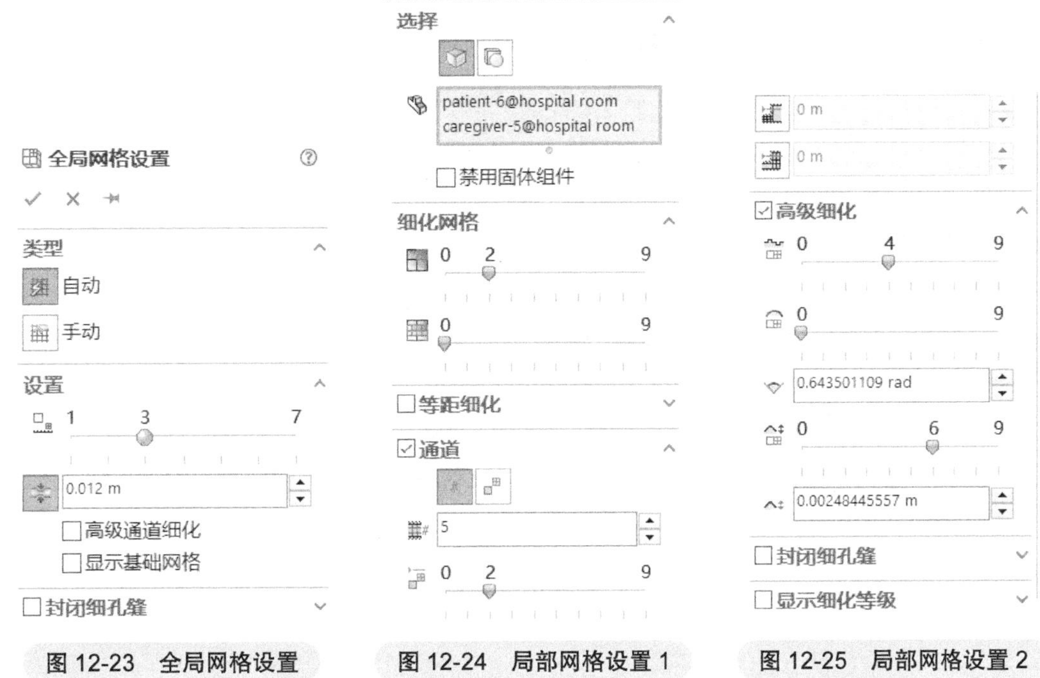

图 12-23　全局网格设置　　图 12-24　局部网格设置 1　　图 12-25　局部网格设置 2

步骤 5　计算控制选项

右击分析树中的【输入数据】，选择【计算控制选项】→【求解】选项卡，单击【计算局部平均时限（LMA）】和【计算舒适性参数】复选框，如图 12-26 所示，单击【确定】按钮退出对话框。

知识点：

如果单击【计算局部平均时限（LMA）】复选框，则将启用以下参数的计算。

1）局部平均时限（LMA）。它是流体从选定的入口流动到考虑速度和扩散的点的平均时间。

2）无量纲 LMA。它是指局部平均时限（LMA）除以 V/Q，也即 LMV 与 V/Q 的比率，其中 V 是计算域流体体积，Q 是进入该体积的流体的体积流量。

3）局部换气指数（LACI）。它是无量纲 LMA 的倒数。

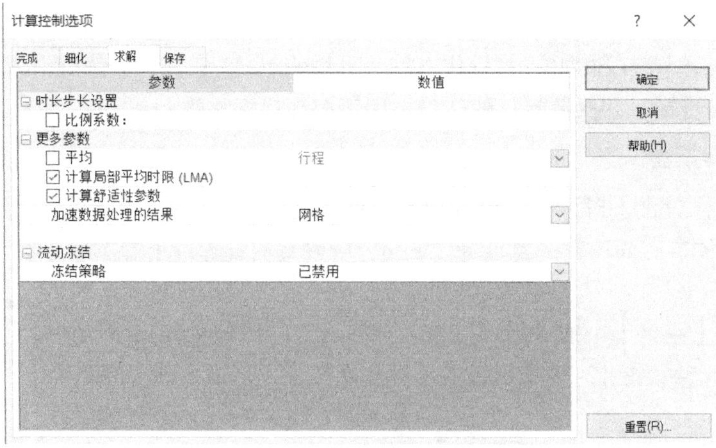

图 12-26　计算控制选项

步骤 6　提交计算

单击命令管理器区【Flow Simulation】→【运行】，提交计算。

12.4　后处理与结果解读

查看污染物去除效率（CRE）结果。在分析树中右击【结果】，选择【摘要】选项进入结果摘要显示界面，如图 12-27 所示，Expired Air 的污染物去除效率（CRE）数值为 1，说明该系统的污染物去除效率一般。

为了输出关于舒适度因子的体积参数，需要设置默认参考参数。如图 12-28 所示，设置参考流体温度 T_{ref} 为 19.5℃，人体代谢率为 100W/m^2，外功为 0W/m^2，服装热阻为 0.11K · m^2/W，室内环境的相对湿度为 55%。

注意：服装热阻为 0.11 K · m^2/W，这表示的是人体穿较薄的工作套装所对应的热阻数值。

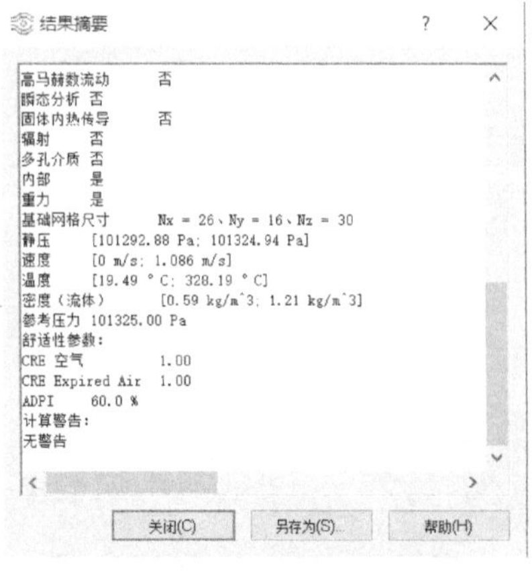

图 12-27　结果摘要—CRE

图 12-28　设置默认参考参数

右击【体积参数】，选择【插入】选项进入【体积参数】对话框。在【选择】栏中单击设计树中的【fluidvolume】部件，在【参数】栏中单击【ADPI】、【LAQI Expired Air】、【LAQI 空气】、【PMV】、【PPD】、【平均辐射温度】、【拉伸温度】、【操作温度】，如图 12-29 所示，单击【显示】按钮。

舒适度因子参数显示如图 12-30 所示，其中 PMV 的平均值为 0.68，表明人体在系统中感觉微热；PPD 的平均值为 16%，该数值表明该室内环境中人们的不满意度很低。

显示切面图结果。从切面图中显示 LAQI Expired Air 结果，如图 12-31 所示。设置刻度标尺最大显示值为 2，可以发现在新鲜空气入口正下方 LAQI Expired Air 的数值较高，新鲜空气入口周围去除病人 Expired Air 气体的性能更好，而病人口鼻周围的 LAQI Expired Air 数值接近于 0。

图 12-29　体积参数设置

局部参数	最小值	最大值	平均值	绝大部分平均	体积 [m^3]
平均辐射温度 [°C]	21.06	327.90	23.77	23.76	41.858404
操作温度 [°C]	20.81	327.90	23.32	23.31	41.858404
PMV [ ]	-0.23	1270.83	0.68	0.68	41.858404
PPD [%]	5.0	100.0	16.0	16.0	41.858404
拉伸温度 [K]	-9.9	306.5	0.8	0.8	41.858404
LAQI 空气 [ ]	1.00	944.73	1.00	1.00	41.858404
LAQI Expired Air [ ]	0	199336.10	10.01	10.10	41.858404

图 12-30　舒适度因子参数显示

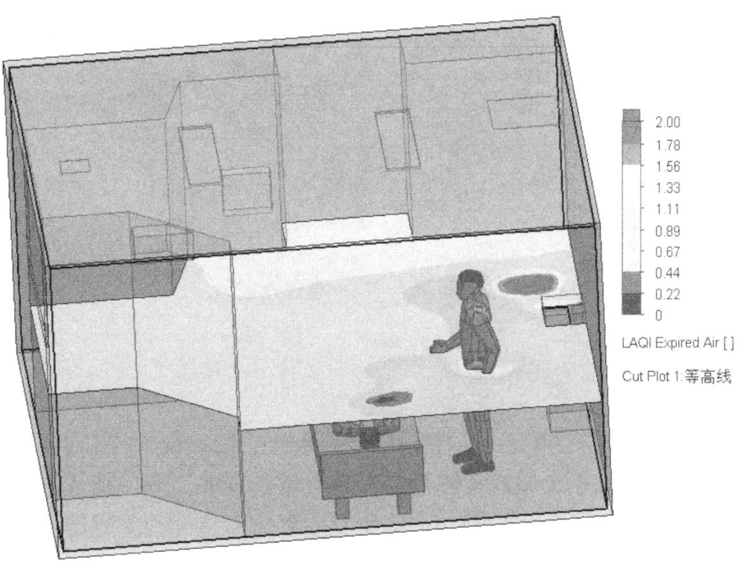

图 12-31　LAQI Expired Air 切面图

显示 PMV 切面图，如图 12-32 所示，照顾者周围的 PMV 值接近 1，而病人周围的 PMV 数值处于 0 与 1 之间，有比较好的舒适度。

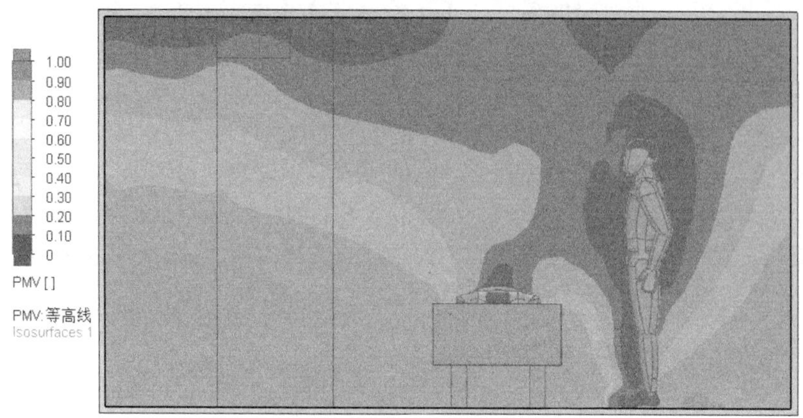

图 12-32　PMV 切面图

我们也可以输出 PMV 等值面图，如图 12-33 所示，可以直观地查看空间中的 PMV 数值分布。

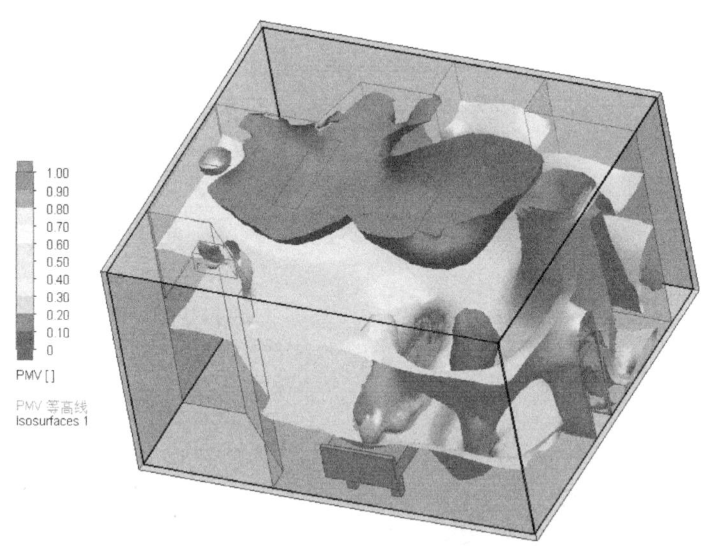

图 12-33　PMV 等值面图

12.5　小结与讨论：警告信息

在 Flow Simulation 计算过程中，在计算的底部窗格可能出现一些警告或提示信息，有些警告信息可能是由于模型设置不合理或计算数据出现异常出现的，有些则是软件在提示使用者可能需要注意的一些问题。需要注意的是，不是所有的警告信息都是说明模型存在问题，我们需要了解这些警告信息的含义，从而进行合理应对或调整。计算过程中出现的典型警告信息如图 12-34 和图 12-35 所示，下面我们将对典型警告信息做简要说明。

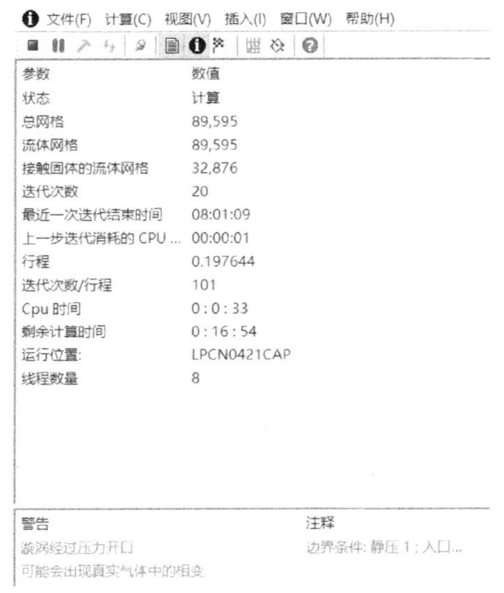

图 12-34　典型警告信息 1

参数	数值
状态	计算
总网格	89,595
流体网格	89,595
接触固体的流体网格	32,876
迭代次数	58
最近一次迭代结束时间	08:01:49
上一步迭代消耗的 CPU ...	00:00:01
行程	0.573169
迭代次数/行程	101
Cpu 时间	0:1:12
剩余计算时间	0:12:27
运行位置:	LPCN0421CAP
线程数量	8

警告　注释

可能会出现真实气体中的相变

图 12-35　典型警告信息 2

1）准备工作失败。它表示计算网格生成失败。当启用【仅固体中的热传导】选项且无法生成计算网格时，尽管已成功检测到流体体积，但未与流体接触的表面之间存在无效接触，则会出现此信息。建议在【检查模型】操作时使用【高级材料检查】选项检查模型，解决检测到的所有问题。

2）该流动的马赫数较高，建议使用“高马赫数流动”选项。在计算气流过程中，如果稳态分析时马赫数值大于 3 或瞬态分析时马赫数值超过 1，将显示此消息。如果马赫数大大超过了这些值，我们建议停止计算当前模型，并考虑高马赫数气流。否则计算结果可能不正确。当在模型中的常规设置中更改到高马赫数后，为了最小化新计算所用的时间，可以使用之前的结果作为初始条件，方法是单击【采用之前的结果】复选框，如图 12-36 所示。

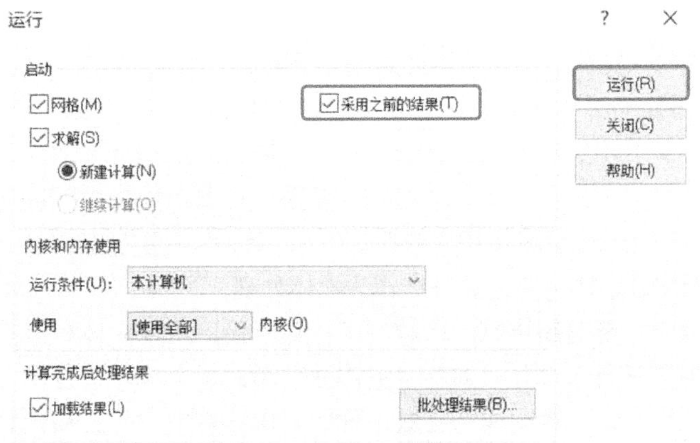

图 12-36　采用之前的结果

3）该流动的马赫数较低，不建议使用“高马赫数流动”选项。在计算高马赫数气流过程中，如果最大马赫数值小于 1.5，将显示此消息。在这种情况下，高马赫数流动的影响可以忽略。为了提高解的精确度，建议停止计算，考虑使用低马赫数气流。

4）在大量的网格单元内检测到超声速流动。在计算低马赫数气流过程中，如果马赫数值在30%以上的网格单元中超过了1，将显示此消息。在这种情况下，可能在计算收敛前自动停止计算，因此建议使用手动停止标准。

5）负压。Flow Simulation 检测到负压。在开始计算时可能出现负压，这不会导致结果错误。然而，如果此消息再次显示，建议停止计算并检查指定的条件和常规项目设置，否则可能得到错误的结果。

6）真实气体参数（压力和 / 或温度）超出物质属性的定义域。它表示真实气体的热动力属性超出其状态方程的假设有效范围。

7）可能会出现真实气体中的相变。它表示真实气体的热动力属性提示其已变为液相。

8）固体正在熔化。它表示固体温度已超过了在工程数据库中指定的固体熔点。熔点是在工程数据库中的材料参数中指定的值。

9）漩涡经过压力开口。在计算过程中，此消息提示有漩涡经过开口表面，在此开口表面上指定压力边界条件。在这种情况下，漩涡被分解成流入分量和流出分量。这可能导致错误的结果。可能的解决方法是增大开口端延长管的长度。

10）已超出最大马赫数。它表示流体中的某个位置超过了最大马赫数值10。

11）错误边界条件：质量流量不平衡。Flow Simulation 已检测到，由于质量流量不平衡，导致指定的边界条件不满足质量守恒定律。请检查入口处的总质量流量是否等于出口处的总质量流量。请注意，质量流量值是根据在开口处指定的速度或体积流量值重新计算的。要避免指定边界条件的问题，建议至少指定一个压力开口条件，因为压力开口上的质量流量值将自动计算以满足质量守恒定律。

12）小体积的网格单元太多。该警告信息是对部分单元类型而言。如果单元中的流体体积小于整个固体 - 流体边界单元（部分单元）体积1%的单元数量超过所有固体 - 流体边界单元（部分单元）的25%，将显示此警告。这可能会导致靠近模型壁面的结果不精确，从而降低整体的精确性。可能的解决方法是修改计算域大小或更改初始网格。

13）未求解的条件。如果收到未求解的条件消息（未求解的风扇、未求解的初始条件等），则表示没有任何生成的计算网格单元应用此条件。例如：与条件关联的面未按计算网格求解（没有单元与面相交）。可能的解决方法是修改生成的初始网格。

14）无效目标。它表示无法准确计算指定的点、表面或体积目标，因为其值不确定。无效目标可能在下面两种情况下出现：当参考的点、表面或体积在网格生成期间没有正确求解时或者目标参数对于指定的点、表面或体积无效时。例如：如果在某个组件的表面上设置了力目标，而此组件在组件控制中已禁用，导致组件被作为流体处理。

15）入口边界条件可能与超声速动区域冲突。对于使用速度、体积流量或马赫数作为入口边界条件的气流，如果来自入口开口的整个流体流动超过了声速，则计算可能不准确。此警告提示，在使用入口体积流量、速度或马赫数条件的气体分析中，是否在计算域的某个位置流动变为超声速流动（马赫数≥1）。如果结果看上去不准确（通常表示为压力或密度增大不合实际），必须将入口边界条件更改为质量流量条件。

16）风扇曲线可能不正确，请检查风扇曲线的定义。在 Flow Simulation 中，用户指定的风扇曲线将转换为静压上升。如果静压上升在不是处于最大流量的情况下具有最小值，则将显示

警告。

如果指定的风扇区域与真实的风扇区域不符，或者风扇曲线的定义未完成或错误地将风扇曲线的流量值设置过高或设置错误，则将发生上述情况。建议检查工程数据库中的风扇定义和项目的风扇条件，以发现可能的错误。

17）质量流量超出风扇曲线的范围。这意味着计算的质量流量值超出了指定的风扇曲线范围。当指定的质量（或体积）流量值未完全涵盖真实风扇的运行范围时可能会出现这种情况。建议检查工程数据库中的风扇定义和项目的风扇条件，以发现可能的错误。

18）达到的压力比超出可能的限制，无法获得解。如果计算压力超过了指定压力（所有初始压力值和边界条件压力值计算出的平均值），达到比值 10^9，则显示此警告。在这种情况下，可能降低解的精确度。建议检查项目的初始条件与边界条件，找到项目定义中可能的错误。

19）流动冻结可能导致出现问题。Flow Simulation 检测到启用【流动冻结】选项可能影响解的精确度。如果收到此警告，强烈建议停止计算，然后禁用流动冻结。

20）手动时间步已减少。Flow Simulation 检测到用户定义的时间步值超过了允许的值，该值由流场决定，在计算过程中可能变化。而且，允许的时间步可能受输出时间步限制，输出时间步必须能被用于计算的时间步除尽。在前述情况下，用户定义的值减少为允许的值。

21）已启用空化选项。空化区域在计算过程中增长缓慢，而且存在一个风险，即空化区域完全发展完成前计算将停止。要避免这种情况，请指定平均密度作为全局目标，并将【计算控制选项】对话框的【完成】选项卡上的分析间隔增大到 2.5 个行程。同时确保其他完成条件不会导致在收敛目标前停止计算。为确保这一点，最简单的方法是在【计算控制选项】对话框的【完成】选项卡上，为完成条件的【值】选择【满足所有条件】选项。

22）指定的时间步大于自动定义的时间步。用户指定的时间步大于由 Flow Simulation 按照流动的参数和特征时间自动定义的时间步。在收敛性差的情况下，建议减少手动指定的时间步。

23）模型几何结构不是周期性的。Flow Simulation 已检测到 Flow Simulation 解释的几何结构不是周期性的。建议将 Flow Simulation 解释的几何结构和原始模型几何结构进行比较。根据计算网格求解模型的精确程度，原始模型几何结构可能会与计算中实际使用的几何结构略有不同。如果差异较大，强烈建议通过计算网格来提高模型精度。

24）已指定不相容的电气条件。使用焦耳热计算问题时，此消息警告在一个单独电路中，所有输入电流和输出电流的数值不相等。因为这种情况实际不可能存在，求解器将调整电路中的电流值，使总和等于零（系统计算中输入电流为正值，输出电流为负值）。

25）向后太阳光线追踪与对称辐射面或透明固体的折射材料属性不兼容。如果在向导或常规设置中选择离散传递模型并且太阳光线追踪方向设置为向后，则指定为对称的辐射表面和透明实体将被错误处理。建议将太阳光线追踪方向改为向前。

26）已忽略指定的镜面反射系数（设置为零）。镜面反射系数非零的辐射表面是在项目中指定的。可以使用对称条件来指定镜面，这相当于镜面反射系数为 1 的表面。要分析镜面反射系数非零的表面，需要在向导或常规设置中选择离散坐标模型。

27）建议将辐射属性设置为取决于波长。如果在向导或常规设置中定义了用于辐射热传递分析的波谱特性，则建议不要将固体材料指定为仅对热辐射或太阳辐射透明，而是在工程数据库中指定固体材料的辐射属性随波长变化。

28）使用白体壁面代替 <wall type>。如果在向导或常规设置中选择了离散坐标模型，则所有指定为吸收壁面或无辐射表面的辐射表面都将被视为白体壁面。

29）取消细化：已达到网格的最大数目限制。在执行解算自适应网格细化时，此信息警告已达到近似最大网格数量。

30）取消细化：不满足细化 - 非细化标准。在执行解算自适应网格细化时，此信息警告不存在满足拆分或合并条件的网格单元。

31）热源已停用。在稳态计算情况下，如果代表热源的组件由于使用绝缘材料填充的模型中有一些间隙而未与其他固体组件接触，则该热源将自动停用。建议检查模型几何结构。

参考文献

[1] PESKIN C S. Flow patterns around heart valves：A numerical method [J]. Journal of Computational Physics，1972，10 (2)：252-271.

[2] VAN DRIEST E R. On turbulent flow near a wall [J]. Journal of the Aeronautical Science，1956，23 (11)：1007-1011.

[3] 周光坰，严宗毅，许世雄，等. 流体力学：上册 [M]. 2 版. 北京：高等教育出版社，2000.

[4] 陆志良，等. 空气动力学 [M]. 北京：北京航空航天大学出版社，2009.

[5] ANDERSON J D，JR. 计算流体力学入门 [M]. 姚朝晖，周强，编译. 北京：清华大学出版社，2010.

[6] 李波，陈文鑫. FloEFD 流动与传热仿真入门及案例分析 [M]. 北京：机械工业出版社，2015.

[7] DS SOLIDWORKS 公司. SOLIDWORKS Flow Simulation 教程：2018 版 [M]. 杭州新迪数字工程系统有限公司，编译. 北京：机械工业出版社，2018.